Greg A.Marley

U0192923

蘑菇：一部真菌奇幻史

[德]格雷格·马利 著　朱豆豆 译

Chanterelle Dreams, Amanita Nightmares

The Love, Lore, and Mystique of Mushrooms

文化发展出版社
Cultural Development Press

·北京·

图书在版编目（CIP）数据

蘑菇：一部真菌奇幻史 ／（德）格雷格·马利著；朱豆豆译 . —— 北京 ：文化发展出版社，2024.4
ISBN 978-7-5142-3730-6

Ⅰ . ①蘑… Ⅱ . ①格… ②朱… Ⅲ . ①蘑菇-普及读物 Ⅳ . ① Q949.3-49

中国版本图书馆 CIP 数据核字 (2024) 第 070230 号

著作权合同登记号：01-2024-1614

蘑菇：一部真菌奇幻史

著　　者：[德]格雷格·马利
译　　者：朱豆豆

出 版 人：宋　娜
策划编辑：陈　谿　　　　　　责任编辑：冯语嫣
责任校对：马　瑶　岳智勇　　封面设计：孙　靓
责任印制：杨　骏
出版发行：文化发展出版社（北京市翠微路 2 号 邮编：100036）
发行电话：010-88275993　010-88275711
网　　址：www.wenhuafazhan.com
经　　销：全国新华书店
印　　刷：北京印匠彩色印刷有限公司

开　　本：880 mm×1230 mm　1/32
字　　数：254 千字
印　　张：11
版　　次：2024 年 4 月第 1 版
印　　次：2024 年 4 月第 1 次印刷

定　　价：85.00 元
I S B N：978-7-5142-3730-6

────────────────────────────────

◆　如有印装质量问题，请与我社印制部联系　电话：010-88275720

本书致力于阐释这样一种概念，即人生在世，人与人之间都是相互联系的。就像蘑菇一样，它们与森林中的植物、动物和其他菌类相互交织，彼此共生。同样，我在工作中之所以能取得进步，既源于一种社会联系，也离不开各方支持。在我的生命中，最重要的支持来自于我的妻子瓦利（Valli）和我们的儿子达希尔（Dashiell）。是他们鼓励我要相信自己，为我的工作创造专注的时间和空间；在我孤独的写作过程中，也是他们会不时为我排忧解难，给我慰藉。当然，收获成功时，也是他们提醒我应不骄不躁。

目　录

致　谢

．　．　．　．

我之所以写这本书，是想让更多的读者，包括那些认为蘑菇很神秘莫测的人，能够体会采寻蘑菇的乐趣、开启探究蘑菇知识的旅程。书中讲述的很多蘑菇知识和传说，既来源于热爱蘑菇的前辈们，也取材于当今仍活跃在世界各地的采菇人，他们的讲述和经历构成了我的创作素材。感谢世世代代的自然学家和科学家，是他们的不断探索和研究，包括他们所创建的知识库，为本书的写作打造了坚实的基础。当然，我也要感谢那些数不清的野生菌采食者，是他们将一些好好坏坏的经历世代相传。如果不是他们不断试错，人们又如何知道什么可以吃，什么不能吃呢。

我更要感谢出现在我生命中的蘑菇导师们，感谢他们在真菌类食物方面分享的信息和热情。已故的山姆·里斯蒂克（Sam Ristich）是斯莱戈路（Sligo Road）的蘑菇大师，他对蘑菇充满热爱，曾将有关知识倾囊相授，如果我没有花足够多的时间在他身边学习，我将抱憾终身。感谢我的朋友迈克琳（Michaeline），我对我们的这段友谊及她所给予的帮助，常常心怀感激。她在指导我的过程中，从不带个人的主观判断和偏好，且愿意随时随地倾听我的心声。我还必须要感谢大卫·阿罗拉（David Arora），因为在我生物学教育和社会工作研究生教育阶段，之所以屡次能突破正式写作风格的极限，正是得益于他能将精良的技巧和不羁的奇思妙想完美地结合在一起，令我耳目一新。

最后，感谢出版社的伙伴们：感谢乔尼（Joni），正是因为有他的信任，才得以使这些素材转化成充满活力的一本书；此外，还要感谢布里安娜（Brianne），谢谢她对本书的修正工作，本书文笔干净，言简意赅，皆得益于她温和而有力量的文字表达力。

引 言

· · · · · · · ·

森林地被的故事

· · ·

大自然本就古老，而蘑菇则是大自然中最古老的艺术品。

——托马斯·卡莱（Thomas Carlyle）

对每一个热爱自然的人而言，蘑菇都是个神奇的存在，它们绚丽多姿，形态各异，大小不一，有着复杂的生命历史和生长习性。这些潜藏生命深处的秘密和故事，扣人心弦、耐人寻味。因为在这一隐蔽世界里，不仅暗含着错综复杂的关系、潜藏着强大的化学反应、孕育着拓展心灵的潜力，而且它们也与宗教和魔法有着深层的联系。在实际生活中，人们最关心的是蘑菇的可食性、毒性和增进健康等方面的问题。因为在这些方面，蘑菇与我们的生活息息相关。当你把蘑菇的范围扩展，将之辐射到属菌物界的所有种类时，你就会发现，我们每天都会被这些菌类影响，它们时而有益，时而无害，时而又有害。我们早餐吃的酵母发酵的百吉面包圈，午餐吃的发酵的蓝霉奶酪或布里奶酪，治疗感染时服用的抗生素或抗真菌药物，或放松自己时喝的一杯葡萄酒或啤酒，在这些场景里，菌类无处不在，但我们却视之不见，因此它们也未受到正确对待。人们对于菌类及蘑菇（在菌类王国中，蘑菇是一种微小但可见的存在物）既热爱、敬仰，又畏惧、痛斥，但是更多的是，我们在忙碌的生活中往往会无视它的存在。我们与菌类世界已经存在巨大鸿沟，对之既缺乏认知，也毫无意识去了解它。我们看不到摆在我们前面的是什么，对于看到的也知之甚少。

例如，当我们走在铺满针叶的森林小道上，脚下每一步都踩着绵延几英里的真菌菌丝，有谁知道是这些细微的菌丝构成了各类蘑菇的营养体？这些菌丝共同组成了一个庞大到难以想象的菌丝网络，它就生长在地表之下，并与绝大多数绿色植物的根部相连。这个由真菌菌丝体和植物根系相互连接的网络在整个森林生态系统中传递养分、水分和化学信息。《菌丝体的奔跑》（*Mycelium Running*）一书的作者保罗·史塔曼兹（Paul Stamets）将这个系统称为"地球的天然互联网"[1]。

我们对真菌知之甚少，但在我们共同的知识领域里，却有越来越多关于蘑菇的精彩故事，它们在我们生活的世界里扮演的角色也越来越多。我对蘑菇世界的热爱已经持续将近 40 年，我想要分享一些扣人心弦的故事，希望能够帮助每一位读者从恐菌人变成喜菌人。在实现这一愿望之前，我们首先要更好地理解和欣赏我们周围的蘑菇。要想更好地走向蘑菇的世界，就需要充分意识到真菌已遍布我们的生活，我们与真菌世界密不可分。

1957 年，国际银行家、著名非专业真菌学家戈登·沃森（R.

Gordon Wasson）创造了"喜菌人"（mycophilic）和"恐菌人"（mycophobic）这两个词，用来描述不同民族在对待野生菌的态度、信仰和使用方面的差异。1927 年，沃森第一次意识到这些差异，当时他正和他的新婚妻子瓦伦蒂娜·帕夫洛夫娜（Valentina Pavlovna，一位出生在俄罗斯的儿科医生）在卡茨基尔度蜜月。多年之后，这位著名的民族真菌学家总会想起这段最初的经历，正是这段经历把他从恐菌路上拉到了喜菌路上。

那时我们结婚还不到一年，正在卡茨基尔的大印第安享受我们第一个假期。第一天，太阳西沉后，我们出去散步，左边是森林，右边是一块空地。尽管我们已经相识多年，但从未一起讨论过蘑菇。突然间，她从我身边飞奔而去，欣喜若狂地跑向了林间空地，她发现那里长满了各种各样的蘑菇。自从离开俄罗斯之后，她再也没有见过如此景象。我叫她小心些，让她快回来，不要触碰那些蘑菇。那些是毒蘑菇，会毒伤人的，很臭很恶心的。她却只是笑得更欢：我可以听到"她"的声音了。她崇拜地跪了下来，用俄语亲昵地跟它们说话。[2]

对像瓦伦蒂娜这样的喜菌人来说，每一种蘑菇都有自己的个性和精神，至于它们是否可以食用，是否有剧毒，似乎没什么区别。她熟悉并喜爱每一种蘑菇及这些蘑菇背后的故事。但沃森拒绝去触碰它们。他从小就被教育要远离和怀疑所有的蘑菇。"我是盎格鲁—撒克逊人，对蘑菇一无所知。出于遗传的原因，我本能地一概避开它们；我排斥那些令人厌恶的真菌滋生物，那些寄生和腐烂的东西。在我结婚之前，我从未抬眼看过蘑菇一次，更不用说以欣赏的眼光去看蘑菇。"[3] 沃森夫妇对待蘑菇的截然相反的文化观念和知识来源，令他们自己很是震惊。在接下来的数年里，他们利用业余时间，探索了世界各地不同文化中那些关于蘑菇的方方面面。他们对喜爱蘑菇和畏惧蘑菇的文化进行分辨、标识，并仔细地研究了在喜菌文化里，人们对蘑菇的态度、信仰和实践是如何融入人们的生活之中。他们的研究横跨欧亚，最终直至墨西哥和中美洲。在那里，他们追溯了人们在仪式中使用令人产生幻觉的蘑菇报告，从而发现了致幻蘑菇的仪式性用途。《生活》杂志1957 年发表的一篇著名文章中，描述了沃森在一个仪式中试吃"神奇蘑菇"的经历。《寻找神奇蘑菇》(Seeking the Magic Mushrooms)一书首次向西方世界介绍了致幻蘑菇。最终，沃森夫妇创造了"喜菌症"和"恐菌症"两个词来描述有关蘑菇的文化裂痕。他们的工作成果对当今蘑菇文化研究仍有着深远的影响。

在俄罗斯、西伯利亚地区、捷克以及许多其他东欧国家、斯堪的纳维亚国家和波罗的海国家都有着浓厚的喜菌文化。在中国、日本和韩国，蘑菇也经常作为食物、药物、寓言故事和民间传说出现在人们的日常生活中。沃森在描述这些地区及其文化时使用的语言或许过于夸张了些。根据沃森的描述，"在这些地方，蘑菇被视为朋友，孩子们在识字之前就已经采蘑菇来玩了，没有人会觉得需要一本蘑菇指南"，并且几乎没有听说这些国家发生过蘑菇中毒的意外。我们知道，在爱吃蘑菇的地方，很多人会蘑菇中毒（参见第 1 章），但沃森别有他论。他总结说，在热爱菌菇的地方，"谈及蘑菇，全部都是亲切的、讨人喜欢的、有益健康的。"[4]

相比之下，在美国，人们普遍信不过也不喜欢野生菌。美国主流文化植根于盎格鲁—撒克逊传统，受此影响，他们信不过并且害怕那些雨后在草坪、花园和森林中冒出来的蘑菇。他们认为，除非是放在比萨里烤熟过，或者在商店里用透明保鲜膜无菌包装的，否则蘑菇就是不安全的。当我在野生菌讲座上问那些听众，在他们的成长过程中，父母关于蘑菇都教了他们些什么，他们会说："别碰它，那是毒蘑菇。会要了你的命的！快去洗手！"很多时候，美国人对于长在草坪上的蘑菇，看到的不是蘑菇的美，而是蘑菇的丑，在乎的不是其是否具有可食性，而是关心其中毒风险以及怎样才能让它们永远消失。我们的信仰深深根植于英国文化。用英国真菌学家威廉·德莱尔·海伊（William Delisle Hay）在 1887 年出版的《英国真菌》（British Fungi）一书中的话说："想要从事（野生菌）研究的人，必须要面对很多鄙夷。上流社会的人会嘲笑他的怪癖，下层社会的人则把他当作傻瓜。没有什么狂热或爱好比'猎菇人'或'食毒菌者'更让人看不起了。"提到英国文化，海伊接着说，"我们创造了'真菌恐惧症'（fungophobia）这个词来表达这种流行观点，这种观点非常奇怪。 如果这是全人类的观点——也就是普遍的观点——我们会倾向于把它归结为本能，并尊重这种观点。但这不是全人类的观点——这只是英国人的观点。"⁵ 没有哪种文化比英国文化更能影响我们美国人对蘑菇的看法了。

我家和隔壁邻居一样，都具有典型性。作为一个在新墨西哥州长大的孩子，我们没有吃过蘑菇，起码没吃过那些看起来像是蘑菇的东西。尽管实际上，我的母亲在小时候，跟着她的法国和德国父母在蒙大拿州的农场周围采食过一些野生菌。但我父亲，作为第四代盎格鲁—撒克逊爱尔兰人，总是阻止我母亲任何想尝试蘑菇的危险冲动。他的信仰和态度完全符合他的生活背景和世代传承的惯例（即人不会吃地上长出的那些潮湿腐败的邪恶之果）。他是第二代爱尔兰天主教徒，在蒙大拿州波兹曼镇的牧场上长大，他的父母和祖父母都没有食用野生菌的家族史。后来他去了城里养家糊口。当时美国食品产业正变得越来越机械化、精细化和企业化。我是吃着威维塔（Velveeta）奶酪、斯旺森（Swanson）电视晚餐、神奇面包（Wonder Bread）和金枪鱼砂锅面长大的。我们最接近类似蘑菇的东西是砂锅中做蘑菇汤用的金宝奶油（Campbell's cream）。在草坪上采集马勃菇^①（我在青少年时期就这么做过），然后把它们变成鸡蛋面或肘子通心粉的酱汁，这种想法既奇怪又陌生，因为这听起来就像让下一代人吃豆腐一样，他们认为这是老年人才会吃的。

————————

① 英文名称 puffball，译为尘菌或马勃菇，马勃（Puffball）是一类担子菌门的真菌通称，一般为球形，未成熟前是白色，成熟后为褐色，内部为粉末状，可入中药，用于止血。亦可用于烹饪，被视为松露近亲食材。——译者注，后无注明均为译者注

然而，许多美国人的祖先都来自欧洲和亚洲的农村。在那里，采食野生菌是颇受人们喜爱的时令性行为，同时蘑菇也是人们饮食的一部分。在我教授的每一堂蘑菇课上，在我每一次演讲或徒步采摘活动中，总有人告诉我，他们之所以参加这些活动，是为了重新找回他们在童年时与蘑菇的那种联系。他们深情地谈论着与姑姑、叔叔、祖父母或其他一些心爱的人一起采集蘑菇的情景。长辈们坚守着和"故乡"蘑菇的联系，并在生活中与孩子们分享对蘑菇的热爱。学生们讲述了他们的向导在区分可食用和不可食用的蘑菇时那种神秘感以及不可动摇的确定性神情。他们回忆在潮湿的树林里、湿地里采摘蘑菇的愉快经历，追念把篮子里新鲜的蘑菇变成平底锅里的美味，然后一起吃蘑菇的共同乐趣。他们总是动情地谈论他们对错失蘑菇知识的遗憾，以及他们的家庭中失去采蘑菇传统的遗憾。随后，他们会谈到他们的愿望：他们希望让蘑菇重返他们的世界中，希望能与蘑菇重新建立深厚的、能够滋养整个家族和原型根系的一种世代关联。他们寻求喜菌文化根源的回归。

为什么长辈们没有用蘑菇这一恩赐来为后辈祈福？是他们的失职，还是新生代们一心想在美国闯出一片天地，背弃了他们的森林之根和家族传统？我想两者皆有。在过去的150年里，美国的移民进入了一个被称为"文化适应"的过程，他们沉浸在主流文化的价值观和行为规范中，日复一日，逐渐融入。伴随着与对民族根基的不断脱离，对家乡传统习俗的不断弱化，新文化理念最终在美国得以重塑。在 19 世纪末和 20 世纪初的美国，大量的移民从欧洲农村生活向美国城市化和工业化生活迁徙。许多新移民最初是在城市定居，新的食物、陌生的土地和森林、新的语言都可能进一步促使他们将当地蘑菇和其他野生食物排除在他们的饮食之外。在 20 世纪 50 年代至 60 年代，随着加工食品的增加和对"即食"食品的理想化，加速了人们对饮食习惯和食物的调整，致使人们进一步放弃了自己丰富的饮食传统。随着移民们逐渐遗弃与传统的食物和生活方式，整个美国也摒弃了以农耕为根基的饮食传统。伴随着人们越来越多的选择工厂和办公室的职业转变，大批人流从农田和牧场涌向城镇，人们开始购买食物，而不再是种植、采摘或培育食物。"蘑菇"一词开始变成指代一类平淡无奇，没有特点的东西，是常在超市里看到的罐装食品，或是那些随处可见的砂锅菜的一种次要食材而已。也可以这么说，在像我家这样 20 世纪 60 年代、70年代的郊区中产阶级家庭里，基本看不到这类东西。

　　时代变了，美国人慢慢醒悟过来，开始对更加多样化的传统食物产生好奇并加以欣赏，包括野生和"外来"菌类。20 世纪 60年代之后的几十年里，许多美国人意识到，随着大熔炉的同质化，个人和文化身份遭遇到毁灭性丧失。许多人试图在文化记忆永远消失之前重新找回他们的民族根基。以餐桌为中心的烹饪是文化中最显而易见、最经久不衰、最受欢迎的方面之一，因为餐桌不仅仅是吃饭的空间，更是我们表达爱意、参与社交、养育孩子的一方天地。尽管不是每个人都有可以炫耀的家庭用餐传统，但几乎所有人都会告诉你，关于用餐传统的记忆最持久最强大。重拾食物的传统让一些民族餐馆、烹饪书籍和烹饪课程快速涌现出来。一旦我们开始将我们的食物视野扩大到包含传统民俗菜肴，我们就需要适当的民俗食材。许多欧亚菜系都会使用"外来"蘑菇，这些蘑菇跟我们超市中那些平淡无奇的蘑菇相比，简直是天壤之别，大胆创新的厨师和家庭煮夫们需要野生外来蘑菇的货源。这类需求通过进口就可以解决。但是我们附近森林、田野和公园里的野生菌怎么办？20世纪70年代，美国人开始放弃奇迹面包，转而回归自然，找回曾经遗失的健康天然食物。

在重新发掘民族根源的饮食文化运动兴起之时，也恰逢许多人重新评估他们与自然环境整体关系的时期。在20世纪70年代，由于我们在努力降低100年里工业化对环境的影响，"环境"一词因此也被赋予了全新的含义。20世纪60年代，"回归大地"（back to the land）运动兴起，城镇和城郊的人们对工业化幻想破灭，人们开始探索自然世界带给人类的更深层意义，寻求与自然世界重新建立联系。一些人（也包括我）开始尝试领悟大自然，在青春期后期，我对野生食物和搜寻它们的兴趣也越发浓厚（感谢尤尔·吉本斯［Euell Gibbons］）。我对野生菌越来越着迷，会在想到装满整整一菜篮蘑菇、锅里盛满极品食用菌时越发兴奋。20世纪90年代法国和意大利兴起了慢餐运动。慢餐运动的愿景源于两大思潮，一是与民族文化遗产建立联系，二是重新与自然建立联系。慢餐运动颂扬与食物制备相关的地域性和民族性传统，强烈支持扎根地域的特色美食和可持续性的美食烹调①。这场运动进一步鼓励了人们对包括蘑菇在内的当地食物的整合利用。越来越多的美国人正在重温食用野生菌的家族史，或是将蘑菇融入他们的生活，建立自己的传统，以此作为一种发展与自然关系的方式，同时也可以将之作为一种有趣、健康和合心意的食物来源。在美国，羊肚菌就是这类蘑菇的代表。

羊肚菌已经成为美国采食最广泛的野生菌。由于它广泛吸引了各行各业的人们，它或许代表了一种变革因素，预示着野生菌在美国得到了更广泛的接受。羊肚菌不仅仅是一种"蓝色州"食物，不是那些只有在城镇里受过高等教育、见过世面的精英人士的高档厨房里才有的。在中西部和东南部山区，那些带着装蘑菇的袋子、火鸡仿声器和猎枪走进深林的乡间居民们，就能够发现大量羊肚菌。

每个采食蘑菇的人都要学习正确辨别蘑菇的技能，以此来避免中毒的风险。当你在2000~3000个菌种中挑选美味的食物时，这些技能至关重要。然而对我来说，通过了解蘑菇背后的温馨故事，知晓它们对我们和森林环境的影响，我的品鉴能力得以加强，同时，我与蘑菇之间关系也变得更加深厚。当我第一次采蘑菇时，我被它们的多样性所吸引，但在20世纪70年代，当我在大学里学习

---

① 可持续性是指以不浪费自然资源、能够在未来得以延续且对环境或健康无害的方式完成某件事情（如农业、捕鱼业、采菇等）。因此，可持续美食烹调指的是考虑到食材来源地、粮食种植方式，以及粮食如何进入市场并最终被端上餐桌的菜肴烹饪方式。

植物学和生态学时，我的好奇心很快就集中到真菌在其环境中的相互关系上。我对美食烹饪的兴趣也促使我专攻可食用菌，我学习了如何用它们烹饪，随后，我的兴趣又转向了在家种植外来菌。在过去的十年里，我潜心研究蘑菇的药用价值及其在促进健康方面的潜能，这份热爱后来变成一种激情，最终变成一门生意。

　　蘑菇和自然界其他植物之间似乎存在着无限的联系。比方说，一种鲜为人知的深灰色指状蘑菇，被称为大团囊虫草（*Cordyceps ophioglossoides*）。它是一种寄生物，有一个淡黄色的茎和黄色的根状菌丝连接着它的宿主。宿主是一种被称为大团囊菌（*Elaphomyces*）的假松露，它的本体埋在土壤中。假松露与铁杉树的根部有着复杂的共生关系，这些根部也可能与其他几种真菌共生，包括美味牛肝菌（*Boletus edulis*）①和死亡天使蘑菇（*Amanita bisporigera*）②。

　　然而，这种相互关系并不止于此。北方飞鼠是一种少见的夜行性啮齿类动物，白天常待在树洞巢穴里。当松露开始成熟时，它们会被假松露的强烈气味吸引，在夜间循着气味挖出坚果状的

---

① 美味牛肝菌，又称大脚菇、白牛肝菌。子实体中等至大型。菌肉白色，厚，可食用，是优良野生食用菌。其营养丰富，最重要的是烹调后口味异常鲜美，是吃惯肉类之外的别样美味，是真正不可多得的美味佳肴。以之烧炒，则成菜口感舒畅，味道鲜美，用之煲汤，则菌香溢四座，香郁爽滑，使完美口味、丰富营养与药用价值合而为一。

② 死亡天使蘑菇，是一种含有致命毒素的真菌，学名双孢鹅膏菌，一般分布于北美东部南部至墨西哥的针阔混交林和落叶阔叶林，但在北美西部很少发现，死亡天使含有鹅膏毒素，可抑制 RNA 聚合酶并干扰各种细胞功能。中毒通常始于肝和肾，2 天内可置人于死地。

果实。一年中的大多时候，假松露和其他真菌是飞鼠的主要食物。假松露的孢子壁异常厚实，能毫无损伤地通过飞鼠的消化道。这些吃饱了的啮齿动物随后通过粪便将孢子排出体内，比起单独依赖松露传播，孢子通过这种方式更有可能找到新的宿主树。总之，由于普通松鼠夜间活动的习性，我们很难见到它们。我们也几乎没见过它们以之为食的松露和其他地下真菌，除非我们看到那些神出鬼没的寄生虫草，慢慢地将那鲜为人知的顶部露出森林地被。松露依靠动物们挖掘和消化它们的果实作为传播孢子的唯一途径，而森林树木需要与松露等真菌的根系结合，来获得生长所需的重要营养。

相互关系仍未在此止步。随着铁杉的衰退，它变成了真菌的猎物，真菌会攻击并腐蚀树干的树心。腐烂软化的木材给啄木鸟提供了一个觅食和挖穴筑巢的机会。你认为除了啄木鸟以外，还有谁会把这些蛀洞当家呢？就是那害羞的夜行飞鼠。

对我来说，这类故事以及其所阐释的自然联系，把鲜活的蘑菇带进了我的生活。这些故事将抽象的东西变得真实，给我们建立起熟悉感，同时也转变了我们的理解，从一开始对森林地被上单一元素的模糊认知，到隐约感觉到这是一个错综复杂的动态关系网，它在我们未曾窥见的自然界里按照精心设计好的方式运行着。在本书前几页，你读到的都是此类故事。

随着美国开始接受蘑菇，喜爱蘑菇，蘑菇已经深深地融入了我们的生活之中，我们需要发展或者唤醒记忆中的那些关于蘑菇的语言和故事。种种迹象表明，我们已经在这么做了。我们对羊肚菌与日俱增的喜爱就是一个例子。40年前，市面上几乎没有可供参考的野外蘑菇指南，而现在却有很多，这些指南不仅涉及美国的特定地区，有些甚至覆盖了整个美国。此外，支持和提供蘑菇教育的网站如雨后蘑菇般涌现。人们开始热爱蘑菇的另一个迹象是，美国报告的蘑菇中毒类事件的数量增加了（尽管这不是什么好事）。拥有喜菌文化的地区每年因蘑菇中毒的人要多得多，因为他们有太多的人在吃野生菌。随着美国对野生食用蘑菇的兴趣日益浓厚，必将导致中毒案例的增加，尽管令人遗憾，但这确实无法避免。

　　随着我们进一步加强与蘑菇界的联系，人们对蘑菇感兴趣的迹象也会增加。此刻，让我来与你分享一些森林地被的故事吧。

第一部分

· · · ·

蘑菇与文化

1

对蘑菇的热忱：
来自俄罗斯及南斯拉夫民族传统

"既然是蘑菇，就快点进筐吧。"

——俄罗斯谚语 [1]

　　到了 7 月，白天暖风拂面，烈日炎炎，而夜晚却凉爽怡人，不时还有连绵细雨。对于这样的甘露，俄罗斯人更愿称其为蘑菇雨。在回城的夜班火车上，若有乘客将采好的一篮子蘑菇放在腿上，这就表明他会经常留意森林的变化。在篮子上面，他会小心翼翼地盖着一层薄纱棉布，不仅能让这些珍贵货物免受风沙侵扰，也能避开他人窥视的目光。任何能瞥见篮子的人都会看到五颜六色的蘑菇菌盖 [2]，比如红菇（*Russula*）和乳菇（*Lactarius*）。如果采菇人走运，或是很有经验，也许他们还能看到鲜嫩的白菇（*Boletus*

---

① 此句含义为，既然开始做了（某事），就不要退缩，要负责做到底。常在某人企图逃避执行自己所承担的责任、诺言等时说。

② 菌盖指伞菌、香菇、菌类（*Lentius*）、蘑菇属（*Psalliota*）等层菌类子实体上部的伞状部分。

edulis），这在俄罗斯最为珍贵。尽管采菇人在森林中长途跋涉，疲惫不堪，但他眼中却闪着胜利的光芒。在等待已久、小心采集并取得成功之后，采摘人内心的满足感油然而生。看吧，蘑菇就在这儿！

　　这一消息不胫而走，迅速传遍了邻舍、酒馆、工场和大街小巷。无论何种出身和教育水平，各行各业的劳动者都迫不及待地等着这一天。届时，他们可以摆脱工作的枷锁，脚上穿着靴子，手里提着桶和篮子，与家人一同前往森林。在更小的城镇，店主们不仅会关门歇业，当地官员也会关闭地方政府。老夫妇和老婆婆们希望在森林中度过尽可能多的日子。这是一个赚外快的好机会，可以补充自己微薄的养老金。现在是寻菇的季节（*za gribami*）。各地的俄罗斯人心怀对蘑菇的热忱，在树林中结队而行。他们寻找、采集、食用并保存这些菌菇，因为这是大自然一年一度的馈赠。

　　这些急切的采菇者身穿多层衣服，脚踏一双结实的鞋子，以保护他们的身体不受树枝、虫子和天气的影响。他们不仅要在黎明前起床，赶上火车或巴士前往森林，还要学会先人一步进入森林。否则，当大队人马进入林区之时，这些蘑菇可能早已所剩无几。随后，家人们往往会来到一处老地方。通常在一年中，每逢此时，这里不仅是他们此生必至的团聚之所，或许也是他们的父母和祖父母曾经眷顾过的地方。很快，他们分头行动，在松树和杨树林中寻找自己喜爱的蘑菇。孩子们目光敏锐，低着头。父母和祖父母蹲在他们面前，并讲解哪些是优质的蘑菇，哪些要避免采摘。通常，家中的老妇人堪称这一领域的专家，她们知道哪些物种可以采摘，哪些需要被丢弃。于是，孩子们往往会在她的注视下，将蘑菇装满篮子。

沿着加州的海岸线，我们有时会看到车尾贴上写着："冲浪的一天再怎么糟糕，也要比工作顺利的一天更为美好。"对于斯拉夫人而言，包括侨居海外的人在内，若把这句话中的"冲浪"改成"采蘑菇"，不失为一个响当当的地方口号。斯拉夫人都抵挡不了采蘑菇的诱惑，他们会经常采蘑菇，并且一门心思就爱采蘑菇，就像美国人爱逛商场一样。

亚历山大（萨沙）·维亚门斯基（Alexander［Sasha］Viazmensky）不仅是一位有天赋的俄罗斯蘑菇画家，也是一位热情的采菇爱好者。他在首次访问美国时写道："对于树林和蘑菇，我内心的感情只有热爱。"然而，有热爱，就有旁人嫉妒。对于同道中人，他们也会心存不满。当采菇者们在树林里撞上彼此时，他们会大声寒暄，但在内心会默默诅咒对方。[1] 试想一下，当有别人越过这些本无标记的边界，入侵自己珍视的领土，对于领土的本能渴望会让他们瞋目切齿、火冒三丈。在这一季节的高峰期，成千上万的人将涌入森林。而到周末结束时，森林中就像有一把扫帚一样，所有可食用物种都会被扫荡一空。另据维亚门斯基（Viazmensky）所言："在俄罗斯，蘑菇狩猎（mushroom hunting）是众人最喜欢的活动。

比起钓鱼，大部分人更愿意去采菇。男女老少都沉迷于蘑菇狩猎。美国的采菇者们！　你们多么幸福，因为你们的同类是如此之少。"[2]

蘑菇深深地交织在世界这一地区的文化和传统中。无论是俄罗斯、乌克兰、波兰、捷克共和国，还是斯洛伐克、拉脱维亚、罗马尼亚、白俄罗斯，这些国家都与森林和蘑菇有着密切的文化和历史联系。这些传统不仅塑造了民众的寻菇习惯和技能，也让人们对于蘑菇的感情更加深沉。不管在乡下的小木屋，还是出租屋，这些住户都会异口同声地提到，采集蘑菇才是当地的一大亮点。甚至在互联网交友网站上，人们也把采集蘑菇视为一种爱好，以及一种寻求潜在伴侣的方式。

在斯拉夫人的饮食中，蘑菇是不可分割的一部分。当有蘑菇的时候，他们便不再需要其他东西佐餐。腌制的蘑菇就能成为沙拉中的主菜。而晒干或卤制的蘑菇则用于烹煮汤羹以及其他菜肴。传统而言，许多地区的美食都包括圣诞夜蘑菇汤。每年，人们都会小心翼翼地挑出晒干的森林蘑菇，以便在蘑菇稀少的季节，也有足够的数量烹制这道节日靓汤。与许多传统一样，移居而来的斯拉夫家庭将这些习俗带到美国。如果在互联网上快速搜索一下，我们就会发现，许多关于平安夜蘑菇汤的提法和食谱，均来自波兰、斯洛伐克和其他斯拉夫民族的传统。比如，在美国俄亥俄州，一位名叫简（Jane）的斯洛伐克妇女，在食谱上写下了这样的评论："这道汤是家传而来，但我没有它的食谱，只能试着估计一下分量。"接着，她讲解了这道家传汤品的一些历史。"曾经，我的祖父和父亲在树林里捡到蘑菇之后，我的祖母就使用它们做饭。我确切记得，他们称这些蘑菇为'羊头'（sheephead）。我们在市面上找不到这些蘑菇，也不敢去树林里找。毕竟，我们也区分不出好与坏。"[3]

她的评论反映了很多第二代和第三代移民的心声。这些移民努力坚持与蘑菇有关的传统，但却丢失了采菇的知识。即便是遇到野生菌，他们也没有信心采集。虽然不再经常使用蘑菇，但在一个新的国家，他们努力保留传统，特别是在那些特殊节日和家庭聚会上。

然而，在斯拉夫民众的生活中，蘑菇的重要性并不仅仅体现在菜肴上。在许多古老的斯拉夫民间故事中，故事情节常以各类蘑菇以及森林蘑菇角色为主题。其原因在于，当地传统生活环境以森林为基础。在这片土地上，泰加林（Taiga），即北方的大森林带，成为许多民间和童话故事的背景所在地。俄罗斯最著名的民间故事也许会谈到巴巴·雅加（Baba Yaga）。这位老妪守护着一座大门。它不仅隔开了阴阳两界，也是人仙之间的界门。在一些故事中，这位婆婆面恶心善，而在另一些故事中，她却是邪恶的化身。据传说，她会吃掉不警觉的人，并用他们的骨头来装饰她的森林家园。此外，在许多俄罗斯童话故事中，饮食显得十分重要。人们不仅会为他人提供餐饮或相互品尝菜肴，有时也赋予这些餐食一些神秘色彩，比如专为死者烹饪的丧食。蘑菇也常具有这种魔力。因此，这些童话故事的插图常出现以下场景，即巴巴·雅加身边均是鲜红的毒松蕈和其他蘑菇。而且，这些故事总将丛林生物与年幼儿童混为一谈。在一则故事中，巴巴·雅加抓住并打算吃掉一只坐在蘑菇上的刺猬，再吃掉另一朵蘑菇。而这只刺猬却说服了巴巴·雅加，并称自己能在其他方面发挥更大作用。然后，它变成了一个小男孩，带领女巫找到了一朵神奇的向日葵。[4]据一位斯拉夫研究者所说："在另一段传说中，巴巴·雅加让主人公与魔法生物（精灵）取得联系。而这些精灵名为林妖（Lesovik）和松茸菇（Borovik），他们住在一朵蘑菇下面，不仅为主人公提供神奇的礼物，也为他指明道路，助他达成目标。"[5]无论形象是善是恶，巴巴·雅加经常与蘑菇共同出现在传说中。

....

　　小时候，我通过歌曲、故事和游戏，学习数字和基础知识。长大之后，我将许多同样的故事讲给儿子听。在俄罗斯，蹒跚学步的幼儿通过故事、诗歌和歌曲了解蘑菇的名称和角色。一首著名的童谣讲述了蘑菇国王松茸菇（Borovik）召集他的蘑菇部队参加战斗的故事。这个故事虽然版本各异，但都成了教育孩子的一种方式。

战斗吧，蘑菇君们

松茸菇，白又好。

蘑菇军中，是上校。

坐在一棵大橡树下 [①]

检阅蘑菇兵瞧一瞧

召集他们来报到

命令他们把兵交。

鬼伞菇 [②] 说，去不了。

走不了台阶，脚太小。

让我们打仗没必要。

绒边乳菇 [③] 说，去不了。

出身贵族 [④]，地位高。

让我们打仗没必要。

毒蕈 [⑤] 说，去不了。

---

① 当地乡民们很清楚树对蘑菇的影响，因此一些蘑菇有着与树有关的名字，如桦树蘑菇(the birch-mushroom)、白杨蘑菇(the aspen-mushroom)、榛树蘑菇(the hazel-mushroom)、橡树蘑菇(the oak-mushroom)；此处的蘑菇兵(mushroom folk)应暗指橡树蘑菇，橡树蘑菇多有毒。参见沃森(Valentina Pavlovna Wasson)的《蘑菇、俄罗斯和历史》(*Mushroom, Russian and History*, 1957)一书，第395页。

② 鬼伞菇含有鬼伞素，会阻碍乙醛脱氢酶的运作，使乙醛积聚在体内。因此与酒一起食用时会出现面红、反胃、呕吐及心跳紊乱的症状，但不致命。

③ 原文为belianki，来自俄语，拉丁学名为*Lactarius pubescens*，意思是绒边乳菇。该种类有毒，菌肉呈白色或污白色，菌盖扁半球形，中部下凹，边缘内卷并有长绒毛。

④ 原文为dvorianki，来自俄语，意思是贵族白乳菇。

⑤ 毒蕈为有毒的大型菌类，亦称毒菌。蕈，即大型菌类，尤指蘑菇类。毒蕈(dú xùn)即俗语"毒蘑菇"。

我们是强盗骗子，名声不好。

让我们打仗没必要。

羊肚菌 ① 说，去不了。

年纪太大，身体不好。

让我们打仗没必要。

赤褐色的松乳菇 ② 说道，

我们只是庄稼汉 ③

脑子转得快不了

让我们打仗没必要。

卷边乳菇 ④ 大喊道，

我们能够去得了。

我们勇敢肯效劳。

战场杀敌见分晓。⁶

---

① 羊肚菌菌盖部分凹凸，形似翻开的羊肚而得名。呈现蜂窝状，似老人皱纹，故此处有比拟为老人之意。

② 原文为 ryzhiki，来自俄语，意思是松乳菇。该菇类品质好、年产量高，很多人都愿意购买，因此吸引了很多农户栽种。

③ 原文为 muzhiki，来自俄语，意思是农家汉。

④ 原文为 groozd，这里应指 Gruzdi，拉丁学名为 *Lactarius resimus*，意思是卷边乳菇；是俄罗斯人餐桌上的"常客"。

　　另外，蘑菇还出现在一些斯拉夫作家的作品中，包括当代和古典作家。比如，普希金、托尔斯泰和纳博科夫都创建了一些采菇人角色。纳博科夫在回忆录《说吧，记忆》中记叙了母亲对采蘑菇的痴迷。"入夏时分，她的一大乐趣是一种非常具有俄罗斯特色的运动，名为寻找蘑菇（hodit' po griby）。无论是用黄油香煎，还是用酸奶油勾芡，她找寻的美味总在晚饭餐桌上出现。这一品鉴时刻无足轻重。更重要的是，她的乐趣在于寻找，而且这一过程有物有则。"[7] 为了能让猎人明白这一传统的本质，俄罗斯作家谢尔盖·T. 阿克萨科夫（Sergei T. Aksakov）将采蘑菇描述为"第三种狩猎"。"它不能与其他更生动的狩猎方式相提并论，其原因很明显，狩猎活动均与动物有关……虽然如此，但采菇仍有未知，有意外，也有成败，所有这些特点共同唤起了人类的狩猎本能，并构成了人们对它的特殊兴趣。"[8]

　　诚然，所有外出采菇活动都具有很强的原始狩猎因素，这一点采菇人都心知肚明。人们决定在何处采菇，不仅取决于他们以往对猎物首选栖息地的经验和对近段时间天气状况的了解，也要依靠对其他采菇者狩猎模式的认识，以及适度的直觉。这些因素结合在一起，让人们形成了狩猎和预测猎物的习惯。在森林里，猎人不会分享他们的地点，也不会对可能找到蘑菇透露出乐观情绪。无论在俄罗斯和其他斯拉夫国家的土地上，还是在我们自己国家当中，这种狩猎毋庸置疑，都是一种原始且本能的行为。事实上，人们有时会把谨慎抛到脑后，一心一意专注于采集。

2000 年，由于整个北欧地区变得十分湿润，这一年见证了蘑菇的丰收。在俄罗斯最北部的克拉斯诺谢利库普（Krasnoselkup）镇，当地居民冒着生命危险采集蘑菇。据称，当地机场是该地区最好的蘑菇产地。由于季节很短，采菇人太过执着于采集，以至于让自己滞留在登机桥上，从而数次错过航班。对于此事，地方官员十分关切，并颁布规定：在机场范围内，凡是被抓到的采菇者，将处以约 1000 美元的罚款，这相当于当地三个月的平均工资。一位空中交通管制员承认，只有罚款才能有效制止人们冒险采菇。[9]

尽管人们普遍将采菇称为"安静狩猎"，但在东欧，采蘑菇往往是一场社交聚会。无论是全家老小，还是三五成群的朋友，他们都会前往自己喜欢的地方。在一天将尽，或是周末结束之时，有一些人是十分幸运的，因为他们在乡间拥有能够过夜的宅邸。而对于疲惫的采菇人而言，他们只能回身前往城市。人潮涌动之后，他们挤上火车，车上塞满了其他采菇人。这些人的身上不仅被露珠雨水打湿，也沾满了尘土、树叶和森林里的针叶。当然，如果狩猎顺利，他们的脸上会挂着无比幸福的笑容。

人们一把蘑菇安全运送回家，就进入厨房，先把这些新鲜蘑菇做成菜肴，再开始储存这些收获。俄罗斯人对白菇（*Boletus edulis*）最为推崇。在丰收的年份，人们将这种蘑菇装满篮子，并趁新鲜的时候食用，就像鸡油菌（*Cantharellus cibarius*）一样，要么将其烹煮，或是先煮后煎。同样，这些及其他品种的蘑菇也要通过干燥，或是用盐卤先煮后腌保存，以供冬季食用。一些红菇

（*Russula*）和乳菇（*Lactarius*）种的蘑菇，先要在水中浸泡或煮沸，以去除其刺鼻的胡椒味，再用盐水保存或直接烹饪成菜。如果没有这种准备，这类蘑菇会使人生病。

大多数时候，收获蘑菇与农场秋收的日子不谋而合。因此，采蘑菇在历史上成了一项老少皆宜、妇孺皆知的活动。由于此种原因，或许还有其他原因，家中祖母通常掌握蘑菇的专业知识，并将其传给女儿或孙女。

此外，也有许多历史因素相互作用，培养了如今斯拉夫人对采蘑菇的民族热情。最近，一项在俄罗斯进行的民意调查显示，约有 60% 的成年人每年会去采摘蘑菇，只有 18% 的人表示从未采集过野生菌。在邻近的捷克和斯洛伐克，人们将采蘑菇看作是一种民族消遣。据斯拉夫学者克雷格·克雷文斯（Craig Cravens）说，有高达 80% 的捷克人和斯洛伐克人每年至少要花一天时间寻找蘑菇。他在报告中称，这项活动始于饥荒时期，特别是在可怕的"三十年战争"[①]和两次世界大战期间。[10] 现在，它已成为一个国家的爱好。

对于这些北欧民族来说，蘑菇的蛋白质和维生素含量都相对较高，是一种很好的食物来源。在沙皇时代，俄罗斯东正教会要求信徒每年斋戒 175 天以上。所以在当时，俄罗斯人开始把这些蘑菇称为"四旬斋肉"[11]。这意味着在禁食日不能吃肉或荤油（相比而言，在我青年时代做天主教徒时，只有星期五不吃肉显得是

---

① "三十年战争"发生在 1618 年至 1648 年，是一次欧洲国家大规模混战，也是历史上第一次全欧洲大战。

如此温和）。并且，教会禁止在斋戒期间使用动物脂肪。这一禁令不仅让煮各种蘑菇成了一种烹饪方法，或许也奠定了斯拉夫民族的饮食基础。

随着苏联解体，这一时期实行的粮食生产和分配制度遭到了严重破坏。在苏联的许多地区，由于补贴的结束和人们对饥荒的恐惧，粮食短缺开始成为常态，粮食价格也急剧上升。20 世纪 90 年代，对于许多人来说，这不仅意味着食物短缺，也让政府公务员和领养老金的人，经常拿不到工资收入。因此，作为一种零成本的温饱食物，获取野生菌再次变得至关重要。许多俄罗斯农村居民也将野生菌作为收入来源。他们在森林中采集野生菌并进城出售。

人们重新将蘑菇作为主食来源，无疑恰逢其时。但一些人，特别是那些城里人，多年来没有定期采集蘑菇的习惯。并且，他们年轻时的知识也早已渐渐遗忘。然而，不幸的是，这些人却对此过于自信。在 20 世纪 90 年代和进入新千年后，整个地区的重大蘑菇中毒事件节节攀升。许多医疗机构和公共卫生官员认为，这些事件发生的原因在于许多城市居民不懂得区分可食用菌和毒蘑菇。

对于俄罗斯人而言，他们可以获得许多地区的蘑菇指南，一些斯拉夫人也对查阅正式资料很有兴趣。但很不幸，即使近在咫尺，许多斯拉夫人也并不使用这些指南进行识别。他们从小就学习蘑菇，并且在寻求帮助时，更加依靠家庭以及其他道听途说的知识。在我查阅的资料中，不止一处提到，许多采集者不仅反感别人暗示自己，即你们的了解可能不足以避免有毒物种，而且抵制他人帮助自己确认采集的蘑菇是否为可食用品种。对于那些在特定地点采集过食用菌的人，他们可能更依赖以往在这些地点的成功经验，而不是对蘑菇本身的了解。当他们生病时，人们可能会将毒性归咎于环境污染，也可能是采集蘑菇的地点有误，抑或是食用菌以某种方式变异为有毒蘑菇。[12] 在俄罗斯南部城市沃罗涅日（Voronezh），当地卫生官员收集并检测了可疑蘑菇，发现它们普遍含有毒素，均为已知毒蘑菇的典型毒株，而且确定没有发生变异。沃罗涅日是一个约有 100 万人口的城市，作为俄罗斯蘑菇中毒事件发生率最高的地区之一，在过去十年中多次登上头条新闻。它位于俄罗斯和乌克兰交界处，以黑土地著称于世，并被称为优良的蘑菇种植区。在当地的卫生和流行病学部门，医学博士米哈伊尔·祖比尔科（Mikhail Zubirko）报告，他观察了一些因蘑菇而患病的人，并称："这些人是城市人，他们对蘑菇不甚了解。在接受治疗的中毒病人中，有 74 人不清楚自己吃了什么蘑菇。"[13] 这种没有充分知识支持的盲目自信，也许是当地蘑菇狂喜文化带来的负面恶果。当城市居民重提他们的寻菇之根，却没有家族女性长辈指导的时候，这一问题尤为突出。他们只能仔细检查采蘑菇的篮子，并将那些坏蘑菇丢弃不用。

在俄罗斯、乌克兰和其他斯拉夫国家，每年都有大量的人被蘑菇毒死，其具体数字很难准确收集。2000 年，虽然该年蘑菇长势喜人，但也是一个蘑菇中毒事件频发的糟糕年份。据估计，仅在俄罗斯和乌克兰两地，就有 200 人因蘑菇中毒而死亡（相比之下，美国每年平均只有一两人因毒蘑菇而死）。在这两个地区，绝大多数人的死因都是由于食用了毒鹅膏（*Amanita phalloides*）蘑菇（见第 8 章）。随着严重中毒事件急剧上升，俄罗斯卫生当局对此感到非常震惊，并于 2000 年关闭了全国大多数地区的蘑菇采摘区。此外，该部门还让警察在当地市场和森林外围巡逻，旨在劝导人们谨慎行事，并落实销售野生菌的禁令。包括沃罗涅日医院在内的几家大型地区医院报告称，严重的中毒事件使其不堪重负，不得不将一些轻症病例转到其他医院进行治疗。显然，在蘑菇中毒面前，即使是医务人员也不能幸免于难。2005 年，沃罗涅日地区医院的两名医生因蘑菇中毒被送进医院。那些休息日采食的蘑菇，是他们患病的原因。[14]

在乌克兰，基辅当地医疗中心报告说，他们在短暂的季节里处理了许多蘑菇中毒事件，这促使医生组成小组，以救灾角度对待自己的工作，并救治这些蘑菇中毒的受害者。[15]另据医疗中心主任的报告，乌克兰急救灾害医学中心同一时间可能有多达 20 名鹅膏毒素的中毒者。该机构每年治疗的蘑菇中毒病人多达 1000 名，仅 2000 年，他们就护理了 196 名毒鹅膏中毒者！

无论是美国主流文化，还是其他恐菌文化，都流传着一种错误观点：即大多数野生菌都有毒性，一旦食用就可能会死。这使得大多数人不敢尝试吃蘑菇，除非他们十分了解蘑菇特性与安全性。对于那些可能把蘑菇作为潜在食物来源的人来说，这些传言和对蘑菇的恶意揣测无疑是一种障碍。另一方面，这些类似传言也起到了一定的保护作用，确保人们不会盲目试吃野生菌，并最终中毒。在斯拉夫文化中，民众从心里认为，蘑菇的确是好东西，众神将其放在地球上，本来就是供人们采集和享用的。在学校，青少年时期的孩子们能够学习 100 种常见的蘑菇。此外，人们认为，采集和食用蘑菇十分正常，并且大部分都是安全无害的，否则中毒的人数将会成倍增加。但是，对于一小部分斯拉夫城市居民而言，他们既没有足够知识，也没有意识，将可食用菌和有毒物种区分开来。而这些对蘑菇的推测，会使他们处在患重病的风险之中。这一恶果来源于当地对蘑菇的热忱。随着越来越多的美国人采集并食用野生菌，我也毫不怀疑地相信，当地的中毒事件定会相应增加。

各类菌菇俄语名称及术语表

俄语名称	汉语名称	拉丁语名称
Beliy grib	白菇	*Boletus edulis*
Blednaya poganka	毒鹅膏	*Amanita phalloides*
Borovik	松茸菇	*Boletus pinophilus*
Dojdevik	马勃菌	*Lycoperdon* spp.
Gribnic	蘑菇爱人	
Gruzd	乳菇	*Lactarius* spp.
Hodit po griby	采菇	
Opyata	蜜环菌	*Armillaria mellea*

续表

俄语名称	汉语名称	拉丁语名称
Lisichki	鸡油菌	*Cantharellus cibarius*
Maslyata	黄牛肝菌	*Suillus luteus*
Maslyonok	褐环乳牛肝菌	*Suillus luteus*
Mukhomar or muktor	毒蝇伞、毒蝇鹅膏菌	*Amanita muscaria*
Podberyozovik	疣柄牛肝菌	*Leccinum*
Podosinovik	橙黄疣柄牛肝菌	*Leccinum aurantiacum*
Ryzhik	松乳菇	*Lactarius deliciosus*
Razh	蘑菇热	
Smorchok	羊肚菌	*Morchella*
Sobirat griby	蘑菇采摘	
Syroezhka	红菇	*Russula* spp. "27 kinds"
Veshenka	平菇	*Pleurotus ostreatus*
Za gribami	寻菇	

2

克服不信任：
采菇活动在美国的发展

就像辨别蘑菇是否有毒一样，要是人能够区分爱情真假就再好不过了。当然，对于蘑菇来说，这很简单：你只需要撒点盐，把它们放在一边，耐心等待便可知晓。

——凯瑟琳·曼斯菲尔德，1917 年[1]

对于希望从事（野生菌）研究的人，他必须面对众人的蔑视。阶层高的人会嘲笑他奇怪的品味，而阶层低的人会直接将他视为白痴。在所有时尚或爱好中，没有一种像"采菌者"或"食用伞菌的人"那样让人不齿。

——威廉·得利斯勒·海，《英国真菌》，1887 年[2]

十几岁的时候，我首次打开了野生菌世界的大门。那是 1971 年 6 月，在新墨西哥州的阿尔伯克基（Albuquerque），15 岁的我爬上了一辆灰狗巴士①，跨越 2000 英里，来到纽约州的莱茵贝克

---

① 灰狗巴士，又称灰狗长途巴士，因其车上绘有一条奔驰着的灰狗而得名，是美国跨城市的长途商营巴士，客运于美国与加拿大之间。

（Rhinebeck），到达目的地太阳升夏令营（Camp Rising Sun），并在此度过了两个月。在那之前，我向东最远去过得克萨斯州的埃尔帕索（El Paso）。在高地沙漠（high desert）地区，年平均降雨量不到 9 英寸。我告别了那里的气候，前往哈得孙河中游，到达卡茨基尔山脉（Catskill Mountains）的山脚下，最终在当地河谷的森林中度过了夏天。纽约州的年平均降水量几乎是新墨西哥州的五倍。第三天清晨，我仍乘公共汽车旅行，并在途中意识到自己仿佛置身于另一个世界。当时，我睁开惺忪睡眼，看到了宾夕法尼亚州西部的绿色山坡，并很想知道是谁浇灌了这些树木。我习惯于行走在干旱山丘上，那里漫天灰尘，无法看清远处的山脉和台地。因此，对我而言，漫山遍野的草木是一个新的、令人着迷的世界。最初，这一繁茂景观让我流连忘返，但随着时间的推移，那些栖息在苔藓上或湿木上的蘑菇，因其难以捉摸的美感，吸引了我的注意。1971 年至 1980 年间，我在纽约州度过了五个夏天。在第二年，我给自己买了第一本蘑菇田野指南，即路易斯·克里格（Louis Krieger）于 1936 年撰写的《蘑菇手册》（多佛出版社重印版）。之后，我开始认真整理书中森林居民的故事。这些人物是如此迷人且神秘，35 年之后，我发现再花几辈子的时间也整理不完。

　　在度过第一个东北地区的夏天后，我花了几个小时回到新墨西哥州，带着尤尔·吉本斯（Euell Gibbons）所写的指南《跟踪野生芦笋》（*Stalking the Wild Asparagus*），前往林地和台地搜寻，并寻找任何似乎可以食用的东西。最初，我对野生菌的美丽和神秘兴趣盎然。而现在，如我所愿，我又想进一步探寻它们作为食物的潜力。20世纪70年代中期，由于缺乏良师指导，作为一个谨慎的冒险者，我只能慢慢开始学习常见的蘑菇群，包括可食用菌和有毒蘑菇。在阿尔伯克基，我食用的第一种蘑菇是马勃菌（*Calvatia* sp.），它被发现于我父母院子里的苹果树下。在查阅了野外指南之后，我开始遵循克里格对马勃菌属的记载。"在食用真菌的过程中，建议初学者可以冒些风险从这些马勃菌开始。但是，只要菌肉为白色，表面干燥且肉质紧实，那就没有风险，也是安全又美味的食物。"[3]

我先把这些紧实的白球切成圆片，再用人造黄油煎制，并在上面撒上椒盐。那时，我真希望自己能说，家人会给我信心和支持。而我之所以信心满满，一方面是因为青春期的自己在虚张声势，另一方面在脑海中也没有暗自怀疑，自己是否对蘑菇具有识别能力。尽管我心里没底，但所幸这道菜味道不错，自己也没有因此生病。当然，只有我愿意沉浸在这小小盛宴中，出事率低也是应有之义。

第二年，我将草甸菌（*Agaricus campestris*）加入到我的食用菌清单中。首先，我在新墨西哥大学（University of New Mexico）校园内，发现球场有人洒水施肥，显得十分肥沃。因此，我开始在此地收集这些草甸菌。1977年，我在新墨西哥大学上了第一节真菌学课程。几年前，校园里有一棵巨大的木棉树被人移走。而在1977年秋天，我发现在那棵树的死树根处，有大量的鸡腿菇（*Coprinus comatus*）层出叠见。连续三年，我在鸡腿菇（shaggy mane）上收集了大量结实的菇蕾，并了解到它们无论在黄油中翻炒，还是作为一道简单奶油汤的主要食材，都是那么精致和美味。这一特定地点的丰富资源不仅令人难以置信，也促使我学习如何烹饪和冷冻蘑菇，以便在冬季食用。

回顾那些日子，很容易体会到，我在食用菌清单上更新菌种是如此缓慢。20 世纪 70 年代末，新墨西哥州还没有一个有组织的采菇俱乐部。我并不知道还有谁能够为了食物和乐趣而去采集蘑菇。所以，我的实践只能在隔绝的环境中慢慢发展。1981 年，在搬到缅因州后，我才开始联系其他采菇人，并对比各自的笔记，然后分享信息和开心时光。虽然我很乐意从野外指南中学习，但仍比不上看到丰富学识的人手中的蘑菇。只有在那一刻，我才能信心倍增。

在美国，急于学习蘑菇的新人喜忧参半。好的地方在于，有很多优秀的野外指南可以帮助新猎人学习这个爱好。比如，一部典型的蘑菇野外指南包括物种科群、孢子颜色或其他容易遵循的主题，并且还附有背景材料，以帮助读者发展蘑菇的识别能力。这有点儿像去另一个国家的食杂店，你会发现，虽然标签是用外语写的，但图片显示了每种东西的样貌，而且类似的食物都会分门别类，并放在容易导航的过道里。在这个外国市场，如果你能找到一个既熟悉食品和商店布局，又具有渊博知识的当地导游，那么你的焦虑就会明显下降。这就是采菇老手的作用。如果新手需要获得更多能力来消除盲目自信，那么这些老手能让他们明确知道什么该做，什么不该做。而在美国，这也是这些采菇新手的不利之处。

通常，他们很难找到一个见多识广的向导。尽管许多人通过一本好的野外指南学会如何识别蘑菇，但食用头几个蘑菇所需的信心却不容易从书中获得。

有些人之所以被野生菌所吸引，不仅是为了欣赏它们的美丽，也是为了探寻它们在野外出现的奥秘，或是为了更好地了解它们在自然历史网络中的相互关系。在我举办的蘑菇主题活动中，无论是漫步、谈心，还是课程，只有一小批人来参加。虽然这些人的确存在，但相比较而言，人们更愿意学习食用蘑菇的知识，以及在何处采摘的经验。在美国，食菌（食用蘑菇），至少是食用野生菌，仍是一种不太寻常的追求。通常，对于那些寻找和食用野生菌菇的爱好者，人们将其视为怪人或喜欢冒险的人。然而，越来越多的美国人却在寻求他们所需要的知识，并开始食用自己在田野和树林中发现的蘑菇。如果你正在考虑把采摘蘑菇作为一种消遣方式，那就要做好准备，直面生活中来自他人的阻力。据我所知，有的夫妻不愿意食用伴侣收集的蘑菇。并且，有些邻居在接受一篮子多余的蘑菇时微笑着点头，而一旦慷慨的采菇人离开，他们转头就把蘑菇塞进堆肥桶。

在这个嫌弃菌菇的社会中，大多数人认为，在没有其他相反信息的情况下，野生菌都是有毒的。不仅如此，它有可能杀死或严重毒害那些盲目食用的蠢人。作为一个嫌弃菌菇的国家，下文摘录了爱尔兰农村关于蘑菇漫步活动公告的一部分。它体现了当地民众对蘑菇的看法，这与许多亲英文化的观点如出一辙。

　　爱尔兰野生动物信托基金，Slieve Felim①分部将于下周日10月16日在格伦斯塔尔林地（Glenstal Woods）②举行“突袭真菌”活动。众所周知，采蘑菇是世界上最危险的消遣活动之一。而这一活动中，最难的部分在于知道哪些是可食用的蘑菇。它们有奇怪的名字，如呕吐红菇（Sickener）、死帽蕈（Death Cap）、死亡天使（Angel of Death）和豹斑菇（Panther）。因此，99%的爱尔兰人不愿知道这些事物，也就不足为奇了。虽然该国野生菌有3000种之多，但只有大约120种可以食用。在爱尔兰，有几种蘑菇即使数量很小，也足以让人致命。而且，一旦你食用了它们，医学也无法挽救。而其他品种的蘑菇只会让你剧烈地恶心，甚至产生幻觉。当你使用野外指南来识别物种时，这些特点可以让你集中精力。

　　考虑到这些危险，我们始终建议，只能在有经验的向导的协助下才能进行蘑菇采摘。[4]

　　这一公告揭示了民众害怕蘑菇的心理。他们普遍持有以下观念：

　　·可食用菌和有毒蘑菇之间几乎别无二致；

───────────

① 此地暂无译名，原名为爱尔兰语 Sliabh Eibhlinne，是一座爱尔兰山峰，位于芒斯特省（Munster）利默里克郡（Limerlick County）境内。
② 此地也位于利默里克郡，附近为格伦斯塔尔修道院学校（Glenstal Abbey School），故以此为译名。

· 大多数野生菌不仅不能食用，而且有毒；

· 食用危险的有毒菌种之后，一旦生病，生命几乎无法挽救；

· 采蘑菇是世界上最危险的消遣之一。

....

关于食用菌和毒蘑菇的一些事实

· 在我们的森林里，比起有毒蘑菇，可食用菌数量更多，还有许多不可食
  用但无毒的蘑菇，或者一些食用性未知的蘑菇。

· 用手拿着有毒蘑菇不会使你生病。只有少数非常罕见的蘑菇能够引起皮疹。
  除此之外，没有研究能够证明蘑菇毒素可以通过皮肤吸收。

· 在你看到的野生菌中，很少有剧烈毒性。绝大多数有毒菌类引起的症状
  虽让人不适，但对健康人来说，不会造成生命威胁。在美国，只有大约
  20 几种可能致命的蘑菇。

· 按照毒素在体内的作用方式，人们对蘑菇进行了分组。结果发现，在大
  多数蘑菇中毒案例中，受害者均有肠胃不适的症状，并能在 24 小时内恢复。
  很少有人久病不愈。

· 根据北美洲真菌学协会（North American Mycological Association,
  NAMA）蘑菇中毒案例登记处的报告，在 30 年的时间里，美国平均每年
  有一到两个人死于蘑菇中毒。[5] 然而，随着越来越多的人采集和食用野生菌，
  美国的蘑菇中毒发病率呈上升趋势。相比而言，纵观欧亚大陆，收集和食
  用蘑菇的人只增不减。每年都有数百起中毒案例，一些人也因此去世。虽
  然，我们很难得到准确记录，但在情况不好的年份，数百人死亡也绝非妄
  言。在这一死亡率所反映的地区，每年都有数百万市民采集和食用野生菌。

....

这种对于蘑菇的狂热情绪，即使是真菌学家也未能幸免。在最近出版的蘑菇指南中，查尔斯·弗格斯（Charles Fergus）认为："每年有多少人死于蘑菇中毒尚未可知，但在美国可能有几十人，在欧洲可能有几百人。"[6] 美国的实际死亡人数为平均每年 2 人，不过在情况不好的年份，整个欧洲的死亡人数可能远远超过 100 人。

对许多美国人来说，可食用菌和有毒"伞菌"之间没有明确区别。在重新查阅了几本字典的定义之后，我们不仅对伞菌是否可以食用十分困惑，也不清楚该术语是否只包括那些不可食用或有毒蘑菇。伞菌（toadstool）是英国人创造的一个术语，指的是那些人们认为有毒的蘑菇，或是其他令人讨厌的蘑菇。1609 年，法国教士圣方济各·沙雷氏（St. Francis de Sales）总结了如今在恐菌地区普遍存在的态度："我对舞蹈的看法和医生对蘑菇的看法一样。再好的蘑菇也是没有益处的。因为蘑菇状如海绵、纤细多孔，很容易吸引周围毒物。如果它们靠近毒蛇，就会接受它们的毒液。"[7] 如此说来，我们这些既喜欢舞蹈又喜欢蘑菇的人，无疑受到了两次咒骂。

据广泛报道，全世界 5% ~ 10% 的蘑菇种类是有毒的，还有 10% ~ 20% 的蘑菇是可以食用的。估算结果之所以各不相同，部分是因为我们定义毒素的方式和知识的局限性。根据《食用蘑菇词典》所言，在世界各国范围内，我们已知并命名的常见食用蘑菇有近 700 种。2004 年，一份关于全世界可食用野生真菌用途和重要性的报告横空出世。研究人员艾瑞克·伯阿（Eric Boa）与国际粮农组织合作，通过查阅当地资料和指南，汇报了来自85个国家1154个物种的可食用性。[8] 对于一种特定蘑菇而言，其可取之处在于味道、质地、制备难易程度和其他因果关系，包括毒蘑菇与可食用菌有多少相似性。而对于一个特定物种而言，这一性质很难量化，而且在不同的文化中差异很大。一个国家中受珍视的蘑菇，可能在另一个国家毫无价值，甚至在第三个国家会被认为是有害菌种。

人如何开始将采集的蘑菇作为食物？这取决于你的家庭背景、是否有良师指点，以及是否加入有组织的采菇团体，当然也取决于你自己的个性。美国接受野生菌作为食物需要一个漫长过程，但这一风潮已经开始。在中西部和南部山区各州，数以千计的人正在参加猎取羊肚菌的活动。西海岸也有很多采菇团体，但在其他大多数地区，采菇人就像新墨西哥州沙漠中的鸡油菌（chanterelles）一样稀少。虽然这些蘑菇就在身边，但发现它们不仅需要足够敏锐的眼光，也要更加了解寻找地点。美国拥有丰富的可食用菌资源，东起缅因，西至俄勒冈，所跨各州均有分布。一些可食用菌种，能在大多数州找到，而有些菌菇则更多限于当地。有时，一个好的食用菌种，它的菌根蘑菇只与某个树种或灌木属在一起。并且人们发现，菌菇共生宿主树的生长地，才是唯一出菇的地方。而另一些菌种则受限于特定的气候类型。新手如何开始学习当地生长的蘑菇？请参考第二部分中为食菌新手建议的指导准则，并怀有耐心、循序渐进。

....

红菇：宁弃勿采？

对于蘑菇的食用性，不同文化看法不一，其中最为突出的例子是红菇属。在大多数温带森林中，这是一个非常常见的种群。红菇既是该属，也是该种群最常用的通用名称。不过，近年来，有几位作者建议将其命名为脆褶（brittlegills），特指该菇肉质十分脆嫩、容易破碎。

在欧洲，特别是英国以外的国家，出版的田野指南将该种群的许多物种列为可食用菌，并报告称，正如其他品种菌菇至多只会引起轻微的胃肠道问题一样，红菇也能列入总体上安全的食用菌属。在关于世界各国如何看待蘑菇的报告中，艾瑞克·伯阿（Eric Boa）[1] 指出，在美国，该属菌菇不推荐作为食物入餐，但在乌克兰，却有 100 多个物种被列为可食用菌。

无论是北美的一些野外指南，还是法国、德国和英国的指南，在对比了红菇可食性后，都明确表明，欧洲本土与在欧洲受训的采菇者都更倾向于认为红菇可以食用。尽管这些关于可食用性的信息并非如伯阿所描述的那样黑白分明，但相较于北美的指南，欧洲指南明确表示红菇更加安全、可以食用。值得注意的是，在北美的指南中，罗杰·菲利普（Roger Phillip）所写著作《北美洲各类蘑菇及其他菌类》涵盖的物种及食用菌数量最多。菲利普是一位英国人，撰写了欧洲和英国蘑菇指南，并在早先十分流行。美国野外指南通常将更多该属物种列入不可食用清单，并经常告

---

[1]　爱尔兰阿伯丁大学助理研究员，隶属于该校生物与环境科学研究院。

诫读者，不要食用任何红菇种群的品种。曾有一些人吃了一些染黑的红菇后，出现了严重的胃肠道问题，甚至在日本报告了几个死亡病例。对于该属的许多种菌菇，仅凭野外特征（既不需要化学测试，也不使用显微镜检查孢子）识别起来非常困难。因此，许多美国真菌学爱好者将这些五颜六色的夏季蘑菇戏称为"JAR"，意为"只是另一种红菇"（Just Another *Russula*）。

许多人带着努力识别受挫的心情，漫步在林间小道上，才注意到该属菌菇，然后继续寻找更加令人满意的真菌作为采摘目标。而其他人则坚持"宁弃毋采"的理念，并将此作为该属菌菇的指南。

东欧人，特别是那些斯拉夫后裔，将红菇视为餐桌上的首选。他们甚至将许多辛辣品种的红菇和相关的乳菇（*Lactarius*）收集起来，煮熟之后，腌制成备受青睐的蘑菇泡菜。

其中一些蘑菇在美国被认为是有毒的。事实上，这些蘑菇如果不适当处理，就会使人生病。最近，一个立陶宛人参加了我提供的蘑菇课程。他非常高兴地发现，我们美国人不吃红菇。他兴高采烈，一把拿起我的蘑菇，并感到还有更多蘑菇被留给了他。

....

作为一种业余爱好，采蘑菇能够轻易伴随人的一生。并且，人要花一辈子的时间，才能初窥蘑菇知识的门径。只要你能够行走，就可以采集蘑菇供人欣赏和食用。而当年华逝去，你指导过的年轻人，不仅会为你带来蘑菇、留下晚餐，也会传承知识、继续探寻。通常，在我们所在的世界一隅，人们对野生菌心怀恐惧。无论是野外采集，还是食用野生菌，你所见到的许多人都会将其视为一种可疑活动。

但是，如果你能抵制这一趋势，并能快速接受这些菌菇入餐，你就更有可能获得一种积极体验，并在这一爱好中赢得家人和朋友的支持。30 多年来，采集和食用野生菌给我带来了许多乐趣，比如：狩猎的快乐，学习新蘑菇（包括可食用菌和毒蘑菇）的挑战，以及烹饪和食用各类蘑菇的喜悦。然而，对我来说，食用途径与毒素的传播途径密切相关。并且，当我在讨论一个问题时，从不会对另一个问题敷衍了事。作为野生菌向导和老师，身兼两种职业不仅有不少矛盾之处，而且对我而言，从中取得平衡也是一大挑战。我喜欢引导人们对野生菌产生兴趣和热情，同时也让他们了解到蘑菇作为美味佳肴的潜力。同时，我还知道一点。我要确保学生对风险有清晰的认识，并以审慎的态度对待他们的热情，这一点至关重要。这样的两重职责让我无法完全做到心平气和。大多数美国人对蘑菇的不信任根深蒂固，以至于他们情愿放弃采摘野生菌的乐趣。他们只是在市场上拿起一磅褐菇（portabella），并称自己所做的饭菜具有异国风味。但是，也有一些人愿意不计后果地冒险。他们认为，如果这东西看起来可以吃，那就一定可以吃。这种性格类型不仅让我感到害怕，也为达尔文奖①提供了丰富笑料。在接下来的文章中，你将看到我心理的动态变化过程，并感受我内心的挣扎。

①　达尔文奖（Darwin Awards）由 31 岁的斯坦福大学教授温蒂·诺斯喀特于 1994 年创建，是一种网络幽默。该奖颁发给那些"通过愚蠢方式毁灭自我，为达尔文理论做出深远贡献"的人。

第二部分

• • • •

蘑菇作为食物

引言

. . . .

听从胃的需求

. . .

守护好你的太太、松露和花园，别让邻居惦记。

——法语古谚语

　　20 多年来，我一直在给大家讲授关于蘑菇的知识，带领众人在缅因州探索。我会带新手采菇、为他们开办讲座，有数以百计的人参加过这些活动，在鉴别蘑菇、药用蘑菇的使用方面，我还会定期开展一些更为深入的课程。毫无疑问，我遇到的最常见的问题是"这是什么蘑菇"，紧接着的问题会是："这能吃吗？"有时候，真正会指导的人会跳过第一个问题。

　　这两个问题意义重大。只因身份问题一直就与西方文化的根基一脉相承，或者说，符合人类的本性。我们需要知道一个物体在世界中的作用，要理解这一点，第一步就需要确定其名称。令人震惊的是，我儿子在很小的时候就开始按照外观和功能对建筑车辆进行分类，并在这些类别中再划分出具体的类型。早在两岁之前，他就能分辨出铰接斗式装载机和非铰接斗式装载机的区别，并能通过名字区分各种类似的自卸卡车。他的关注点从建筑车辆转向马，然后又转向更加复杂多样的恐龙分类学。在他那幼小的心灵中，他有着强烈的对事物认知和命名的需求。对许多人而言，这似乎是最基本的需求，即将事物分门别类，并进一步将之归为不同的命名实体。那么，若是知道了蘑菇的名字，或其他任何东西的名字，就等于在世界中给了它一个位置，它就可以为我们所用。

对于第二个问题，"这能吃吗？"可能与多数人根深蒂固的觅食习性彼此相关，也与前农耕时代狩猎采集的传统息息相关。这种驱动力颇为原始，且是基于生存的需要，即是一种通过自然界知识来养活自己和亲人的需求。蘑菇是一种野外的食物来源，其具有明确且可预测的季节属性。

虽然不能指望蘑菇提供大量热量，但当其他传统食物来源不足，如当作物因洪水或因北方地区夏季凉爽潮湿而歉收时，蘑菇确实可以提供蛋白质和维生素。对于依赖农作物的人来说，蘑菇能作为饥荒年的紧急食物，也可以作为每年的补充食物。美国祖辈们就与采食有着不解之缘，在过去短短几代人的时间里，多数美国人仍有着祖辈的印记。

如今，美国人一般会在超市的农产品区寻找蘑菇，还有一些更具冒险精神的人，他们会去户外的农贸市场或提供野生菌的专卖店寻找蘑菇。蘑菇并不能作为主菜，而多是用作种植、买卖，以及用作食品配料，目的是用来补充膳食的味道、提升趣味和营养。然而，我们决不能忽视蘑菇，因为它们是健康饮食的宝贵增味品。蘑菇还是相当好的蛋白质来源。根据品种的不同，其蛋白质的含量保持在 10%~45% 之间（以干重计算）。这一比例与其他类蔬菜一样，甚至会高于其他蔬菜，仅低于牛奶、鸡蛋和肉类。（必须承认的是，要分解蘑菇中难以消化的细胞壁物质，必须将蘑菇煮熟，才能利用其营养物质）。蘑菇本身脂肪含量低，是几种必须维生素和矿物质的良好来源。不同的蘑菇种类所含有的 B 族维生素（烟酸、核黄素和生物素）、维生素 C 及维生素 D-2 的量也有所不同。维生素 D-2 也被称为麦角固醇（蘑菇中富含维生素D-2），会在阳光或紫外线的照射下转化为维生素 D。除维生素外，蘑菇还含有相当数量的矿物质钠、钾和磷以及较低浓度的钙和铁元素。

在一些热带和第三世界地区的乡村饮食中，人们很容易获取足量的碳水化合物，但蛋白质摄入量却常常不足。蘑菇易种植，采摘也简单，是蛋白质的极好来源。联合国粮食及农业组织（FAO）对可食用野生真菌的报告中指出，在非洲、亚洲和欧洲的某些国家，野生菌是一种重要的食物来源。总的来说，该报告发现全球有 88 个国家将采集来的蘑菇作为食物，这也为人们提供了一种备用的收入来源。[1] 在一些发展中国家，当一年中没有足够的传统根茎类作物供人食用时，蘑菇仍然是重要的基本食物。在其他蛋白质供应量不足的地区，农民正在学习一些种植食用蘑菇的方法，例如利用农业废料种植各种平菇，这些方法技术含量并不高。当

蘑菇菌丝体分解植物废料时，会产生蛋白质，随之渗入到子实体 ①
中。通过这种方式，农民可以种植出家庭和社区所需的高蛋白作物，
同时也能将农业废弃物转化为收入来源。

　　在美国，大多数人采集野生菌，并非是将之视为人类赖以生
存的营养来源，而是为了在精心准备的菜肴中，用之来增添独特
的风味和质地。要想从地方菜系中重新开发传统食物，或者说打
造新的口味融合，就需要我们扩大蘑菇的选择范围，而不能仅仅
局限于超市里出现的那些蘑菇。随着时间的推移，很多与本地野
生菌相关的美味菜肴不断发展，在世界各地不同的菜系中逐渐得
以完善。在意大利，一代代技艺高超的厨师传承着经典菜肴，展
示着新鲜牛肝菌（*Boletus edulis*）的特有味道和口感。其他菜肴则
利用干牛肝菌的浓郁香味，为菜肴注入丰富且颇具土味的真菌精
华。鸡油菌（*Cantharellus cibarius*）还在长菇体时，有经验的食菌
者和厨师就开始构想它的做法了，但他们绝不会用制作牛肝菌的
方法和食谱来制作鸡油菌。鸡油菌的微妙香气和味道需要完全不
同的搭配，如鸡蛋或鸡肉、奶油酱和简单地用黄油煎，这些都是
不错的选择。同样有经验的厨师为了保存鸡油菌，也绝不会把它
晾干，因为鸡油菌之所以被称为仲夏金色之美，就在于其特有的
质地、香气和风味，而这些特点在晾干后都会有所丧失。

---

①　子实体（fruiting body）是高等真菌的产孢构造，即果实体，由已组织化了
　　的菌丝体组成。蘑菇子实体一般由三部分组成：包括菌柄、菌盖和菌褶。换
　　言之，这种长出地面的蘑菇，学名叫子实体。地下的部分才是主体，叫菌丝体。

　　美味且久经考验的蘑菇餐几乎不需要复杂的烹饪技术，只要蘑菇选材没问题，甚至都不需要特殊配料。因此，第一步是让自己熟悉不同类型的蘑菇，尽可能多地掌握蘑菇食谱。然后，你只需将原料组合起来，并尽情享受其中的乐趣。后文将向你介绍世界上最优良的野生菌，可能会涉及一些你所在地区最常见且最易识别的蘑菇。一些极品食用菌较易识别，而且在美国大部分地区都很常见。因此，去外面探索一些当地的好蘑菇吧，或者去寻找一些可以购买野生菌的当地货源，你可以尽情享受这一过程，也可以想象自己大快朵颐蘑菇餐的美好时刻。

新食菌者指南

　　我设计了这套指南，可以为任何想要采摘、食用野生菌的人提供参考。尽管该指南可能涉猎广泛且具有警示性，但所有规范都必须要考虑周全。附录中列出了其他资源，如书籍、网站和采菇组织。

采摘食用前：

　　尽可能多地了解关于蘑菇的知识。在学习食用菌上花了多少时间和精力，就要在学习毒蘑菇上花费等量的时间和精力。你对毒蘑菇的了解程度，应达到你对可食用蘑菇的了解程度。要想安全食用，就需要对毒菇和可食用菇都了解。如下是一些帮助你学习的相关资源，详情见附录。

1. **购入使用一本或多本蘑菇种植指南，该指南需涵盖你所在区域所有的蘑菇种类。**
2. **熟悉互联网上优良的蘑菇鉴别网站及资讯网站。**

3. 参加蘑菇培训或公共的休闲徒步采蘑菇活动。

4. 加入一个蘑菇俱乐部或真菌学协会。这虽听起来高雅，但实际上，真菌学协会很好地结合了各种专家、业余爱好者和初学者，他们因对蘑菇的兴趣而聚集（选项请参见附录）。

5. 结识一位经验丰富的当地蘑菇导游。（若用家庭自制饼干来犒劳他，会是一个不错的选择。）

当采集蘑菇时：

1. **缓慢开始，保持安全。**对于采来食用的蘑菇群要保守一些。最开始食用菌菇时，应该从你所在区域常见且知名的食用菌种，如人尽皆知的"四大食用菌"开始。

2. **避免从可能受污染的地方采集蘑菇。**一些蘑菇可以浓缩重金属和其他污染物。避免在这些地方采集，如车水马龙的路边、垃圾填埋场、高尔夫球场、电线、铁路床或其他工业化或潜在污染的土壤中。

3. **只采鲜嫩或优质蘑菇，**让老蘑菇的孢子散落。老蘑菇是细菌的完美滋生地。它们有 85%~95% 的水分，含有高达 45% 的蛋白质。

4. **收集一些处于不同生长阶段的标本，**这样可以很好地了解蘑菇在老化过程中发生的变化。蘑菇的外观在形似纽扣的阶段与在成熟阶段往往有显著的差异。

5. **采集蘑菇的所有部分，**包括地上和地下部分。

6. **做一个孢子印** [①]，以确认孢子的颜色，来辅助鉴别蘑菇类别。

---

① 孢子印（spore print）或称"孢子纹"，是指菇菌孢子散落而沉积的菌褶或菌管的着生模式，孢子印及其颜色是伞菌分类依据之一。

采完蘑菇后：

1. **不要吃还没吃过蘑菇，除非已经采过很多次。**每次都要对蘑菇进行确认鉴定（包括提取孢子印的颜色），随着你采集食用品种不明的野生菌数量的增多，确认其身份就越发重要。

2. **绝不要吃蘑菇，除非你十分确定这是哪种蘑菇，且确定这是可食用蘑菇。一旦怀疑，就要把它扔掉！**这一点非常重要！

3. **避免食用与毒蘑菇相似或相近的蘑菇。**既然有这么多美味的且容易辨别的蘑菇，何苦自找麻烦呢？

对于即将食用的蘑菇，如果你很确定你已经能正确地识别这种蘑菇，且可以权衡食用风险时：

4. **保留一些未烹饪的样本用作比较，**以防识别有误。

5. 当你要尝试一种新的蘑菇时，**应少量烹饪、尝几口即可。**这个新品种的第一餐绝不能与家人或朋友分享。

6. **蘑菇一定要煮熟。**有些蘑菇生吃有毒，所有蘑菇在烹饪后都更易消化。

7. **若有新朋友与你共餐，一定要谨慎行事。**如果他们对野生菌不熟悉，要告知他们吃的是什么，这样他们就自行决定食用与否。有人会对刚吃过的饭菜感到焦虑，甚至突然出现"蕈类中毒"反应，这种案例并非闻所未闻。身心之间有很强的关联性，而胃也与身心健康关联紧密。

任何人只要认真对待采蘑菇，并准备好遵循这些指导方针，他们就不会生病。请记住：食用野生菌不是一项极限运动，也不是要比谁吃的品种最多。许多毕生投身于此的猎菇人，他们已经了解到了自己很熟悉且钟爱的两三个品类，这为他们提供了体验大自然的机会，也让他们一整年都得以享用充足的可食用蘑菇。总之，对知识的渴望，要永远先于对蘑菇的渴望。

....

　　你给女人一篮子野生菌，她可以为家人做出一日三餐，但如果你能教会她识别、烹饪几种极品野生菌，那她为家人奉上的将是终生的美味野生菌大餐。陈词滥调，却是事实。

3

· · · · · · · · · · · · · · · ·

四大食用菌：
千禧年新版

· · ·

人类竟然吃蘑菇，真是太奇怪了。

所有蘑菇，吃起来都有皮革似的口感，而且几乎没有任何营养。

其价值所在就是可以制成调味品。

如果不是调味品，吃蘑菇跟吃锯屑没有什么区别。

——威廉·安德鲁斯·奥尔科特，《年轻管家》，1864 年

　　我在全世界各地四处奔波，以自己的方式为这些想要了解蘑菇的人予以教导。在此期间，经常有人问我这样的问题，比如我最喜欢哪种蘑菇？哪种蘑菇最好？哪种蘑菇可以安全食用？和第一次骑自行车、第一次接吻、第一次蹦极一样，第一次采摘和食用野生菌是最难的，需要事先深思熟虑、做好计划，另外，冒险精神也必不可少（当然，也有人不做任何事先考虑就盲目行动，对于毒蘑菇的一些特征，详见"蘑菇中毒"一章）。对于从来没吃过蘑菇的人来说，采集、鉴定并成功把蘑菇从森林地被移入菜篮，

从菜篮里倒入锅中，从锅中盛入盘子，最后从盘中进入胃里，这是一个充满焦虑、期待和兴奋的过程。我吃的第一个蘑菇，是来自新墨西哥州的羊肚菌。中西部的人吃到的第一个蘑菇，大概率是羊肚菌；而在新英格兰，可能是鸡油菌、草菇，或舞菇。绝大多数美国人都没吃过野生菇。如果有人能把蘑菇初体验变得不那么可怕，情况会如何呢？许多真菌学家（包括业余的和专业的）已经做到了这一点，他们减轻了大家的恐惧、教大家食用菌知识，并把吃野生菇的概念正常化。我的工作就基于他们的指导，也得益于他们的指导。

1943 年，美国真菌学家克莱德·梅·克里斯坦森（Clyde M. Christensen，1905—1993）提出了"四大食用菌"的概念来指代四种常见的、容易辨认且很难与其他有毒物种混淆的可食用蘑菇。他的书《常见的可食用蘑菇》（*Common Edible Mushrooms*）是美国蘑菇领域的早期指南之一，该书试图将令大家望而生畏的蘑菇带到人们的家中和厨房里。[1] 作为明尼苏达大学的真菌学教授，克里斯坦森挑战了美国很流行的一种观念，即所有野生菌都很可疑，在草坪或花园里一见到蘑菇，就应该除之而后快。"蘑菇这种转瞬即逝的植物常常被认为是奇怪的、不可思议的、令人生畏的，是要被践踏和摧毁的。"在大萧条时期，在工作项目管理人员的支持下，克里斯坦森编写了《常见的可食用蘑菇》这部小指南。他用简明、直白的语言，对蘑菇进行了描述，并鼓励读者采集、学习、烹饪那些在草坪、田野和树林中常见的蘑菇。他不遗余力地在书中介绍了所有的常见蘑菇，且又避免了用户因信息过载而产生的认知负担。在结尾处，他甚至附上了一套常见野生菌的食谱，这些食谱是美国各地知名厨师和真菌学家共同撰写的。早在戈登·沃森（Gordon Wasson）发明"恐菌人"（mycophobic）和"喜菌人"（mycophilic）这两个词的 20 多年前，克里斯坦森就试图将采菇的乐趣带给"闻菌色变"的美国。过程中，他发明了一个词，做了一个可食用蘑菇短名单，这些已经沿用了几十年。

··

克里斯坦森的四大食用菌

• 羊肚菌，又称海绵蘑菇，羊肚菌属（*Morchella*），未特指品种

• 马勃菌（所有地表以上，内部纯白的马勃），包括秃马勃（*Calvatia*）和网纹马勃（*Lycoperdon*）

• 硫黄菌或硫黄多孔菌，学名为硫色绚孔菌（*Polyporus sulphureus*）

• 鸡腿菇，又被称作毛头鬼伞（*Coprinus comatus*）

··

克莱德·克里斯坦森的四大食用菌包括海绵蘑菇（即羊肚菌）、马勃菌、硫黄菌（硫黄菌属或硫黄多孔菇）和鸡腿菇（又称作毛头鬼伞）。他并未区分不同种类的羊肚菌，把羊肚菌属中的所有羊肚菌都圈定在内，并将羊肚菌称为海绵蘑菇（羊肚菌的一个常见别称）。克里斯坦森也没有区分马勃菌的不同种类，而是把所有地表以上，内部纯白的马勃，包括秃马勃和网纹马勃都圈定在内。在

选择硫黄菌（多孔菌属）时，在一种数量很多的物种中，克里斯坦森博士选择了其中一种，这个种类现在归在硫黄菌属中。四种中的最后一种是鸡腿菇（*Coprinus commatus*），鸡腿菇是墨汁鬼伞（the inky caps，有着非常大的蘑菇群）中的一个独特物种。

在《常见食用菌》出版后的 60 年里，很多事情都发生了变化。我们对蘑菇毒理学和遗传学的了解在不断加深扩展，调查蘑菇中毒、研究毒蘑菇物种和其毒素的能力也有了极大提高。为反映各类蘑菇之间的关系，很多旧的蘑菇群被重新划分为新的物种。越来越多的新知影响了我们对羊肚菌、马勃菌、硫黄菌和鸡腿菇的理解，也影响了我们对其他蘑菇的理解。我们对"四大食用菌"的认知发生了怎样的变化？我们还能把它们当成安全的食用菌吗？

羊肚菌，又名海绵蘑菇

属：羊肚菌属〔*Morchella*〕

种：黄羊菌〔*M. esculenta*〕、黑羊菌〔*M. elata*〕、粗柄羊肚菌〔*M. crassipes*〕等。

没有任何一种野生菌像羊肚菌一样，能够牢牢地捕获美国人的心和胃，并任其充分发挥想象力。市面上有很多关于羊肚菌的食谱，几乎所有像样的美食餐厅都在后厨备有各种各样的羊肚菌。羊肚菌的味道是很难用寻常语言来形容，大多数人都会诗意地把它形容为美味佳肴、玉盘珍馐或一味涅槃。加里·费恩（Gary Fine）

在《羊肚菌传说》（*Morel Tales*）一书中，引用了一位羊肚菌食客的话。这位食客说，自己在第一次尝试羊肚菌之前，没有人能向他说清楚羊肚菌的味道。"他们只是说'特别好吃'或者说'绝了'，他们脸上还挂着会心一笑，仿佛如熟女被年轻女孩儿问及爱情的神情一样。现在我终于吃到了，我觉得羊肚菌吃起来很嫩、很甜，跟他们说的一样，就是特别好吃，就是绝了。"[2]

15年前，我和妻子在缅因州托马斯顿租了一个房子，记得在一个春末，我揭开了屋外割草机上的防水布，我惊喜地发现，在后轮旁的一堆落叶和木屑中，长出了两株完好的黄色羊肚菌，蘑菇水灵鲜嫩，有两三英寸大。它们就长在房子旁，不容易被痴迷蘑菇的食客发现，我决定让其中一株再长几天，让它慢慢长大，直到它在炒锅里"寿终正寝"。由于羊肚菌生长缓慢，又过了11天，等它长到了7英寸时，我才把它摘下来，切成细丝，简单地用盐和胡椒在黄油里炒了一下，然后放进加了一点点奶酪的煎蛋卷里。结果，一个普通的煎蛋卷变成了一样不折不扣的美食。羊肚菌长的时间越长，越美味，这11天赋予了它浓郁的味道。加了羊肚菌的煎蛋卷，仿佛给了我去高档餐厅吃美味的体验。

羊肚菌虽长相怪异，看上去索然无味，有着浅褐色外观，但它们具有一种神秘感，以至于羊肚菌狂热者在谈起这一"地表栖身者"时，都有一种近乎崇敬的热情。除非你有幸生活在中西部的中部和北部，否则在大多数年份里，你都很难找到羊肚菌。我生活在缅因州东部。因为我喜欢羊肚菌，所以过去的25年里，在

5 月中旬到 6 月中旬期间，我都会投入大量时间寻找羊肚菌。作为一个已经拥抱新英格兰节俭精神的人来说，每小时只能找到一株羊肚菌（最近五年，甚至一小时还找不到一株），这是很尴尬的。年岁渐长，我花在研究和寻找羊肚菌上的时间越来越长，我和其他地区的真菌爱好者持续分享自己或成功，或失败的故事，基于这些积累，我每年都能在沿海地带成功找到羊肚菌，这也因此使我成为该领域的权威。因此，我觉得我有必要分享一些经验。

分类

克莱德·克里斯坦森把羊肚菌加入了"四大食用菌"，但他没有区分羊肚菌属的不同品种，只是提到："羊肚菌分几个不同的品种，这些品种很相似，姑且可以理解为一种。"在克里斯坦森生活的那个年代，美国人只认识三种常见的羊肚菌：羊肚菌、半开羊肚菌和黑羊肚菌。此外，还有相当数量的已命名品种，和普通羊肚菌非常相似。如同命名其他蘑菇一样，由于这类蘑菇的菌盖呈蜂窝状，因此，克里斯坦森把这一类称之为海绵蘑菇（sponge mushrooms）。

如今，我们知道，羊肚菌的种类比克里斯坦森写书时要复杂得多。（谢天谢地，羊肚菌属的所有品种都能食用，虽然它的近属里，有个别品种会致病。）羊肚菌属于羊肚菌属，至于羊肚菌属究竟有多少品种，大家众说纷纭。据作者迈克尔·库（Michael Kuo）在他 2005 年的著作《羊肚菌》（*Morels*）[3] 和他的网站 www.

mushroomexpert.com 上所说，[4]北美的羊肚菌可分为四个形态不同的品种。在新英格兰，我们主要看到的是黄色羊肚菌和黑色羊肚菌。黄色羊肚菌有几种不同的形态，有时被分成不同的品种，但由于它们很相似，所以在这里可以归为一类。由于黑色羊肚菌和一些深色物种的外形相似，因此，黑色羊肚菌有时会被分类在深色物种下。在分子和遗传分析流行的时代，人们在不断重新改写羊肚菌分类。尽管大家一致认为分类尚未完成，但显然，美国羊肚菌将会被归类为黄色羊肚菌、黑色羊肚菌和其他几个非黄非黑的物种下。羊肚菌是子囊菌[①]或囊菌一个小分支。它的显微孢子在子囊（囊状母细胞）中形成和生长，一直到成熟时被强制排出。羊肚菌里的子囊排列在菌盖上的蜂窝凹坑表面。

说明

（以下描述只针对黄色羊肚菌）羊肚菌子实体高 3~6 英寸（偶尔有晚熟品种，可长至 12 英寸或者更高），宽 1~3 英寸，菌盖呈圆锥形，海绵状，菌盖下接白色菌柄。菌盖和菌柄均中空，肉质酥脆。菌盖的表面有蜂窝状凹坑。成熟后的羊肚菌，凹坑在竖直方向上又细又长。凹坑非成行排列。羊肚菌颜色可变，幼时几乎是白灰色，继而是淡黄色，等再长大些时会呈淡棕色。凹坑的颜色通常比凹

---

① 是真菌界子囊菌的有性生殖器官。子囊菌类继其有性生殖而产生的囊状器官，通常在其中藏有 8 个子囊孢子。

坑之间分割部分的颜色更深。菌柄比菌盖细，呈浅黄褐色，微粗糙，在底部变宽。肉质薄脆，有一股浓浓的泥土气味，羊肚菌越老，气味越明显。孢子印呈赭黄色。

和羊肚菌相像的蘑菇

皱盖匹钟菌（ *Verpa bohemica* ）[1] 是头期羊肚菌 [2]，有时萌生于仲春。是一种小盖羊肚菌，菌柄更长，菌盖表面向内形成褶皱，而非凹坑。它在美国西部和欧洲被广泛食用，有些人食用之后出现胃肠不适。这些不良反应到底是由烹饪不当造成的，还只是一种特异质反应，目前还尚不清楚。因此，吃这种蘑菇要小心，尤其是第一次吃的时候。

半开羊肚菌（ *Morchella semilibera* ）[3] 在中西部被称为啄木鸟头（ peckerheads ），通常在羊肚菌季节的早期结果。多年来，很少在新英格兰能见到它们。我曾在潮湿的岩石地带、白杨和桦树下见

---

[1]　皱盖匹钟菌（学名：*Verpa bohemica*）是羊肚菌科的一种真菌，属于假羊肚菌的一种。在野外，本种可以菌盖和菌柄的连接方式和真羊肚菌区别，皱盖钟菌的菌柄上的菌盖是完全和菌柄游离的。虽然被许多人认为皱盖真菌可食，但仍不建议食用，有报道指称它对部分过敏的人是有毒的，中毒症状包括肠胃不适和肌肉失去协调。

[2]　所谓头期羊肚菌就是早期出产的，也就是第一批羊肚菌，无论肉质还是厚度、香味，都是最好的，品质品相都是令人十分满意的。

[3]　半开羊肚菌（half-free morel，学名为 *Morchella semilibera*），子囊果较小，春天至早夏季生于林中地上。散生至群生，常单生。

过这类蘑菇。它们和长着细长柄的小盖羊肚菌类似，柄多水且易碎。纵向切开时，可以清楚地看到，有一半菌盖和菌柄是分开的，所以叫"半开"。半开羊肚菌可食用，与其他羊肚菌味道相似，但不太明显。

鹿花菌[①]（*Gyromitra esculenta*）这个名字里虽然也有"菌"（即 esculenta，意为多汁植物）这个字眼，但它跟其他假羊肚菌一样不能吃，只能任其待在篮子里或长于土中。假羊肚菌有很多种，毒性都很强，在欧洲导致了许多人死亡，在美国导致过严重的中毒事件（见第 9 章）。我的建议是：千万不要吃这种蘑菇！常见的假羊肚菌比大多数黄色羊肚菌早结果，通常生长在针叶林或杂木林。和真羊肚菌不同的是，鹿花菌的菌盖没有典型的凹坑，而是类似大脑的一团褶皱。此外，真羊肚菌通常是圆锥形，而假羊肚菌更接近圆形或不规则形。

忠告

羊肚菌一定要煮熟吃！羊肚菌含有一种不耐热的毒素，会随着烹饪消失。对于喜欢冒险的厨师和喜欢简单烹调蔬菜的人来说，做羊肚菌可能会做出问题来。病理学家兼真菌学家丹尼斯·本杰明

[①] 鹿花菌（学名：*Gyromitra esculenta*），是平盘菌科、鹿花菌属真菌。子实体大型，具菌柄和菌盖；菌盖近球形，表面微皱至高度扭曲呈脑状。分布在欧洲及北美洲。斯堪的纳维亚、东欧及北美洲的五大湖地区。生长在针叶林的沙质土壤，于春天及初夏长成。

（Dennis Benjamin）在他的书《蘑菇：毒药和灵丹妙药》（*Mushrooms: Poisons and Panaceas*）中讲了一个例子。1992 年，不列颠哥伦比亚省温哥华市举行了一场宴会，宴会邀请了包括温哥华卫生部负责人在内的几位市领导。晚宴上，主厨做了一道沙拉，可能出于提高菜品档次的目的，他在里面加了大量切碎的生羊肚菌。结果483 名宾客中，有 77 位中毒，还有很多人因严重的胃部不适需要就医。[5]

　　本书进入最后编辑阶段时，科学家发表了一项新研究，研究对象是从新泽西州到佛蒙特州的老苹果园里采摘的一些羊肚菌，该研究详细介绍了对这些羊肚菌的分析结果，也对每个采摘地的土壤样本进行了分析。这项由埃莉诺（Eleanor）和伊夫莱特·沙维特（Efrat Shavit）所做的研究，起源于一次砷中毒事件。中毒者是新泽西州真菌学会的一名长期会员，同时也是羊肚菌狂热爱好者。据报道，自 20 世纪 70 年代以来，他每年春天都从新泽西州的老苹果园采摘数千株羊肚菌。在生了一场越来越严重的顽疾之后，2007 年，他被诊断为急性砷中毒。在排除了其他污染源后，医生才注意到他经常吃羊肚菌，怀疑这才是他的潜在病因。后来，他接受了长达 9 个月的强化螯合治疗，才终于痊愈。

　　据估计，1900 年到 1980 年间，美国农作物共使用了约 4900 万磅砷酸铅和 1800 万磅砷酸钙。[6] 铅和砷在土壤中以无机物的形式存在，性状稳定。众所周知，喷洒过农药的田地和果园，其表层土壤中含有很多农药残留。50 多年来，商业果园主要使用杀虫剂来维护，平均每英亩的施用量约为200磅。因为早期迹象表明，羊肚菌会吸收周围环境中的金属，沙维特便和几个志愿者一起，到19世纪中期至20世纪中期投用的29个苹果园里，收集土壤和羊肚菌样本。分析结果显示，羊肚菌能从土壤中吸收大量砷和铅，虽然总量不会达到致人急性中毒的程度，但若长时间大量食用污染地里长出来的羊肚菌，就很容易致人中毒。[7]我们在采食旧商业苹果园的羊肚菌时，务必要小心。如果不放心，可以做采集地的土壤检测。而我则不会让孩子们吃羊肚菌。

每年，在我跟踪全国范围内的蘑菇中毒事件时，都会发现有一些羊肚菌引起胃部不适的案例。虽然受害者没有表现出明显的症状，但仍存在一些共同点。有的是在吃羊肚菌的时候喝了酒；有的是因蘑菇没有做熟或直接生吃而产生的；有的是因个人体质问题对羊肚菌不耐受而导致的。在吃羊肚菌的人中，吃完后出现肠胃不适的人只占很小的比例。为了确保你能舒适地享受这一美味，我建议第一次少吃一点儿，而且一定要把它做熟做透。

生态、栖息地、萌生

羊肚菌是腐生生物，以土壤中的树叶和木头为食。有证明说，羊肚菌在生命周期的某些阶段，能够与不同的树形成共生菌根关系。它的菌丝分布广泛，子实体往往出现在离原生地或食物源很远的地方。子实体可能从前一年越冬的菌核或者直接从菌丝中长出来。菌核是由菌丝紧密连接交织而成的休眠体，类似电池，在恶劣天气下储存能量和组织，环境转好时，促进快速生长或结果。羊肚菌的储存能量的能力，可能是其在年初便能结果的主要原因。

在生命周期的某些阶段，羊肚菌可以与树木形成共生菌根关系，这么看来，它的生长和结果模式就合理多了。最新研究表明，与树木共生的羊肚菌，在树木临近死亡或死亡后的几年内会大量结果。当菌根真菌在即将死亡或新死亡的树根上彻底变成腐生生物[①]时，死亡树根根尖中的食物能量就会转化为产生果实所需的食物能量。[8]这也解释了为什么森林火灾后两年里，或者在榆树得了荷兰榆树病死掉之后，羊肚菌会大量出现的原因。遭受病虫害的树木、树干或树根、遭受机械损伤的树木也会催生大量羊肚菌。我有一个同好在缅因州，他跟我讲，有块儿地在被松土、施肥和施石灰一年后，地里的小榆树和苹果树周围长了很多羊肚菌；还有一棵苹果树，在根系受到车道建设的影响之后，周围也长了很多羊肚菌。

....

腐生生物以什么为生？

腐生真菌会长出像树根一样的菌丝，接触食物源（通常是某种死亡植物组织），继而向菌丝细胞周围释放强大的酶。酶再将大分子或多糖（如纤维素、半纤维素和木质素）分解成单糖构件。然后，真菌再把这些单糖转移到细胞中为食。简单来说，真菌不像动物一样，先摄取复杂的食物，

———————————

① 从已死的，腐烂的生物体中获得营养的生物为腐生生物。

然后消化成简单的成分，而是在"身体"之外消化复杂的食物，之后再摄取到细胞中。面包放时间长之后长出小片霉菌，也是同样的道理。在由数英里长的菌丝组成的菌丝基质中，有机物大规模地降解成其组成部分，并在短时间内产生大量的营养物质。生活在同一区域的植物根部也因受益于释放出的营养物质，得以茁壮生长。仙女环外缘的蘑菇之所以长势好，是因为真菌活动释放了先前被封锁在死亡植物组织中的养分。

....

羊肚菌是以单生或小簇形式出现，常隐藏在枯枝后面或植被中间。大石头或圆木的边缘有着适合蘑菇生长的"微环境"。如果你发现了一株羊肚菌，停下来不要动，安静一点，别把它的邻居吓跑了，定睛看看周围是不是还有更多的羊肚菌。目前发现，最有可能找到羊肚菌的地方，就是已经发现了一株羊肚菌的地方。羊肚菌很善于隐藏，第一株总是最难找的。在第一株羊肚菌刺激了你的视觉和大脑之后，你就会更容易从杂乱的环境中找到更多羊肚菌了。

一般来说，羊肚菌喜冬寒春暖型气候，不适合生长在冬季气候温和的地区，或者从寒冬到暖春气候过渡不那么明显的地区。温暖的天气伴随着充足的雨水持续了一周，新长出的叶子似乎在一夜之间成为中心，此时春意盎然，到处都是一片生机勃勃的景象，这时便是出门寻找黄色或棕色羊肚菌最好的时节了。如果你在新英格兰北部，这时的唐棣花已盛开，草坪也该进行首次修剪，橡树也长出了如松鼠耳朵大小的红色叶子，苹果花蕾开始绽放，黑蝇也刚开始四处叮咬。如果你在缅因州和再往北的中西部，最好的猎菇时节则在 5 月中旬，但也不一定，情况会随着天气状况、你所在的位置以及海拔和坡度的影响而变化。羊肚菌的生长期通常是三周左右，如果春天凉爽潮湿，它的生长期更长。黑色羊肚菌通常比黄色羊肚菌早两周结果。

羊肚菌和某些树种共生。在东北部，它和苹果树、榆树、白蜡树和白杨共生。在西部，除上述树种之外，它还和云杉、冷杉和松树共生。在中西部和东南部，它和郁金香木兰以及各种坚果树共生。羊肚菌喜欢排水性强的土壤，这种土壤呈碱性，通常存在于石灰岩基岩、冰川砾石地区或刚发生火灾的地区。

森林火灾会让土壤暂时呈碱性，火灾发生后的一到三年内，森林会出现大量的羊肚菌。历史上，为提高羊肚菌的产量，有一些欧洲地主会故意放火烧地。在美国西部，"羊肚菌猎人"利用羊肚菌与火灾之间的联系，找到了很多羊肚菌；从加利福尼亚到阿拉斯加，羊肚菌职业采集人都会把前一年发生过森林大火的地方作为搜寻目标。很多野心勃勃的职业采集人会随着蘑菇丰收浪潮而迁徙，从南到北，追赶不同的羊肚菌成熟季。还有一小部分人，以采集羊肚菌这种传统方式谋生，随着季节的转换，他们会前往不同的地方寻找羊肚菌。[9]我的朋友米夏莱恩·马尔维（Michaeline Mulvey）回忆说，前几年缅因州西部发生了一场森林大火，后来蘑菇采集人在那里发现了数百株羊肚菌。

找羊肚菌，应该去石灰岩地区或者浓密的森林里，那里最好长了很多糖枫树、白蜡树和椴木;或者去在碱性土壤中生长的树边;也可以去无人照料或杂草丛生的老苹果园碰碰运气,看看树下以及树与树中间有没有羊肚菌,尤其是在垂死或新死的树边。我找到羊肚菌最多的地方是在一个贫瘠的苹果园,那里的树有 60 至 70 年的历史,树间长着旺盛的野草。对于单生和群生的羊肚菌,我在草丛里、树莓藤里和枯枝中都找到过。此外,它也会长在垂死或新死的榆树周围,特别是当榆树长在石灰岩土壤里时。如果你家花园的花坛里,在上一年加了很多树皮或木碎,那可以去花坛里碰碰运气。我在这样的花坛里找到过很多羊肚菌,尽管它只长一到两年。

重点是:羊肚菌就在你能找到地方。重点中的重点是:这是一种值得你搜寻的蘑菇!如果尝试过以上建议,但却都失败了,那就计划 5 月去一趟密歇根吧。

随着春天一路北上,从 1 月(加利福尼亚)到 7 月(蒙大拿州和加拿大境内的落基山脉)之间,美国各地的羊肚菌陆续破土而出。东南部各州的高峰期在 3 月下旬和 4 月,中西部和西海岸的高峰期是 4 月下旬和 5 月,中西部北部、新英格兰和美国西部山区的高峰期是 5 月至 6 月中旬。在不同地区,羊肚菌和当地不同的树种、微环境共生,从加利福尼亚部分地区的沙滩和墨西哥湾沿岸,到蒙大拿和阿尔伯塔山区的云杉和冷杉林。如果你是一个劲头十足的新手,建议你联系当地有经验的"羊肚菌猎人",学习当地羊肚菌的栖息地类型。不要问具体去哪里采集,这类鲁莽的行为，很可能遭人编排或受到赤裸裸的欺骗，因为羊肚菌收藏者不可能泄露自己的秘密宝地，更可能拿你开涮。我可以负责任地说，如果你拿点烘焙去"贿赂"经验老到的蘑菇向导，他们也是会"上钩"的。不管怎么说，新猎人需要自己深入森林，侦察情况，练就敏锐的眼力，才能找到这种美味、害羞、难寻的真菌。

中西部和中西部北部的许多州，每年都会举办羊肚菌节，节日期间有很多比赛，如被发现最多的羊肚菌、最大的单生羊肚菌和最严重的毒藤案例等。密歇根州是全国羊肚菌节的举办地。2010年5月，密歇根州在博因市举办了第五十届全国羊肚菌节和一些其他当地的节日。伊利诺伊州、爱荷华州、密歇根州、印第安纳州、明尼苏达州、肯塔基州和俄亥俄州每年都会在其下属乡镇和小城市举行羊肚菌庆祝活动。1984年，明尼苏达州立法机关将羊肚菌定为"州菇"，此举引发了群嘲，因为它是美国唯二拥有"州菇"的州（另一个是俄勒冈州，它的"州菇"是太平洋金鸡油菌）。每年5月和6月初，绿意盎然的春天和朵朵苹果花总会让人想起奶油酱里的羊肚菌，此刻，我很希望自己是一个中西部人，因为那里有很多羊肚菌。

在田纳西、肯塔基、阿肯色和北佐治亚的山区，羊肚菌的季节始于早春。羊肚菌长出来时，经常有山民想把它带回家。我最近收到一封邮件，是一位著名厨师发给我的，信中讲了自己遇到的一位弗吉尼亚人，准备从蓝岭山坡上的停车场穿入丛林。这名男子身穿迷彩服，带着几个5加仑的小桶，要爬上斜坡去采集"羊肚菌"。当一车的食品专家问他喜欢怎么吃羊肚菌时，他说可以和肉一起炖，或者干脆用平底锅煎，他最喜欢用羊肚菌蘸融化的奶酪吃（我猜是先把羊肚菌做熟，再蘸着吃）。书上和网上有很多烹饪羊肚菌的方法，这说明羊肚菌可以做成多种风味，从经典的意大利调味饭、法式薄饼到咸派到意大利面酱。还有更接地气的吃法是给羊肚菌裹一层碎玉米片或薯片，在黄油里炸，或者用季节性油炸野火鸡搭配油炸羊肚菌。

在美国内陆地区，羊肚菌已成为将人们联结一处的重要力量。用一位田纳西州火鸡猎人的话来说："你怎么吃火鸡和羊肚菌都无所谓，不过我都是把它们放一起吃。田纳西的羊肚菌猎人都是在林子里追火鸡时找到自己的蘑菇的。分享下我最喜欢的食谱。"

油炸野火鸡配炒羊肚菌

野火鸡烫后拔毛。将卡津黄油（16盎司）填入火鸡，并在火鸡表面涂上卡津调味盐。取一口能够装下火鸡和4~5加仑花生油的深锅。油加热至375度（华氏度，后同），火鸡放入锅中炸大约3分钟。野火鸡去毛并处理好的重量一般在10到15磅之间。炸鸡时保持油温。用黄油和酱油煸炒羊肚菌。加少许卡津调味料（由田纳西州金斯顿斯普林斯的基思［Keith S.］提供）。

可食性、备餐和保鲜

用一把锋利的刀，贴地面割掉羊肚菌，长老了的羊肚菌不要割，留着它将来还能释放孢子。一般来说，羊肚菌要长到非常成熟的时候才会释放孢子。在清洗羊肚菌，准备烹饪或保存时，最好纵向切开，看看菌盖和菌柄中是否有杂物。将附着在羊肚菌上的泥土或碎屑刷下来，如果需要，用水冲洗并用毛巾擦干。

羊肚菌很好脱水，脱水之后也能完美保留其风味。可以把它切成两半，放进食物脱水机或温暖烤箱的烤盘上脱水。将完全干燥的羊肚菌储存到密封的冷冻袋或罐子里，其风味可以保持很多年。也可以煸炒之后，放到小容器里。中西部的一些羊肚菌采集者会把它洗净，涂一层薄薄的面粉，然后生冻或在黄油里稍微炸一下再冻。吃的时候，直接从冰箱中取出，放入煎锅即可。

味道饱满充盈的羊肚菌适合多种做法。用黄油煸炒，加入鸡蛋，再加入少量的盐和胡椒提味儿，一顿让人久久难忘的早餐就做好了。羊肚菌搭配奶油酱汁，可点缀简单的鸡蛋面、鸡肉，甚至烤面包。

✳ 简烹羊肚菌
• • • •

½ ~ 1 磅新鲜羊肚菌，纵向切片

2 汤匙黄油或黄油 / 橄榄油混合

调味用的盐和现磨胡椒

½　　　杯奶油（可选）

想品尝新摘羊肚菌的真正风味，烹饪时要简单点。取平底锅或炒锅热油（每 0.5 磅羊肚菌 2 汤匙油），加入羊肚菌。小火煸炒 5 ~ 10 分钟，让羊肚菌熟透，然后加入盐和现磨胡椒调味。如果想让口舌得到满足，最后加入奶油并加热至即将沸腾。可浇在米饭、鸡肉或其他肉类上，趁热享用。

❋ 内陆风简烹羊肚菌
. . . .

1 ~ 2　磅新鲜羊肚菌，纵向切片

2 ~ 3　个鸡蛋，打匀

2　　　杯苏打（或其他）饼干碎，或面粉、玉米粉 / 面粉混合、玉米片碎、薯片碎

大量黄油、橄榄油或熏肉油

盐和胡椒，或调味盐、蒜盐、卡津调味料等

与在家里做奶酪通心粉一样，这个食谱也可以有很多变化，但基本方法是不变的。新鲜羊肚菌洗净并纵向切片，浸入蛋液，然后裹上手头有的、能与羊肚菌搭配的裹料，哪种都行。用盐、胡椒和其他香料调味。每个羊肚菌迷都有自己推崇的裹料，最简单的就是面粉、盐和胡椒。

　　在你趁手的平底锅或炒锅中加大量黄油，将处理好的羊肚菌放入锅中。每面用中火煎至少四五分钟，至羊肚菌熟透，表面焦黄。趁热享用，无论早上、中午还是下午，作为开胃菜、主菜、配菜或者小吃，它都很适合。这是美国内陆地区烹饪羊肚菌的最常见方法，对于使用的裹料和油没有要求。哦，补充一句，这太好吃了。

❋ 奶油酱炒羊肚菌
. . . .

	15～20 个新鲜或泡开的羊肚菌，如个大则切成两半
1	大棵火葱，切碎
1	大瓣蒜，拍碎
2	汤匙黄油
2	汤匙橄榄油
¾	杯鸡汤
¼	杯白葡萄酒
1	杯重奶油
	用于调味的盐和现磨胡椒

　　将橄榄油放入加热的平底锅中，用中火加热。加入蒜和火葱，炒至变软，不要炒焦。加入黄油，黄油熔化后加入羊肚菌。翻炒三五分钟，至羊肚菌变软。加入葡萄酒和鸡汤，盐和胡椒，继续加热 5 分钟。加入重奶油，小火加热至稍微变稠，不要煮

沸。如果喜欢胡椒味，可添加额外的胡椒。搭配鸡蛋面、意大利面、米饭或古斯米享用。

加鸡肉的做法也很简单。去骨鸡大腿肉切成一口大小。先用橄榄油大火将鸡肉煎成焦黄，盛出。然后按照食谱，在羊肚菌炒好后将鸡肉放回锅中，加入葡萄酒和鸡汤。

马勃菌

属：秃马勃（*Calvatia*）和网纹马勃（*Lycoperdon*）

种：大秃马勃（*C. gigantea*）、头状秃马勃（*C. cyanthiformis*）、梨形马勃（*L. pyriforme*）等。

当我步行穿过树林或在田野边漫步（甚至当我开车的时候），突然看见一种令人向往的食用或药用蘑菇时，这种感觉就像有一股电流流过一般，使我心跳加速，我不禁喜笑颜开。终于，猎人看到了他的目标猎物。而当目睹一个巨大的马勃（*Calvatia gigantea*），或一片"真菌巨兽"懒洋洋地躺在田野里时，看着面前的蘑菇琳琅满目，那种兴奋感令人振奋激动。对很多食菇者而言，马勃正是他们吃到的第一种蘑菇。

想象一个圆圆的气球，里面充满了它能容纳的最多的空气，胀得紧紧的。真菌就如同气球一样，会在给定的空间和体积范围内，最大限度地产出一个有机体所能产生和分配的最大孢子数量，在此方面，马勃菌堪称典型代表。马勃菌是一个圆形的球，大小不等，最小的像玻璃珠，最大的比篮球还大，成熟时里面会充满孢子粉。马勃菌的整个内部由产孢体（即孢子和其生长所需的菌丝）组成，外面是一层薄薄的包被，有的马勃菌品种，还有一个无菌组织的底部或菌柄，将孢子托升起来，使其高于地面。

分类

马勃被归为腹菌类（俗称 stomach fungus，学名为 *gastromycetes*），因为它们在"胃"里制造孢子。这是一类相对大而多样的真菌群，有很多属。在美国东北部，最常见的属是秃马勃属和网纹马勃属，秃马勃有中型的和大型的，通常长在开阔的草地上。网纹马勃属，为中小型，通常长在树林中。当其成熟时，会通过子实体顶部的小孔或盖释放孢子。

马勃常见于较干燥地区，因为在封闭的囊中制造孢子，孢子成熟前被沙漠空气风干的风险就会较低。对于郊区或农村的美国孩子来说，把成熟的马勃拿来当球踢或单纯地扔来扔去，都会很有意思，因为马勃可能在遭受撞击的一瞬间，爆出一团数量惊人的孢子。据一项研究（毫无疑问是由没有报酬的研究生进行的）估计，一个直径 12 英寸的巨大马勃，成熟时约有 7 万亿~9 万亿个孢子！根据大卫·阿罗拉在《蘑菇揭秘》（*Mushrooms Demystified*）中的说法，将 7 万亿个马勃孢子并列排开，可环绕地球赤道一圈。如果每个孢子能产生一个成熟的马勃，总量可以从地球连到太阳，再从太阳连回地球。[10]

但是，采食马勃的人往往对不成熟的马勃更感兴趣。未成熟的马勃结实、密实。如果把它从上到下纵向切开，它里面是纯白的，看着挺值得一吃，至少值得一试。随着马勃的生长，它的组织会变得软而黏滑，颜色也会变成黄色或黄绿色，甚至紫色。看着让人没食欲，吃起来还苦。虽然吃这种黄色的马勃不会生病，但是它苦味很重，会把一锅菜都给毁了。要吃就中间纯白的、硬硬的马勃。

说明

在新英格兰的海岸边，我们通常能看到五种马勃，它是最有力的超级食物，当然也能看到其他种类的马勃。在美国和加拿大的大部分地区，也经常可以看到这五种马勃和与之相似的可食用近属。在密西西比河以西的草原和山区各州，马勃的种类就会更多，很多具有巨大的食用潜力；你可以查阅你所在地区的野外指南，看看当地都有哪些品种。

大秃马勃（*Calvatia gigantea*）是一种个头很大，甚至巨大的白皮马勃，通常直径可达 16 英寸至 24 英寸，有时甚至超过 3 英尺。由于大秃马勃子实体的宽度大于高度，所以呈不规则球形。乳白色包被薄薄地覆盖在产孢组织上，没有不孕基部。产孢体最初是纯白色，组织紧实，随着孢子的成熟，它会慢慢变黄至橄榄绿。大秃马勃成熟时，包被不定期剥落，将橄榄绿或黄色的孢子暴露在外，以便散播。大秃马勃是一种以死亡植被为食的腐生生物，通常生长在开阔的田野上或田野边，偶尔生长在林地（包括我们这里的挪威枫树下）。可单生，抑或散生，很少形成弧形或仙女环。

杯形秃马勃①（Calvatia cyathiformis）个头稍小，是田野和草坪的常客，也见于路边的沟渠和长满草的路肩。其子实体直径可达 8 英寸，通常高度和直径相等。最初圆形，顶部扁平，子实体发育成梨形；杯形秃马勃纵剖面很像切成了两半的面包或头骨的形状。和大秃马勃不同，杯形秃马勃沿着菌托有一层厚厚的无菌组织，可促使孢子露出地面。这种无菌层通常在春天和冬天出现，在孢子消散数月之后，作为浅紫色的杯状残余物出现。与它个头更大的近亲一样，杯形秃马勃里面最开始是纯白色产孢体，质地坚硬，随着时间的推移，孢子开始成熟，里面变成紫色，呈黏性，最后变成一团紫色粉末状的孢子。内部纯白、紧实的幼年蘑菇，是可食用菌，有些人觉得该种类是个不错的选择，有些人觉得很一般。讽刺的是，杯形秃马勃形状似头骨，而我发现它的地方也恰恰是在新英格兰的墓地里。头状秃马勃（C. craniformis）与之类似，也被称为头骨状马勃，同样也可以食用。

夏末和秋季的树林里多见"镶满宝石"的网纹马勃（Lycoperdon

① 杯形秃马勃（学名：Calvatia cyathiformis），又称紫孢马勃（purple-spored puffball）。子实体较大。扁球形至陀螺形，直径 4～12 厘米，不孕基部发达，初期白色后呈淡紫色，上部有细小的鳞片，成熟后表皮破裂，孢粉散出。夏秋季生于林中地上，常生于草地上。

perlatum）^①，这是最常见的马勃品种。网纹马勃常呈单生、小群聚、偶见密集群聚分布，我最近在云杉种植园里就见到了成百上千株网状马勃，高 1 ~ 3 英寸，生长在落叶或掉落的针叶上，极少数情况下，生长在腐烂的木头上。单生马勃接近梨形，颜色从白色到奶油色不等，顶部覆盖着一层细小的棘刺或鳞片，看起来像铆钉。随着果实的老化，棘刺通常会脱落，留下一个个浅浅的圆形印记。马勃球里面最开始是白色，质地紧实，很快变软，然后变成黄色，再变成绿色。虽然白色的幼年网状马勃是可食用的，但它变色之后，味道会变得很苦。秃马勃属通过爆裂的方式释放孢子，与此不同，网纹马勃属成熟的褐色孢子借由雨滴和风的作用，从其顶部的一个盖状小开口处得以释放。

从远处看，梨形马勃（*Lycoperdon pyriforme*）^②与网状马勃非常相像。两者的直径都小于 2 英寸，通常成簇生长，主要出现在夏末和秋季的树林中。但若离近观察，你就会发现二者有几处不同。梨形马勃生长在腐烂的木头上，尤其是地上的树桩和圆木上，偶尔会生长在地上腐烂的有机垃圾上。其单生实体是梨形，和网状马勃一样，有不孕基部，但梨形马勃的子实体更细长，菌盖表面长满了小小的"疣"，质地几乎呈颗粒状。如果把梨形马勃从地里

① 网纹马勃（学名：*Lycoperdon perlatum*），俗称宝石镶嵌马勃（gem-studded puffball）。子实体一般小，夏秋季林中地上群生。有时生于腐木上。幼时可食。
② 梨形马勃（学名：*Lycoperdon pyriforme*），英文名亦可写作 pear-shaped puffball。子实体小，夏秋季生长在林中地上或枝物或腐熟木桩基部，丛生、散生或密集群生。

拨出，你会看到一束束白色的叫作菌索的菌丝，从不孕基部延伸出来。纯白、紧实、未成熟的梨形马勃，同样是可以食用的，而太成熟的梨形马勃，味道会很苦。

还有很多不太常见的马勃。如果你想探索更多可食用马勃，就去寻找新品种吧！跟试吃任何新品一样，第一次吃马勃新品种，先尝一小点儿，看看是否中意，是否安全。

和马勃相像的有毒蘑菇

有一类马勃，食用后会出大问题，那就是硬皮马勃属（学名为 Scleroderma，俗称 "hard-skinned"），它很好辨认。具体而言，可以根据两个特征来辨认几种常见的硬皮马勃。第一，它的子实体外皮在新鲜的时候，厚且硬，在干燥的时候，似皮革，因此又被称为"猪皮马勃"（pigskin puffball）。第二，硬皮马勃里面的产孢体从很早期就是深灰色或紫黑色，所以，大家不太可能把它错认成可食用的白色马勃。硬皮马勃会导致中度至重度胃肠不适。

还有一种马勃，也需要当心，那就是棱边马勃（Lycoperdon marginatum）。因为棱边马勃的棘刺表皮会呈碎片状剥落，因此它又被称为脱皮马勃（peeling puffball）。虽然报道一般说它在幼年紧实时可食用，但它已被证明含有致幻化合物。据报道，它在墨西哥被用作麻醉剂。据我所知，美国还没有出现与之相关的致幻事件，但它在西部各州导致了一些胃肠不适事件。

忠告

需要注意的是，在吃任何马勃的时候，都要看一下它里面的果肉，确定是产孢体再吃，不要误食了未成熟的鹅膏菌。鹅膏菌刚长出时，紧贴地面，呈小圆纽扣状，完全包裹在一层叫作"万能面纱"的薄膜里面。它膨胀成为成熟的果实时，面纱会破裂，留下一个残囊，附着在基部，或在菌柄基部留下面纱的痕迹，或者在菌盖表面留下小鳞片一样的碎片。纽扣阶段的鹅膏菌有毒，且偶尔会被误认为是马勃。鹅膏菌的纵切面，菌盖和菌柄轮廓分明，马勃则是无差别的果肉。每年都有粗心的嗜菌者误食未成熟的鹅膏菌，这类事件主要发生在美国西部。请一定要注意谨慎食用！

生态、栖息地、萌生

马勃主要是腐生生物，以部分腐烂的植物为食，如树叶、草或朽木。有些马勃在没有明显食物来源且拥挤杂乱的土地上生长，大多数生长在朽木或开阔的草地上。有时，像大秃马勃这样的品种，子实体会形成弧状或仙女环。

可食性、备餐及保鲜

关于腹菌（gastromycetes）的美食价值，大家还尚未达成共识。加里·林科夫（Gary Lincoff）在他的《奥杜邦北美蘑菇指南》（*Audubon Guide to North American Mushrooms*）一书中，对马勃赞不绝口，并将多数马勃品种评为"优选"等级。[11] 但迈克尔·库（Michael Kuo）及其他一些嗜菌者对马勃热情不高，觉得它只是带点烹饪黄油的味道。[12] 在我年轻时，有段时间很喜欢吃马勃，但后来的 20 年就把它抛到九霄云外了，因为我的食用菌清单逐渐壮大，里面有比马勃更好的蘑菇。直到几年前，我才重新体会到马勃的美味。那是一次蘑菇品鉴会，主题是秋季最常见的四大蘑菇，我把马勃列入了其中。四种蘑菇都只是用橄榄油，加盐和胡椒简单一煎。对比硫黄菌、野蘑菇（*Agaricus arvensis*）和贝叶多孔菌（*Grifola frondosa*），马勃明显更胜一筹，我这才知道马勃能有多美味。的确是黄油味儿的！

❈ 帕尔马奶酪马勃片

. . . .

根据霍普·米勒（Hope Miller）的菜谱改良，用于烹饪巨型马勃或其他中等大小的品种。

1～2　磅马勃，切 1/2 英寸的片

2　　个鸡蛋，加 3 汤匙牛奶打匀

1　　茶匙盐

1～2　茶匙现磨胡椒

1　　杯面粉

¾　　杯现磨帕尔马奶酪碎（或与罗马奶酪混合）

¾　　杯干面包屑或饼干屑

4~8　汤匙黄油或黄油／橄榄油混合

选取紧实的白色马勃，洗净，切掉基部，去除所有的土壤。有人喜欢给马勃削皮，但我不会。将马勃切 1/2 英寸的片。在碗中将鸡蛋和牛奶打匀。再取一个碗，混合面粉、奶酪碎、面包屑、盐和胡椒。取厚底煎锅热油，油不要冒烟。马勃片浸入蛋液，再放入第二个碗中裹粉。马勃片两面煎至焦黄。在纸巾上沥干，趁热食用。

硫黄菌（又名树鸡蘑）[①]

属：硫黄菌属

种类：硫黄绚孔菌

想象初秋时节，你漫步在缅因州的一个树林里。空气中充满了重重的潮湿感，绿棕色调在渐变的红色、黄色、淡淡的蓝色和紫色的点缀下，一副五彩斑斓的世界映入眼帘。在大自然的调色

[①] 亦被称作 chicken mushroom，在文中统称硫黄菌，是硫黄菌（Laetiporus sulphureus）属的一种。

板里，你突然看到一大簇硫黄菌（sulphur shelf），它明亮的橙和柠檬黄压倒了其他颜色，远远地吸引着你的目光。很少有蘑菇能和硫黄菌的光辉和明亮媲美。对于知道它有多美味的人来说，在树边和圆木上看到大簇硫黄菌，足以令人心跳加速。

分类

以前，基本上所有具有革质或木质结构，且孢子从孔状开口处释放的蘑菇，都被归为多孔菌属（*Polyporus*）。随着我们在蘑菇分类学上的进展，不同的类群从多孔菌属中分离出来，成为不同的属。现在多孔菌科下面有几十个属。硫黄菌被归入硫黄菌属。虽然克里斯坦森博士将硫黄菌视为一个整体，但据我们现在所知，该属内有很多近亲品种。这些品种遍布北美洲和欧洲，可在各种树木宿主上生长。在新英格兰，我们发现亮橙色和黄色的硫黄菌（*L. sulphureus*）生长在硬木树上。在硬木（通常是橡木）旁边的地面上，发现了以玫瑰花状模式生长的硫黄菌（*L. cincinnatus*）。还有一种硫黄菌（*L. cincinnatus*）有白色的孔表面和一个浅浅的橙粉色菌盖，和经典硫黄菌一样可食用（有人说味道很好）。[13] 有的硫黄菌（*L. huroniensis*）是过熟针叶树上的腐生生物，在缅因州比较罕见，在新英格兰南部和中西部北部更常见。有的品类（*L. conifericola*）常见于美国西部的针叶树木上，还有的品类（*L. gilbertsonii*）生长在美国西部的桉树上。[14]

说明

　　首先，硫黄菌会出现在直立树木或倒下的原木上，呈一个个淡黄色的小球状，几天过后，这些小球会长出橙色的顶，其边缘和背面逐渐变黄。幼时，其果肉非常柔软、鲜嫩、多汁，容易被碰伤，碰伤后会流出大量黄色液体。几天到一周后，子实体呈覆瓦式排列，边缘薄，有时呈波浪形。其顶部会一直呈现明亮的橙色，但会随着蘑菇的生长和阳光的照射而褪色。孔表面呈硫黄色，每毫米有 2 ~ 4 个小孔，伴随着果实的成熟，这些孔会逐渐变得明显。孢子颜色为白色。一个大原木或一棵大树上长出的一簇簇硫黄菌，总重量一般可超过 50 磅。随着果实逐渐成熟，硫黄菌会变得越来越硬，几近木质，每层菌盖边缘也在生长，但仍然会很柔软。

忠告

　　请务必注意！过去几年，少数人对硫黄菌有中度胃肠不适反应，偶尔有人出现嘴唇麻木和舌头刺痛的症状。第一次吃硫黄菌时，少吃一些，看看自己是否耐受。我看过一个统计，说高达 10% 的人对硫黄菌不耐受。这和我多年来的观察以及文献中的记录不符，10% 这个数字似乎太高了。我认识的人中，只有几个是不耐受的。对产生不良反应的原因，很多人都谈论过，但很少有人搞清楚。当然，一定要煮熟再吃，因为硫黄菌中含有的毒素会随着烹饪消失。

未熟透或生吃会致人生病。有些人认为，长在针叶树上的硫黄菌（如 *L. huroniensis* 和 *L. conifericola*）会引起胃肠不适，应该避免食用。有些人，尤其是西海岸的人则认为结在桉树上的硫黄菌有毒，应该避免食用。还有些人把责任归咎于吃的硫黄菌太老太硬。也许，只有随着食菌者对不同品种之间的差异有了更好的了解，食用硫黄菌中毒的真正原因才会水落石出。在此之前，尽情享受从阔叶树上采集的嫩硫黄菌吧！记住，一定要煮熟！如果你是第一次吃，先少吃一些，看看你的体质适不适合吃。

生态、栖息地、萌生

在活树上，硫黄菌是弱小的寄生物，在枯木上，硫黄菌是有力的腐生物。它的菌丝体可借由一棵成熟树木的伤口，进入心材，在其中存活、结果很多年，同时不会明显降低宿主的生长活性。当它生长在活树上时，菌丝以木材的纤维素为食，会破坏心材，毁坏主根或树干，或者主根树干都会遭到毁坏。树木或树枝死亡倒地之后，蘑菇会萌生出来，在一根大原木上生长很多年，最终把它变成一堆破碎的残骸。最近，我拍到了一簇美丽夺目的硫黄菌，让原本光秃秃的红橡树圆木增色不少。二十多年来，每年6月，它都会在这个原木的同一位置上结出果实。随着木材中的养分逐渐被耗尽，它开始慢慢从原木末端往外延伸生长。

硫黄菌可生长在各种各样的树上。在新英格兰，该菌类一般生长在橡树、白蜡树和樱桃树上。其在活树或枯木上都能生存，偶见于埋有木头或根的地面上（参见上文提到的 *L. cincinnatus*）。硫黄菌在夏季和秋季的大部分时间里都可以结果，一般从 6 月开始，一直持续到 10 月。如果下雨的话，会在初秋达到高峰。虽然硫黄菌子实体会多年在同一棵树上重复出现，但它并不一定每年都出现。我在缅因州注意到，长在树上的硫黄菌平均每两到三年结一次果。硫黄菌多生长在橡树上，白蜡树上倒不多见。

可食性、备餐和保鲜

由于菌盖呈明亮的橙色，孔层表面呈黄色，因此，硫黄菌不容易被人误认成其他菌类。硫黄菌是公认的美味食用菌，包括我在内的大多数采菇人都喜欢吃。这也是克里斯坦森博士把它列入四大食用菌的主要原因。凭借紧实的果肉、鲜艳的颜色和可口的味道，硫黄菌一跃成为很多蘑菇菜肴中的主要原料。硫黄菌的颜色不受烹饪的影响，所以它能给汤、煎蛋卷、炒菜和酱汁增色提味。在酱汁、汤和菜肴中，硫黄菌的紧实质地也会保持不变。

✵ 炒硫黄菌

质地紧实、颜色漂亮的硫黄菌很适合炒菜。硫黄菌的漂亮颜色不会随着烹饪过程消失，不论搭配蔬菜还是肉类，它都可以让

菜肴增色。虽然这是一份蔬菜食谱，但同样适合烹饪肉类，比如
鸡肉。如搭配肉类，先将肉与姜煎至未全熟状态后盛出，在蔬菜
炒熟后再放回锅中。

蔬菜：

（可以使用以下食材，或者创造性地搭配新鲜蔬菜。）

1～2　　根中等大小的胡萝卜，切成 1/8 英寸的薄片

1～2　　杯小白菜或找大白菜，切成一口大小

1　　　个红辣椒，切成一口大小的块儿

2　　　杯硫黄菌，切成 1/4 英寸，一口大小的片

1　　　杯洋葱，切成一口大小（我喜欢用甜洋葱）

1　　　头西蓝花，切成小朵

20～30个荷兰豆

1　　　片拇指大小的姜，切成火柴棍状

3　　　汤匙白葡萄酒（或高汤）

1　　　汤匙花生油

芡汁：

⅓　　　杯高汤（蔬菜高汤或鸡汤）

2　　　汤匙鱼露（或酱油）

1　　　汤匙青柠汁或柠檬汁

6 ~ 8 瓣蒜，做蒜泥

1　　茶匙蜂蜜（或红糖）

2　　茶匙玉米淀粉，溶于 4 汤匙水中

1　　茶匙红辣椒碎或 1 茶匙辣椒酱或 1/2 茶匙卡宴辣椒粉

1　　茶匙芝麻油（可选）

取厚底奶锅，锅热后加入芝麻油和芡汁的所有原料（除玉米淀粉），轻轻煮沸约 5 分钟，然后转小火，加入玉米淀粉，搅拌直到芡汁变稠（最多 30 ~ 45 秒）。

确认所有食材已准备完毕，炒菜时要全程专注，一直翻动食材。

取炒锅或高边厚底的平底锅，中高火热锅，加入花生油、姜和胡萝卜，翻炒 2 ~ 3 分钟，然后加入蘑菇，继续翻炒 1 分钟。

根据情况加入少量葡萄酒，以防止食材变干。

加入其余蔬菜和 1/3 的芡汁，继续炒两三分钟（如搭配鸡肉或虾，此时将未全熟的肉加回锅中）。西蓝花炒至稍软，但仍结实和鲜绿的状态。加入剩下的芡汁，根据口味调味。

浇在你最喜欢的米饭上享用。

鸡腿菇，俗称律师的假发

属：鬼伞属〔*Coprinus*〕

种：鬼伞科〔*C. comatus*〕

如果说羊肚菌是春天的预兆，那么鸡腿菇（The shaggy mane）便是秋天的预兆了。这种子弹头蘑菇常见于郊区和乡村。大概在某个大雾的清晨，当你在汽车座椅下寻找刮窗器时，它就会从开阔的地面上突然冒出来。在草坪或田野上，当你看到数十株白色的鸡腿菇从草丛中探出头来，这是多么令人心旷神怡的景象啊！鸡腿菇以易于识别、安全可食用而著称，且没有毒蘑菇的外观与其相似，这让它的好名声一直保持到千禧年。然而，据我的经验，在四大食用菌中，鸡腿菇是大家最不常吃的。

分类

食菌者们对这一物种的可食性十分包容，与之不同的是，分类学家们在对这类物种进行分类时，可要苛刻许多。随着最近对四孢蘑菇①家族的分子分析，鬼伞属已经彻底改头换面。鸡腿菇仍然属于鬼伞属，但鬼伞属下面只剩鸡腿菇和其他三个品种了。基于分子

---

① 四孢蘑菇（学名：*Agaricus campestris*），俗称洋菇（Meadow mushroom），春到秋季在草地、路旁、田野、堆肥场、林间空地等处单生及群生。

学和形态学分析，剩下约 160 个品种已被划分到其他三个属。如果你对鬼伞属分类学感兴趣，请参考斯科特·瑞海德（Scott Redhead）的作品[15] 或汤姆·沃尔克（Tom Volk）的书中关于鸡腿菇的章节[16]。

说明

鸡腿菇形状独特，呈圆柱形或子弹形，在开放区域很显眼。子实体通常 4~8 英寸高（有时更高），宽度不超过 2 英寸。菌盖为白色，顶端浅棕色，上面覆盖着粗糙的棕色鳞片。在幼菇时期，菌柄穿过草地半腐层扎根地下，菌盖几乎完全覆盖菌柄。菌柄呈纯白色空心状且比菌盖长个几英寸，随着菇体的生长，菌柄变得更加显眼，同时菌柄上肉质的圆环会随着菌柄的伸长而移动，不久后也会脱落。

幼菇时期，菌褶[①] 怀抱菌柄，且着生于菌盖。菌褶非常密集，最初呈纯白色，且随着菇体生长逐渐呈粉红色，之后很快变为黑色，成熟后会自融，从下到上产生灰色的孢子液。这个过程叫潮解，潮解过程中，菌盖的细胞自我消化，协助释放孢子。菌褶从菌盖的底部开始"融化"，孢子释放过程中，菌褶组织会变成水样物质，并将上面的组织暴露在空气中以释放孢子。很多孢子在释放过程中会变成"墨汁"的一部分，这也是为什么鸡腿菇属又叫"墨汁鬼伞"了。以前，这种黑色的孢子黏液被当作墨水使用，而且写出来的字不掉色。

———————————

① 菌褶指担子菌类伞菌子实体（担子果）的菌盖内侧的皱褶部分。

生态、栖息地、萌生

鸡腿菇是腐生生物。可生于埋在地下的木头上，或在富含未完全分解的植物物质的土壤中生长。它在秋季第一次霜冻前后萌生，偶尔春天出菇，但时间不固定。你可以试着在新翻的土壤或"人造"地里寻一寻，因为土壤移动、景观美化、新造草坪或伐木等活动都会掩埋木头、死根或其他形式的有机物。鸡腿菇可单生或群生，但后者更为常见，也会散生于草坪、田野、路边或荒地等开阔地点。有时，在一小片区域，会出现大量鸡腿菇，幸运路过的嗜菌者可以从容不迫地，采摘最干净、最嫩、最紧实的蘑菇。

几年前，一个大型海滨庄园的主人，为保护个人隐私，决定把自己的房子和旁边的公路隔开。他造了一个 6 英尺高的土堤，在上面种植了玫瑰和常青灌木。土堤由运来的泥土和从远处推上来的泥土混合建成，是泥土和植物的混合物。建成后连续三年，土堤上长出了大量鸡腿菇，因为里面有大量"唾手可得"的腐殖质。第三年的时候，还有一些鸡腿菇，去年再去看到时候，已经没有了，因为腐殖质已经被它分解完了。

可食性、备餐和保鲜

一旦你找到并摘下了鸡腿菇，你就得赶快忙活起来了，因为必须在一天之内烹饪或冷冻它，否则你面对的将是"墨迹斑斑"

的一片狼藉。采摘只会加速鸡腿菇的分解，而冷藏对减缓分解的作用也有限。唯有烹饪会阻止"墨化"，炒过的鸡腿菇可冷藏数天，也可以冷冻起来备用。

和所有可食用的墨汁鬼伞属一样，鸡腿菇又嫩又紧实的时候，最适合采摘和食用。如果已经开始发黑，可以切掉发黑的部分，此时，就只有纯白色的菌盖和菌柄可以食用。但也有人会特意加速它分解，用分解产生的墨汁做"乌贼墨水"意面。鸡腿菇最好用黄油或淡橄榄油烹饪，简单地用盐和胡椒调味。其味道独特、饱满、鲜美，是奶油汤的绝佳配料。想要保存以备将来使用，可以稍微煎一下菌盖，单独存放在拉链袋或小容器中。千万不要想着给鸡腿菇脱水，除非你采到的是极幼嫩的蘑菇，这种情况下可以用热风机来脱水。

❉ 鸡腿菇土豆韭葱汤
. . . .

第一次做这款简单的汤之后，它就成了我的拿手菜，朋友们一再要求我做给他们喝。这个食谱也可以用来烹饪其他蘑菇，马蘑菇（horse mushroom）和草甸蘑菇（meadow mushroom）就非常适合。

1　　磅左右新鲜的鸡腿菇，洗净，大致切块

1　　大棵或 2 小棵韭葱（用白色和浅绿色部分）

3~5　个中等大小的土豆

1　　杯鸡汤

1　　杯浓奶油

½　　杯干白葡萄酒

2　　汤匙黄油或与橄榄油混合

　　　调味用的盐和现磨胡椒

2　　杯水

　　　装饰用的新鲜莳萝（可选）

　　土豆去皮（可选）并切成四块，放入汤锅，加水没过。中火煮至土豆非常软，大约需要 20~30 分钟。

　　去除深绿色的韭葱叶及根。纵向切开并在冷水下冲洗，洗去各层间的泥土。将韭葱切成葱花。取中等大小平底锅，用中火加热。加入黄油/混合油，韭葱小火炒 7~10 分钟，为防止炒干，可多次加入少量葡萄酒或高汤。

　　韭葱炒好后，放入蘑菇和大量现磨胡椒，煸炒 5 分钟。加入葡萄酒和鸡汤，搅拌均匀。

　　土豆变软后，关火捞出，将土豆和平底锅中的食材放入料理机中搅打至光滑。加入煮马铃薯的水直至所需的浓稠程度。将混合物倒回锅里。

　　小火加热，不时搅拌以避免糊锅。快沸腾时，加入奶油、盐和胡椒调味。保持小火，不要煮沸。

在一个瞬息万变的世界里，"四大食用菌"还能稳坐宝座，实在令人欣慰，但这也反映了一个问题，那就是即便是这四大食用菌，在食用时也不是万无一失的。经常有人问我一些问题，以证实自己对某种蘑菇可食性的假设。最典型的问题是："不是所有的某某蘑菇都能吃吗？"认识我很久的人知道，听到这样的问题，我会先愣住，再决定用最恰当的方式戳破提问者的幻想泡沫。在确定蘑菇能否食用时，要十分确定其品种，保证其可食性，在此基础上，必须具体问题具体分析，每次只能确定一类物种、甚至是一种蘑菇的可食性。众所周知，即使在四大安全食用菌清单中（这份清单已经存在了超过65年），总会有那么两种蘑菇偶尔会打破某些食客脆弱的胃肠道平衡，而且，自克里斯坦森清单问世以来，已经经历了多次修改。任何万无一失的蘑菇清单都必须附带警告和考虑个体差异性，因此，完全万无一失是不存在的。

我偶尔会想为缅因州列一个四菇清单，或者胜利三菇，神奇五菇，豪华六菇。清单中的蘑菇不同，但概念一样。挑一组精选蘑菇来讲解是很有价值的，这些蘑菇易于识别、常见且安全可食用。对于新手蘑菇客来说，这样的清单是进入食用菌领域一大利器，最初的探索总是伴随着兴奋、焦虑和危险。在接下来的章节中，我将列举一些特别好的野生菌，它们很适合列入缅因州、东北部和许多其他温带地区的万无一失清单里。

4

鸡油菌

生活可以缺金少银，

可以没有性感美女，

但唯独不能缺少蘑菇。

——马夏尔（43—104）

在新英格兰，有各种各样的趣事标志着夏天的到来。比如 7 月 4 日的"独立日"游行，彼时汽笛鸣响，旗帜飘扬，乐队奏响，从路过的花车上扔下来的糖果，惹得这些晒得黝黑的孩子们的一顿争抢。对一些人来说，这场游行活动，就标志着晚春已正式进入盛夏。而对另一些人来说，所谓盛夏，是 8 月初缅因州首次可以摘蓝莓的日子。此时，再想要做派或馅饼，就不需要从冰箱里翻箱倒柜了。而对于那些喜欢真菌的人来说，他们认为的夏天，是第一批鸡油菌从树叶下探出暖金色菌盖之时。当然，如同暹罗猫一样，蘑菇也十分具有预见性。于我而言，夏天到来的标志，就是我可以做第一个鸡油菌煎蛋卷的日子，尽管由于天气变幻莫测，每年这个日子都不一样。在缅因州海岸，蘑菇首摘日大约是在 7

月份的第二周，那时草莓季已过，蓝莓的首摘日还尚未到来。

毫无疑问，鸡油菌在众蘑菇中最受欢迎，这其中的原因是多方面的。其中，美味当属最主要原因。另外，在缅因州森林中，鸡油菌很常见且易识别，这也是其受欢迎的原因之一。鸡油菌有着花瓶般的外形，明亮的金黄色，其菌褶呈脊状而非刀片状，这一系列特征都使鸡油菌与众不同、容易辨认。它们颜色鲜艳，往往分散成簇生长，因此在森林里，你很容易一眼就看到它们。当我穿过森林寻找鸡油菌时，我的眼睛扫视着方圆30码的树林，因为我知道，相比森林地表上普遍的绿色和棕色，它们明亮的颜色会像黑色天堂中的星星一样耀眼。只要发现一个蘑菇，我就会放慢脚步，仔细查看该蘑菇周围的地方，从而继续寻找其他鸡油菌。由于它们成簇生长，我经常会在附近的树叶下发现一些半隐半现的鸡油菌。与鸡油菌相比，羊肚菌有着与之截然不同的猎采方式。如同树叶下一动不动的棉尾兔一样，羊肚菌天生会伪装，很难让人发现，甚至有时候，即便羊肚菌就在你脚下，你也无法寻觅到它的踪迹。在某片区域，一旦你发现了第一个羊肚菌，要想继续找到更多隐藏在附近灌木丛中的羊肚菌，你就需要慢慢地、仔细地查看。

作为一种可食菌，鸡油菌受欢迎的第三个原因是其具有可预测性。通常情况下，它们会连续几年都在同一地方结果。过去20年中，我在同一片区域采集过鸡油菌，而且采集过十几次，在这一片鸡油菌良田里，要找到20年前的鸡油菌生长地，我知道应该查看哪棵树，也知道鸡油菌长在树的哪一面。关于鸡油菌采摘周期的影响因素，俄勒冈州真菌学会在沿海森林做过一项长期研究，而我的个人观察总结印证了此项研究结果。他们跟踪记录了太平洋金色鸡油菌的生长情况，研究显示该种鸡油菌在同一小片区域也会连续多年结果。[1]

分类

鸡油菌（Chanterelle）一般指金色鸡油菌（学名：*Cantharelus cibarius*），但也用来指代鸡油菌属（*Cantharellus*）和统称为"鸡油菌及其同科植物"的整个蘑菇家族。当中包括喇叭菌属（学名：*Craterellus*，这是著名的黑喇叭蘑菇以及其他几种著名的可食用菇的统称）、钉菇属［学名：*Gomphus*，是名副其实的陀螺菌（*G. clavatus*）和喇叭陀螺菌（*G. floccos*）的统称］，以及罕见的蓝鸡油簇（*Polyozellus multiplex*）①，这是最后一个鸡油菌同科植物，也是北方冷杉林里一种美丽又迷人的蘑菇。人们最熟知的是鸡油菌属和喇叭菌属成员，这两大种属的蘑菇也经常被人讨论，究其原因，主要是因为这两类包含了几乎所有主要的可食菌。长期以来，分类学对鸡油菌分类始终没有变动过，DNA研究对此提出了质疑。目前，鸡油菌的两大主要类群已经按照褶子来划分，幸运的是，这种划分很清晰，基本上肉眼可辨。那些空心菌管的蘑菇被归为喇叭菌属，

---

① 即乌茸菌（学名：*Polyozellus multiplex*），乌茸菌属于一类被称为类鸡油菌的真菌（其中包含鸡油菌属，喇叭菌属，钉菇属和乌茸属）。

而那些花瓶状的实心蘑菇则被归为鸡油菌属。

　　鸡油菌遍布世界各地，不论什么地方，只要树种与真菌可以形成菌根关系，就会有它们的生长痕迹。除南极洲和格陵兰岛外，世界上所有主要大陆上的人们，无不在广泛采食各种各样的鸡油菌和喇叭菌。在北美，已命名的鸡油菌物种大约有 40 种，而在世界范围内，这两大菌属中，被命名的菌类物种大约有 90 种。[2] 我这次就先写一个大约数字好了，至于更准确的数字，还要依赖于大量分类学家的努力，他们博学且有主见，就世界性群体中的独特物种该如何定义，他们会达成共识。

　　在欧洲和北美中东部，最广为人所知的鸡油菌是黄金鸡油菌，属鸡油菌属（*Cantharellus cibarius*）。Cantharellus 这个词源于希腊语 "kantharos"，有高脚杯或酒杯的意思，用来形容这个族群的子实体呈漏斗状或花瓶形状。[3] 而种加词①cibarius 是拉丁语，意思是可食用的。

　　在北美西海岸，太平洋黄金鸡油菌（*Cantharelllus formosus*）有着至高无上的地位。它最初与鸡油菌（*C. cibarius*）归为一类，现在则单独划分为一类。这两者同等受欢迎，除了太平洋品种缺乏明显的气味外，但做成菜时，就很难区分它们了。在美国，当人们闲谈鸡油菌时，通常指的是这两个物种中的一个。在戴维·皮

------

① 种加词（英文：specific epithet），又称种小名，指双名法中物种名的第二部分，其中第一部分为属名，第二部分为种加词，常为形容词，用来修饰属名专门说明这个种的性质。在植物学名命名法中，"种名"指的是物种的完整学名。

尔茨（David Pilz）等人编写了一本关于鸡油菌的专著中，他们汇总了一个表格，罗列了世界各地称呼鸡油菌的 17 种语言，包含大约 89 种不同的常见名称，内容全面而详尽。[4]这代表了一种广泛认可，也反映了人们对这类可食用蘑菇的高度重视。

　　我最近发出了一项调查，收集大家在野生菌采集、食用及喜好方面的一些信息，结果证明，到目前为止，黄金鸡油菌是最受青睐的可食用菌。无论是初级采集者还是经验丰富的老手，他们的选择都是如此。我与很多人谈论过采蘑菇的经验，包括那些参加过我举办的徒步采蘑菇活动的人，以及听过我演讲的人。对绝大多数人来说，他们之所以参加这些活动，是为了知道更多的蘑菇类别，继而可以更放心地食用蘑菇。若他们在缅因州只能采食一种蘑菇，那通常就是鸡油菌。

说明

　　鸡油菌有几个明显的特征，有助于与其他蘑菇区别开来。首先，鸡油菌是花瓶形状。传统的蘑菇有一个细长的菌柄，支撑着一个宽大的汉堡形状的菌盖，而鸡油菌则不同，其底部菌柄狭窄，但很快向菌盖边缘伸展，在成熟的菌体中，菌盖中心凹陷，给人以浅杯低饮之感。鸡油菌菌柄和菌盖间无界限，钝厚的菌褶向下延伸至柄部。菌盖边缘呈规则状，其中，幼小蘑菇菌盖边缘微卷，而成熟蘑菇则呈不规则波状或波浪状。第二个特征是产孢层，又称为子实层。传统的蘑菇中，子实层原本由一层层紧密排列的刀片状菌褶构成。而鸡油菌的菌褶窄而厚，向上延伸至菌柄，之后分叉，最终菌柄一分为二。第三个特征是鸡油菌的颜色。鸡油菌在世界各地的俗名往往跟颜色有关，自然界中呈黄色到金色的生物很多，如蛋黄、小鸡崽或鸡等等，通过与这些颜色的对比，鸡油菌的名称由此而来。鸡油菌颜色并非纯黄色，而是呈深金黄色，老蘑菇或在较强光线下生长的蘑菇颜色更深，而嫩蘑菇和在阴影深处长大的蘑菇则颜色较浅。最后一个特征是气味。在大多时候，我在采摘蘑菇时总是要闻一闻，这种习惯几乎是无意识的本能反应。鸡油菌茹香四溢，散发着浓郁的杏香味，闻起来真是一种享受，其香味是其他蘑菇无法比拟的。在一片理想的生长地里，黄金鸡油菌普遍能长到3英寸宽，偶尔也能看到更大的菌种。一个成熟的鸡油菌，其高度大约是其宽度的1.5倍。

和鸡油菌相像的蘑菇

迄今为止，黄金色鸡油菌是这一种群中最出名的蘑菇，尽管如此，还有一些生长在东部的鸡油菌值得一提，虽然它们体型较小。在鸡油菌属（*Cantharellus*）或喇叭菌属（*Craterellus*）里，还有一些无毒菌类，比如毛钉菇，即鳞瓶状鸡油菌（scaly vase chanterelle）或毛鸡油菌（wooly chanterelle），有些人吃完会感到胃部不适，而其他人只吃得津津有味，没有任何不适。

管形喇叭菌（*Cr. tubaeformis*）生长于冬季，在北欧非常受欢迎，很多美国人只要品尝过它，也都会很喜欢该菌类。该品种往往成群密集生长，这在一定程度上弥补了其子实体小的缺陷。他们主要萌生于夏末到晚秋时节，多发现于铁杉树周围。

薄黄鸡油菌（*C. lateritius*）表面光滑，常见于新英格兰南部和大西洋中部地区。其外观与黄金鸡油菌非常相像，只是没有敦厚的菌褶。其子实层光滑，棱脊稀疏。其味道与黄金色鸡油菌几乎无差别。

火鸡油菌（*Cr. ignicolor*）和淡黄鸡油菌（*Cr. lutescens*）也值得一提，它们外观很像，类似于淡黄色漏斗形小鸡油菌，偶尔会发现它们集结成群，可以采来当晚餐。它们通常被称为黄足鸡油菌。

忠告

奥尔类脐菇（学名：*Omphalotus illudens*）俗称鬼火蘑菇（The jack o'lantern mushroom），呈花瓶状、亮橙色，多长于树根部或被埋的枯木上，密集簇生。请注意！这种蘑菇有毒，且易被新手误认成鸡油菌。食用后，会导致12至24小时强烈的肠胃不适。想要区分它和鸡油菌，除了要观察它密集成簇的生长环境外，还要查看它的菌褶，鬼火蘑菇菌褶呈刀片状，且不分叉（见第7章）。

生态、栖息地、萌生

一个偶然发现的事实是,在连续几年里,鸡油菌总会出现在同一小片区域,这在很大程度上揭示了它们的生活方式。鸡油菌是一种菌根真菌,与树木(确切而言,应该是树根)形成共生关系。这种稳定、长期的共生关系对真菌和树木都有好处,有助于解释连续结果这一事实。在新英格兰,我们经常看到它们与松树、云杉和铁杉以及桦树、橡树和山毛榉等阔叶树种共生在一起。在多雨的年份,它们有时会在白松下长得密密麻麻。尽管不能在极端干旱的年份结果,但真菌的菌丝体会与树根一起存活,等待下一个雨季结果。与之相比,真正的腐生菌,比如鸡腿菇(*Coprinus comatus*),可能会在一个地方茂密生长个一两年,一旦供给的食物来源被真菌分解,菌丝体就会死亡,此时,为找寻鸡腿菇汤的主要食材,倒霉的猎菌人就不得不另寻他地了。

在过去的 20 年里,人们一直在积极地讨论采摘蘑菇的最佳和最生态的方式。是把它们从森林腐质层里拔出来好呢,还是小心翼翼从菌柄部割断,让基部仍然留在菌丝体上好?在前文提到的关于俄勒冈州森林里鸡油菌长期生长模式的研究中,在长达 13 年的观察研究后发现,与邻近没有采摘过的对照区相比,在"拔"出过蘑菇的区域,其年产量并没有任何下降。但研究人员也确实注意到,在用刀从根部切断鸡油菌的地方,后面的产量有些许下降。[5]

关于过度采伐是否会导致森林里鸡油菌产量下降这一问题仍

存争议。争论的根源在于，有发现称，欧洲工业化地区的鸡油菌产量有所下降。在 20 世纪 80 年代，就已经有类似报道，但问题在于，很可能在报道之前，这种状况就存在良久了。关于鸡油菌的减产原因，目前并没有得到证实，但有几个重要的观点已被广泛关注。一是酸雨会促进菌根菌类生长；二是大气中氮含量增加，导致森林中氮肥的使用增加。对照研究表明，树木有了额外的肥料后，就会倾向于排斥和它们共生的伙伴，因为它们不再需要多余的营养物质，因此没理由再分享它们的食物储备。还是这个问题，过度采收对蘑菇的长期产量有什么影响？在这一点上，研究表明，常规采收蘑菇不会使蘑菇产量明显下降，而拔出子实体也并不会减少往后年份的产出，而且蘑菇释放孢子数量的减少，并不会使后面继续结果的数量减少。一项即将公布的研究表明，蘑菇释放的大多数孢子都会散落在母体的几英尺范围内。因此，在采摘蘑菇及将之带离森林的过程中，若用镂空的篮子盛放蘑菇，孢子就会从篮子里飘落，这会大大提高孢子的传播。另外，采集蘑菇时，应避免把土壤表面压得太实，尽量松散腐殖层，这些行为很可能是影响菌根蘑菇未来生长的关键因素。

　　夏天悄然而至，此时，便是找寻本时节鸡油菌的季节了。鸡油菌的首采时间，在美国东北部一般是在 7 月初，在南部内陆地区则要更早些，在较冷的东南部海岸、北部和高海拔地区则更晚一些。在温暖湿润的春天，鸡油菌会大量繁殖，所谓好天气会有好收成，当然这也取决于夏天的降雨量。其产量高峰期是在 8 月中旬,天气良好的情况下（指降雨量充足的时候),它们会大量繁殖,且一直持续到 9 月份,甚至更晚的日子。黄金鸡油菌子实体生长慢,成熟也慢。从小纽扣大小开始直至菌盖成熟，用时可能超过 30 天。有研究表明，鸡油菌子实体平均生长期是 45 天，在阴凉湿润的地方可生长超过 90 天。[6] 大多数肉质蘑菇在几天内会释放出大量孢子,与之不同，鸡油菌慢慢产出孢子，一层接一层地产出，用时比较长。因此，如果你有幸遇到一簇小纽扣大小的鸡油菌，让它们留在原地慢慢生长吧，等过几天或一周再来，可以采摘到更为成熟的果实。幸运的是，鸡油菌有一定的虫害抵御力，我很少看到鸡油菌被虫子侵袭，除非它们已经很老了，即便如此，它们也几乎没有被虫子咬过。然而糟糕的是，若遭遇到大批鼻涕虫，情况就不一样了,这些鼻涕虫爱吃鸡油菌，且总是先我一步。

　　鸡油菌单生、群生或散生于森林中。偶见成簇生长，在栖息地良好的环境中，或许是由于觅根而长的原因，有时它们会呈线状或弧线型，且能延绵数里。2007 年，我看到过一个 15 英尺长的弧线，上面是密密麻麻的"金色美人"，在那一条小弧线上，有将近 80 个蘑菇。再来看看有毒的奥尔类脐菇，这是一种类似鸡油菌的蘑菇，它们在被埋的树根上生长，呈密集成簇状。

可食性、备餐和保存

　　才刚刚吃完最后一顿去年春天采摘的羊肚菌，我就开始思考着我的首顿鸡油菌早餐了。在看到第一个红菇长了出来，早期的鹅膏菌也在发芽时，我就知道鸡油菌也快长出来了。鸡油菌值得等待。它们鲜艳的金黄色格外耀眼，而当你把脸凑近篮子时，它那香味又令人陶醉。一篮子鸡油菌的香味，可以与同一篮子新摘的杏子香味相媲美。鸡油菌会让我想起童年，那时候我还住在新墨西哥州的阿尔伯克基，小时候，我常跳过栅栏，翻进邻居的院子里，我会啃一口杏，阳光般温暖的水果清香扑面而来，这真是一种罪恶的快感啊。

　　鸡油菌风味别致，与温和的食物和调料搭配，其低调独特的美味会大放异彩。简单的配菜最重要，包括煎蛋或煎蛋卷，奶油酱，或一些简单菜品如将黄油、盐和胡椒等简单煎炒。首先，修剪好蘑菇，找一个刷子或一条干毛巾或微湿的毛巾，擦掉蘑菇上残留的污垢和碎屑。千万不要在自来水下冲洗或浸泡鸡油菌菇！它们极易吸水。一般来说，除了最小的菌盖外，我会把所有的鸡油菌切成片状，大小取决于要做的菜肴。幼菌盖最是娇嫩，随着菌龄的增长，它们会变得稍具韧性一些。除非它们看起来很干，一般情况下，我会先在平底锅用中火干炒，并加少许盐。加热会使蘑菇排出水分，水分会在锅中蒸发。在蘑菇失去大部分水分后加入黄油，煸炒5分钟左右，根据需要加入盐和胡椒粉。这是几乎所有食谱的起点，也是准备工作的终点。鸡油菌的味道成分是脂溶性的，因此黄油煸炒这一步，对于释放、保持其风味至关重要。加入葡萄酒，葡萄酒中的酒精则能释放出其他微妙的味道。到这一步后，再加入一些简单的香草，如龙蒿或芫荽，以及奶油和味道柔和的奶酪。

鸡油菌可以制作出极好的蛋奶酥或乳蛋饼。如果用洋葱或蒜来搭配，就要少放些，以免盖过鸡油菌菇的味道。我有时会将鸡油菌与其他味道鲜美的蘑菇混合起来炒。我最喜欢的组合是与甜味的羊蹄菌（*Hydnum repandum*）搭配，它味道清淡、口感独特，质地松脆。然而，鸡油菌菇并不适合番茄酱。

要是鸡油菌多得吃不完，这是多么令人羡慕的事情，但是，要想储存鸡油菌，可千万不能脱水。我经常在美食店看到没有颜色、没有味道、没有特色干菌种。这样对待这种稀缺资源，真是一种可悲和浪费！蘑菇的所有特色都会在干燥过程中丢失。其实，可以考虑用大量黄油微微翻炒一下，然后按食用分量密封在冷冻袋中，贴上标签，再把它们放进冰箱里。这样它们在几个月内都能保持其基本的美味，助你在冬天重温夏天温暖的回忆。

鸡油菌是关于夏天的故事，它让人认识到，这种极其美丽的真菌是这个季节带给我们的馈赠。其中，采摘蘑菇活动就是馈赠之一。比如，来一场森林之旅，让自己沉浸在凉爽，阴凉的树林里，你的心灵将得到平静，这正是在炎炎夏日所需的疗法。鸡油菌不宜在聚会间隙匆忙采摘。遛着狗、带着朋友和野餐，你要尽情享受这一过程。我最喜欢的夏日采摘点之一，是在一个带有花岗岩暗礁的湖边。我会带上一套衣服，感觉太热的时候就会潜水。回家后，有了这些采摘成果，备菜过程就无须花费太长时间了。鸡油菌适合于快速、清淡的夏季膳食。一杯葡萄酒，一个鸡油菌煎蛋卷——

喏，好了，剩下就请你自便吧。

✳ 完美鸡油菌蛋饼

· · · ·

鸡油菌之于鸡蛋，就像罗勒之于西红柿；好似慷慨的美食之神所做的完美搭配。对于煎蛋卷来说，没有必要添加其他太多花哨的东西，保持简单，好好享用这一搭配。

1~2　杯新鲜的鸡油菌，洗净并切成薄片

1~2　汤匙黄油

4　　个大鸡蛋在室温下与水一起打匀

1　　汤匙水

　　　用于调味的盐和现磨胡椒

½　　杯味道柔和的奶酪，切片或磨碎

　　　用于装饰的欧芹碎

取平底炒锅或煎蛋锅，用中火加热，待黄油熔化后加入切成薄片的鸡油菌和少许盐。鸡油菌可容纳大量水分，如果它们看起来非常湿润，我经常先干炒，在水分蒸发的过程中加入黄油。无论哪种方式，开始烹饪后蘑菇都会开始释放水分，你要做的是让这些水分蒸发。完成后，将蘑菇盛出，调至中低火。如有需要，再加入少量黄油，以防粘锅，然后倒入蛋液。控制

锅内温度，慢慢煎熟鸡蛋，不要让鸡蛋烧焦。蛋饼成型后，加
入鸡油菌和奶酪，并以欧芹碎增色。折叠蛋饼，等待芝士熔化、
蛋饼完全成型。

❋ 鸡油菌和鸡肉奶油酱意式宽面
. . . .

由于鸡油菌中的主要风味物质是脂溶性的，所以奶油酱汁是
可以让它大放异彩的伙伴，而柔和的味道也让它与鸡肉十分协调。
这三种食材的结合，将打造令人满足的美味一餐。

1   磅去骨鸡肉，切成一口大小的大块

1   磅新鲜鸡油菌

1~2   汤匙橄榄油

¾   杯切碎的黄洋葱或火葱

3   瓣蒜，拍碎（可选）

1   杯鸡汤，或 1/2 杯鸡汤和 1/2 杯白葡萄酒

1   杯奶油

     海盐和现磨胡椒

1   磅意式宽面

1   杯磨碎的帕尔马奶酪或罗马奶酪

取去骨鸡肉，或者自己去骨，鸡骨用来制作高汤。个人更

喜欢大腿肉，相比鸡胸肉，它们更美味、更嫩。大平底锅中加入 1 汤匙油，锅热后用大火将鸡肉煎至上色，如锅不够大，可分几次煎肉。煎至表面呈褐色后，将鸡肉盛出备用。

不用洗锅，根据情况加入油，用中火煸炒洋葱和蒜。洋葱呈半透明后，加入鸡油菌，翻炒至食材干燥。

鸡肉放回锅中，倒入高汤，在加入奶油前让食材小火煮上一分钟。

用盐和胡椒粉平衡风味，盛在煮好并沥干的意式宽面上，以奶酪作装饰，立即上桌。

经济价值

如前文所述，鸡油菌受全世界尊崇。在全球商品市场上，野生菌做出了巨大贡献。其中，牛肝菌、鸡油菌、松露和羊肚菌等非栽培菌类，在欧洲、亚洲和美国的一些主要城市深受人们喜爱，人们对这些新鲜和干货野生菌的高需求，创造了超过 120 亿美元的市场。在这一真空地带，商人们纷纷前来填补需求，自此，野生菌不断跃进，开始从农村社区进入城市，从贫困的第三世界国家进入欧洲、北美和亚洲这些发达国家，从南半球进入北半球。在非洲、亚洲和南美洲的一些农村地区，采集和销售野生菌的收入占许多家庭年总收入的很大一部分。鸡油菌的主要进口国是德国和法国，其他欧洲国家也对这种美味的金色蘑菇感兴趣。欧洲市场最大的蘑菇供应商是东欧和波罗的海国家，包括波兰、罗马尼亚、立陶宛、保加利亚、俄罗斯和乌克兰。1998年，这些地区占欧盟鸡油菌总进口量的80%以上，约2800万磅新鲜蘑菇。出口贸易的最新成员包括一些非洲国家，如坦桑尼亚和津巴布韦。有人建议，对巴基斯坦村民而言，他们可以利用山林中丰富的鸡油菌作物来发展出口贸易，补充该地区目前的干羊肚菌贸易，从而带来更多的收入。[7]

在美国和加拿大，鸡油菌交易是森林"非木材资源"的重要组成部分，同时，对受木材工业衰退影响的地区人们而言，这也构成了他们主要的收入来源。由于环保问题，一些地区公共土地上的木材采伐已经有所减少，因此，许多主要由木材工业支撑的地区不得不寻找其他收入来源。在这些地区，一些居民可以在蘑菇季节赚取他们大部分收入。美国西北部、阿拉斯加和加拿大不列颠哥伦比亚省有茂密森林的地区，由于有数百万英亩的森林，加上得天独厚滋养菌类生长的气候，这些地区构成了北美蘑菇商业活动的中心。[8]据估计，1992年，在俄勒冈州、华盛顿州和爱达荷州的森林中，共收获了515吨鸡油菌。其中，最大的份额流向了欧洲和亚洲市场，只有30%在美国国内食用。[9]批发商平均每磅向采菇人支付3美元，创造了总计350万美元的收入，这收入几乎全部来自鸡油菌。

考虑到鸡油菌广泛分布于世界各地、普遍易识别、口感极佳且经济价值很高等诸多优点，其之所以可以在最佳可食用菌名单上长期霸榜，这也就不足为奇了。因此，为了给之后食用其他菌类建立一些原则，食菌新手必须先食用鸡油菌。

5

美味牛肝菌

依照古老的传统，当你偶遇一株牛肝菌，

你要悄悄问它："你的兄弟在哪里？"

因为牛肝菌总是成对生长。

——克罗地亚传统谚语

在世界上最珍贵、最受欢迎的可食用野生菌名单中，美味牛肝菌与羊肚菌、鸡油菌和松露菌（truffles）并列第一。（我把松露菌列在其中，是为了致敬它在传说中的神秘感，而其他三种菌，则被世界上大多数地区来自不同文化和民族的人们广泛采食。）和鸡油菌一样，美味牛肝菌也有很多俗名。在美国，它被称为国王牛肝菌，但美国的意大利人更喜欢称之为"小猪"（意大利语：porcini），这个名字非常符合幼年牛肝菌的外观：菌柄又粗又肥，菌盖小小的，依偎在地上。简单起见，我们在文中称它为美味牛肝菌。

美味牛肝菌是牛肝菌的一种，为肉质担子菌蘑菇，中间的菌柄托着一个经典的圆形菌盖，孢子在菌盖下密集的海绵状管（孔）中成熟，管（孔）在一般蘑菇长菌褶的地方。在《北美牛肝菌》（North

American Boletes）一书中，艾伦·贝塞特（Alan Bessette）、比尔·罗
迪（Bill Roody）和琳·贝塞特（Arlene Bessette）介绍了 18 个属
和数百个品种[1]，恩斯特·布斯（Ernst Both）在其 1993 年的牛肝
菌概略中详述了 600 个品种[2]。虽然任何蘑菇新手都能轻易分辨出
牛肝菌和其他伞菌，但为了了解这一类别中的所有蘑菇，人们早已
投入了毕生心血。美味牛肝菌是第一个被描述出来的品种，目前
依然是牛肝菌属的模式种（type species）①。这种菌柄粗壮、结实的
"士兵"无疑是牛肝菌中最著名，也是最容易辨认的，对于许多蘑
菇爱好者来说，美味牛肝菌就是牛肝菌的代名词，种加词 *edulis* 意
味着美味。

　　说牛肝菌是一种珍贵的食物，就好比说莫扎特是一位优秀的
作曲家；这么说给了听众基本信息，但却弱化了其在追随者内心
掀起的热情和崇敬之情。最喜欢牛肝菌的地区莫过于欧洲。在欧洲，
每当夏秋雨季来临，人们便走进森林，希望能采到牛肝菌，并将
之装进篮子带回家。在斯拉夫国家，人们会腌制很多种红菇、乳
菇和其他种牛肝菌，但美味牛肝菌通常是趁新鲜时食用，至少要
解了蘑菇馋才罢。美味牛肝菌可以和肉、洋葱、大蒜一起炒，也
可以生吃，切成薄片放到蘑菇沙拉里。牛肝菌干同样受欢迎，吃
不完的新鲜牛肝菌会被迅速脱水，以保留浓郁的蘑菇风味，可供
全年享用。很多人觉得牛肝菌干比新鲜牛肝菌更美味，对他们来

---

① 模式种（Type species）是生物分类学上的一个名词，是用来代表一个属或属
以下分类群的物种。被首次发现，且被描述并发表的物种定为模式种。

说，新鲜牛肝菌就应该直接放到脱水机里。除非是自己采集，否则在美国只能买到牛肝菌干。新鲜的牛肝菌保质期很短，很少零售。牛肝菌干的价格非常昂贵，只有在高级食品店才可以买到。如果你买到的牛肝菌干并不是很贵，那可能是因为里面掺有很多其他牛肝菌。这也没关系，因为其他牛肝菌干也很好吃，只是缺乏纯正的美味牛肝菌的味道。

分类

　　我经常会把美味牛肝菌称为复合体，这是对该菌类诸多品种的一种认可，因为在其某个特定生长地或特定的种属内，往往会有若干近亲品种成簇生长，若没有专门的知识储备和设备，要区分它们就会很困难。在大多数牛肝菌生长的地区，美味牛肝菌指的是几种长得很像的牛肝菌，它们的栖息地相似，结果期有时也会重叠，大多数可食用。或许只有味觉比我更敏锐的人，才能根据味道或口感来区分它们。来自波兰、意大利和法国等世界各地的喜菌者都会辩称，它们当地的美味牛肝菌类似菌类比世界其他地区的都要好。在美国东北部，有些相对常见的品种（*B. chippewaensis*、*B. clavipes*、*B. variipes*、*B. pinophilus* 和 *B. nobilis*），都可以归为美味牛肝菌。有一些分类学家认为，北美唯一真正的美味牛肝菌与挪威云杉的进口幼苗有关。如果你只是出于食用的目的，则没有必要了解这么细的分类。所有上述品种都是可食用的。对具体的分类追根溯源虽很有趣，但要找准时间，因为锅里的橄榄油一旦热起来，那可不等人。

美味牛肝菌在各地的俗名

牛肝菌，拉丁语 boletus；由希腊语 bolos 演变而来，意为"土块"

小猪（Porcini）	意大利
树干（Cep）	法国
小面包（Penny bun）	英格兰
国王牛肝菌（King bolete）	美国
石磨菇（Steinpilz）	德国
森林蘑菇（Borovik）	俄罗斯
白蘑菇（Beliy grib）	俄罗斯
绅士蘑菇（Herrenpilz）	奥地利
白牛肝菌（Hongo, boleto blanco）	墨西哥

　　牛肝菌科有很多食用菌，它们分属于十几个属，很多被认为是极好吃的。由于相关品种的数量很多，且难以准确识别，所以新手在试吃时，我强烈建议要采取缓慢、谨慎的方式。即使是最好的通用野外指南，也只涵盖很小一部分牛肝菌。最开始那几年，我都是单枪匹马，靠着自己的努力和一些野外指南来寻找蘑菇。我喜欢采食的牛肝菌，多隶属乳牛肝菌属（*Suillus*）和疣柄牛肝菌属（*Leccinum*）。它们是我最初接触的蘑菇品种，但我现在我已经另有

所爱了。又过了几年，与其他蘑菇采食者几经讨论之后，我才对牛肝菌属有了更深的了解。

说明

美味牛肝菌是一种中等至大型菌类，多见于森林、森林边缘或景观区的成年树下。菌盖的直径从 2 英寸到 12 英寸不等，最初呈圆形，随着蘑菇的生长，会变成汉堡状。一株成熟的美味牛肝菌菌盖扁平，几乎呈盘状。菌盖的颜色从浅棕色到深棕色不等。菌盖表面光滑，但有些褶皱，潮湿时会变粘。幼菇的孔表面为白色，随着黄褐色孢子的成熟和释放，孔表面会变黄，最后变成浅茶绿。单孔又圆又小，每毫米 1 ~ 2 个，不会有"见手青"①似的反应。牛肝菌的菌柄通常底部较宽，上部较窄，尤其是幼年蘑菇。菌柄颜色从米色到浅棕色不等，有一些网状纹理。网状纹理可能覆盖整个菌柄，或上部三分之一。果肉是白色的，不会"见手青"。

忠告

有一种迷思认为，所有的牛肝菌都可以吃。除了老话所说的"所有蘑菇都可以至少食用一次"，我反对任何关于食用性的"一概而

---

① 见手青是云南对多种牛肝菌的俗称，在菌类被碰伤后呈靛蓝色显色反应。

论"。虽然目前还没有任何牛肝菌被认为是致命的，但有的牛肝菌却能导致中毒（我唯一一次中毒是吃了一种紫棕色牛肝菌，其学名是紫盖粉孢牛肝菌）。迈克尔·博伊格（Michael Beug）和他的同事对北美真菌协会报告的中毒事件进行了30年的回顾分析，他们列出了22种牛肝菌，报告称，这些牛肝菌曾导致美国各地118人胃肠不适。[3] 他们表示，有些轻度蘑菇中毒事件，并没有报告给北美真菌协会登记处，所以实际患病人数肯定要多得多。因此，对自己要食用的蘑菇种类，你一定要花时间了解清楚，并遵循我写的新手试吃新品种指南。最好避免牛肝菌属中任何"见手青"的红孔品种，因为其中一些已知会导致胃肠不适。同样，如果你对自己的辨别能力没有100%的信心，就不要吃。

在东北地区，一种长得像牛肝菌的品种曾导致几起疾病，尽管有些指南称其可食，但还是有一些人在食用这种蘑菇后生病的案例。它与美味牛肝菌的区别在于其孔表面在碰伤后会慢慢变成蓝色，菌柄的颜色为黄色，通常带些红色，并且菌柄上没有细小的网状纹路。一定不要吃这样的蘑菇。

生态、栖息地、萌生

美味牛肝菌和几乎所有牛肝菌都与树木和灌木存在菌根共生关系，它们是森林良性生态系统的重要组成部分。考虑到这种菌根共生关系，现在不太可能实现牛肝菌的人工培植。美味牛肝菌及其相似品种和很多种树木都存在共生关系，包括云杉、松树、铁杉和许多硬木——最显著的是橡树。它们有多个共生对象，这有别于乳牛杆菌属等其他牛肝菌，后者只与某个属的树木，甚至只与某种树共生。对于真菌来说，和树木共生有利也有弊。菌根物种通常与宿主形成持久的共生关系；它们的地下菌丝体为多年生。如果你发现一棵树下有牛肝菌，在你的蘑菇地图上做个记号，下次蘑菇结果的时候再来，还能采到蘑菇。鉴于这种长期的"一夫一妻制"关系，菌丝体的结果间隔更长，因为它知道除非宿主树死亡或被移走，否则它的食物就不会耗尽。对于许多菌根物种来说，包括牛肝菌在内，这往往会导致结果呈现丰盈期—贫瘠期的循环。有时候，几年时间里，我倒是能采食一些牛肝菌，但没有多余的可以拿来晒干。接下来会有一年，几乎每到一片森林，我都能遇到大量牛肝菌。所以，"丰年"时我会多备些牛肝菌干，好顺利度过"荒年"。

　　由于在不同类型的森林中，美味牛肝菌会出现在不同树种旁，所以它们的出现似乎显得莫名其妙，毫无章法可言，新手看来尤其如此。考虑到它们与树木长期共生，应该能总结出它与什么树木共生，它何时结果等规律。虽然这个规律不像鸡油菌的那么可靠，但如果雨水充足，季节合适，你所在的地方肯定会出现美味牛肝菌。美味牛肝菌的结果季节很长。从初夏到仲夏，伴随着鸡油菌的出现，美味牛肝菌也呼之欲出，而且如果空气比较潮湿，美味牛肝菌会贯穿整个生长季，一直持续至深秋。9月和10月初，是牛肝菌结果最旺盛的月份，而且在这段凉爽天气里结的果，通常不太容易受到幼虫的侵害。在缅因州，我发现最美味的牛肝菌，往往会与红橡木或云杉共生，另外，我所知道的唯一最高产的地方是一片人工云杉林。确定好最佳采集时机后，千万不能等美味牛肝菌慢慢成熟，因为虫子和蛞蝓会赶到你前面！

可食性

　　如果你足够幸运，能够带着一篮牛肝菌回家，到家的第一步就应该仔细检查这些宝贝，以便物尽其用。首先要切掉每一株蘑菇的底部，然后洗去泥土，检查蘑菇上是否有虫洞。蘑菇蛆是以蘑菇为食的苍蝇的幼虫，它们往往会从蘑菇底部进入，沿着菌柄向上吃，一直吃到菌盖。如果蘑菇刚刚被入侵，可以去掉坏掉的部分。若仅仅坏掉一小部分，有人对此并不会介意。此外，幼年蘑菇和成熟蘑菇应分开放置。幼年美味牛肝菌的孔表面还是白色或淡黄色的，摸起来仍然很紧实。随着蘑菇的生长，孔从白色变成黄色再变成绿色，变得越来越软，越来越粘。成熟的孔管应该被切掉，要完成这项任务，需要准备一把锋利的刀或一双巧手。通常而言，我会烹饪新鲜、紧实的幼年牛肝菌，将老牛肝菌脱水储存。另外，将大而紧实的牛肝菌放在火上或热烤箱里烤，也可以做得很好吃。

　　把新鲜的美味牛肝菌厚切成片，准备一点蒜或你喜欢的洋葱，用上好的橄榄油，炒一炒。这款基础开胃菜可以单独成为一道简单的菜。稍微调味，或者加入其他东西，可以做成酱。还可以用煎过大蒜的橄榄油做烤牛肝菌，它是肉菜的绝佳搭配，也是意大利调味饭和意大利面食的绝佳佐料。

❀ 美味牛肝菌花园番茄酱
. . . .

在美国东北部，美味牛肝菌最为繁盛的季节，也是洋葱收获的季节，恰巧那时候，我种的西红柿也成熟了，多到吃不完。我把牛肝菌片和大量洋葱一起煸炒，加上番茄碎，再搭配合宜的香草和香料。做好的酱可以立刻吃，也可以冷冻起来，留到冬天吃。

前文提到，牛肝菌干有着特殊的风味，因为脱水的过程浓缩了蘑菇的精华。脱水需要将蘑菇清洗并切片，放入烘干机或放到温暖干燥房间（如阁楼）里的筛子上，或者穿起来挂到温暖的房间里。不要用烤箱，因为那样会很烫，而且味道也会被破坏。将脱水后的牛肝菌干放入玻璃罐或密封良好的厚冷冻袋中，可以保存好几年的时间。一有机会，我就做尽可能多的牛肝菌干，因为我知道牛肝菌干很好吃，而且下一个牛肝菌丰年是什么时候也不确定。准备拿出来吃的时候，把它放在碗里，用温水泡，让其重新水合。水不要倒掉！水可以拿来做一道美味可口的汤。有些名厨会用小火煮牛肝菌干，收汁给汤和酱提味。杰克·扎耐吉（Jack Czarnecki）是宾夕法尼亚州雷丁市一家名为 Joe's（现已关闭）的著名餐厅的经营者，也是开创性蘑菇烹饪书《乔氏蘑菇烹饪法》（*Joe's Book of Mushroom Cookery*）的作者，他在书中描述了蘑菇汁的制备和使用细节，令人垂涎。[4]泡开的牛肝菌干以其风味著称，但质地欠佳。把它剁碎，以消弭干硬的口感。它可以给许多菜肴增添浓郁风味。在寒冷的冬夜，吃一道牛肝菌调味饭会是多么美好啊！

❋ 美味牛肝菌意大利炖饭
· · · ·

这道菜通常使用干牛肝菌制作，可以是你去年采集的，也可以是特产商店购买的。一点干牛肝菌就能带来足够的风味。我用了一口 4 夸脱的搪瓷铸铁荷兰锅制作这道菜。新鲜蘑菇可与作为这道菜的完美收尾，但不一定要用美味牛肝菌，很多栽培或野生的品种也可以胜任。

1	盎司干牛肝菌
2	杯热水
3 ~ 4	杯鸡汤或其他美味的高汤
	盐和现磨胡椒
¼	杯优质橄榄油
1	个中等大小的洋葱，切成 1/4 英寸的丁；或 1 根中等大小的火葱，切碎
2 ~ 4	瓣蒜，拍碎
2	杯阿尔博里奥米（7 盎司）

½　　杯干白葡萄酒

2　　汤匙黄油

1　　杯现磨帕尔马奶酪碎（或与罗马奶酪碎混合）

1　　磅鲜牛肝菌或双孢蘑菇，切薄片（可选）

取中等大小的碗，倒入热水没过干牛肝菌，浸泡 15 分钟。

捞出牛肝菌并大致切块；将泡牛肝菌的水兑入高汤中，得到 4 杯量的混合高汤。

另取一口奶锅，将混合高汤加热至几乎沸腾。

荷兰锅中的油热后加入洋葱，煸炒至半透明（5 ~ 6 分钟），然后加入蒜、盐、胡椒和牛肝菌块，用小火再炒几分钟。

将米加入锅中，继续翻炒几分钟。一次一杯地倒入混合高汤，不断搅拌。在第一杯高汤被食材吸收后倒入葡萄酒，葡萄酒被吸收后再倒入下一杯高汤，直到第四杯。通过搅拌，可以让米饭拥有奶油般浓滑的质地。将米饭煮至弹牙的程度，如果希望保留更多汤汁，可以使用更多高汤。

加入一半的奶酪碎和黄油，搅拌均匀。

一些小而紧实的新鲜美味牛肝菌（或者小褐菇①）可以作为这道菜的完美收尾：用黄油煸炒，出锅前拌入饭中，或者用

① 小褐菇，又被称为褐色口蘑 / 褐蘑菇 / 啡菇，英文为 Cremini Mushroom 或 Baby Bella Mushrooms。 事实上它跟白蘑菇完全是同一个品种，不过是"年纪稍大"，表面变了颜色，蘑菇味道可能会更重一点，口感会更有韧性一些，但基本上变化不大。

作顶部装饰。

　　制作意大利炖饭所需的汤量没有确切的标准，高汤准备多了或者不够用，都是可能发生的。

　　上桌前将剩下的奶酪碎撒在饭上，并准备胡椒和盐用于调味。

6

伞菌属近缘种

人生太苦短，来不及尝尽蘑菇。

——雪莉·康兰（Shirley Conran），

《超女》（*Superwoman*）

伞菌属是西方世界最具经济价值且栽培最广泛的食用菌。伞菌属下有纽扣菇（即 button mushroom，该菌类几乎随处可见）、大褐菇（portabella）、小褐菇（crimini）、一些家养蘑菇、一些可爱的生长在郊区或农村的野生菌。Agaricus 是拉丁语，意思是伞菌属，在蘑菇分类学的早期，所有伞菌都被归入伞菌属种，没过多久，就找不到名字来命名新入品种了。随着对伞菌属下近缘种的识别越来越困难，有些蘑菇就被归到了其他属和科。

分类

据估计，在北美，伞菌属有超过 200 个品种，但目前还没有对伞菌属进行过严密的分类学研究。多数好的菌类指南都包含最多 6 ~ 10 个常见品种。当然，还有很多不太常见的品种没有被列入其中。[1] 在东北部，最常见的食用菌是四孢蘑菇（又叫洋蘑菇或粉色纽扣菇）[①] 和草原黑蘑（又叫马蘑菇）[②]，其次是白林地菇（俗称木蘑菇）[③]。在东北部，偶尔也能采集到其他品种，但其中已有至少两种蘑菇引发过肠胃不适。沿着西海岸一些地方，还有一些品种会致人生病。

目前为止，最为人所熟知的伞菌属是双孢蘑菇（*Agaricus bisporus*），它是一种可家庭种植的口蘑（White button mushroom）。其中，小褐菇和大褐菇属同一个栽培品种。在美国，双孢类蘑菇的年销售额接近 10 亿美元，并广泛种植于欧洲、中国和世界其他地区。目前，双孢类蘑菇占全球销售的栽培蘑菇的 40%，是欧洲栽培的第一种蘑菇。17 世纪中叶，巴黎周边的温室大棚里，农民注意到自家瓜田里长出了一种蘑菇。他们瓜田里施肥用肥料，用的是当地农场和马厩里的陈年粪便，而这正是蘑菇的完美培养基。农民们开始助力蘑菇的生长，还开发了一个当地市场，开始将蘑菇供应给当地餐馆。多年来，蘑菇栽培技术一直秘而不宣。直到 1800 年，法国菇农才了解到，种植蘑菇并不需要温室光照或农田。蘑菇生产开

---

① 四孢蘑菇（学名：*Agaricus campestris*），又称为野蘑菇，是一种可食菌类，分布于全世界，与俗称洋菇的双孢蘑菇为近缘种。洋蘑菇即 meadow mushroom，粉色纽扣蘑菇即 pink bottom。

② 黑蘑学名为 *A. arvensis*，马蘑菇即 the horse mushroom。

③ 白林地菇（学名：*Agaricus silvicola*），俗称木蘑菇（Wood Mushroom），是一种担子菌门真菌，隶属于伞菌属。这种真菌味道美味，呈白色，且广泛地分布于世界各地。

始转移到城市周边的洞穴和地下墓穴里，因为这些地方更容易控制温度和湿度。那时，英国、荷兰和欧洲其他国家的农民也开始种植这种蘑菇。19世纪60年代末，宾夕法尼亚州费城周边也开始种植双孢蘑菇。早些年，人们从真菌生长的地方收集土壤，利用成堆的粪肥来种植双孢蘑菇。由于这种技术很粗糙，蘑菇床上经常出现其他蘑菇，和双孢蘑菇争夺养分。随着人们对蘑菇生长的了解越来越深，培育菌种（即蘑菇菌丝体）相关产业应运而生，蘑菇农户得以用菌种种植。最初，美国蘑菇农户从英国进口菌种，直到20世纪初，菌种行业才在美国兴起。20世纪20年代，美国菇农爱德华·雅各布斯开发了一种技术，可生产纯双孢蘑菇菌种，大大减少了菇床中其他菌种的数量。大约在同一时期，一位观察力敏锐的宾夕法尼亚州菇农在他的菇床里发现了一株几乎纯白的双孢蘑菇。这一突变现象，催生了"超市蘑菇"的发展，尽管"超市蘑菇"毫无特色可言，但在蘑菇商业领域，这种形式却主导着蘑菇产业的发展。蘑菇生产从温度和湿度相对稳定的洞穴和老矿井，转移到了长长的矮房，这里的水分、温度、病害虫和空气流通都有着严格控制。美国很多地方都有蘑菇栽培，最著名的是产菇第一大州宾夕法尼，第二大州是加利福尼亚。[2]

说明

伞菌属类蘑菇有共性，易辨别。首先，都有菌褶，菌褶开始呈淡奶油色，随着菌盖变大，菌褶开始明显，此时呈粉红色和红色，至成熟时，则呈黑巧克力色。孢子也呈黑巧克力色。菌褶和菌柄分开，菌柄上有一个明显的环（菌环），可以是单层、双层或呈下垂状。有时，由于天气和时间的原因，菌环会逐渐从菌柄上脱落，导致有些成熟伞菌属几乎没有菌环。在干燥天气里或露天日光下生长的菌类，菌环可能呈碎片状，附着在菌盖的边缘。伞菌属还有一个明显特征：若紧握菌盖，轻轻转动菌柄，菌柄就会利落地与菌盖分离，不会留下任何菌褶碎片。虽然这一特点还未被充分重视，但用这种菌盖做的美味倒成了鸡尾酒派对的常客。

常见的可食用东北部伞菌属

洋蘑菇，即四孢蘑菇，短柄、体型矮壮，菌盖和菌柄呈白色，长于开阔的草地上。菌盖直径通常为 2 ~ 4 英寸，呈不规则圆形，成熟时菌盖变平，光滑呈纤维状或鳞状。请勿与鹅膏菌混淆，需确认，在纽扣阶段，洋蘑菇的菌褶并非白色的，而是呈粉红色，会很快老化成粉褐色，继而是黑巧克力色。菌柄上有菌环，可能会随着菌龄的增长而消失。孢子印呈黑褐色。

马蘑菇，即草原黑魔（*A. arvensis*），是四孢蘑菇（体型较小）的近缘种。马蘑菇的直径通常为 4 ~ 8 英寸，8 ~ 10 英寸的也并不少见，常散发着杏仁的淡淡香味。马蘑菇菌柄上的菌环比洋蘑菇的更明显，而且呈膜质。洋蘑菇菌褶呈粉色，而马蘑菇则不同，即使在纽扣阶段，其菌褶也呈乳灰色，但之后，其颜色变化与四孢蘑菇相同，会呈深棕色。与四孢蘑菇一样，开阔的草地是马蘑菇理想的生长地。

....

双孢蘑菇：纽扣蘑菇、超市蘑菇

四孢蘑菇：洋蘑菇、粉色纽扣蘑菇、纽扣蘑菇

黑蘑：马蘑菇

球基蘑菇（*Agaricus abruptibulbus*）与白林地菇：木蘑菇

....

白林地蘑菇和球基蘑菇都是林地品种，两者外观极为相似，所需的生长环境也大体相同。两者都比马蘑菇和洋蘑菇高，看起来更"壮观"；菌褶细长，有肉质、菌环呈下垂状；菌柄下部膨胀，球基蘑菇更明显。此外，果实中常有甜杏仁的香味。两种蘑菇都是公认的优良可食菌。[3]

忠告

在东北部和中西部，只要遵循几个简单的步骤，就不太可能把有毒的鹅膏菌当作伞菌属采回去。一定要确保菌褶变成粉红色和棕色，不要采带白色菌褶的纽扣蘑菇（切开时可以看到）。还要确保没有鹅膏菌特有的膨胀的菌柄底部和菌托。要找生长在开阔地带的白色蘑菇，其菌褶从近似奶油色过渡到粉红色，再到黑巧

克力色，而且菌柄上有一个菌环。也要确保孢子印痕为黑褐色。

在美国东北部，很少有伞菌属品种会引起毒性反应，但对有些人而言，还是有一些品种会引起不适。双环蘑菇（*A. placomyces*）和西平盖蘑菇（*A. meleagris*）的菌盖上都有较暗的斑点，菌盖中心隆起或暗色扁平。西平盖蘑菇被碰伤会变黄，释放出强烈的苯酚（一种类似杂酚油的化学气味）或墨水气味。而双环蘑菇的菌柄底部有亮黄色。还有一种毒蘑菇叫黄斑蘑菇（*Agaricus xanthodermus*），碰伤时呈亮黄色，尤其是菌柄底部，而且还有一股有化学品气味。不要吃任何染黄或有强烈化学气味的伞菌！在西海岸，有几种外观与食用菌相似的伞菌，使用后会引发胃肠不适，这些蘑菇很常见。根据大卫·阿罗拉的说法，就是因为这些蘑菇的存在，使伞菌属成了加利福尼亚和俄勒冈最常引起胃肠道反应的蘑菇种类。[4]

关于伞菌属，还有一个忠告：很多蘑菇，包括伞菌属近缘种，会吸收重金属和杀虫剂。马蘑菇尤其会累积金属物。因此，在交通繁忙的公路边，或是你怀疑或确定使用过化学品的区域，或是可能受到化学品污染的地区，千万不要去这些地方采蘑菇。为使草坪茂盛、不生杂草，很多高尔夫球场都会使用大量化学品。所以，我通常不会采食高尔夫球场球道两旁的蘑菇。另外，也要小心修剪整齐的草坪！

生态、栖息地、萌生

四孢蘑菇和草原黑魔都喜欢生长在绿地、球场、路边和墓地。我发现，它们更常出现在不完美的草地上，甚至在有杂草的地方，这些蘑菇的长势反而更好。所以，去石质土壤、粗糙草坪和路边排水沟之类的地方找找看吧！它们通常分散式群聚在一起。有时，几十株伞菌会形成很多大大的仙女环。你还可以判断蘑菇会在哪里出现，观察哪里的草颜色更鲜艳，哪里的草更茂盛且呈弧形或圆形，那这个地方很有可能长出伞菌属。注意：别的蘑菇也能形成仙女环，以此来刺激草的生长，包括食用菌仙女环蘑菇（即硬柄皮伞，学名：*Marasmius oreades*）和毒蘑菇如出汗蘑菇（即白霜杯伞，学名：*Clitocybe dealbata*）。

伞菌属已经进化成了腐生菌。多数伞菌是次生腐生菌，它们以继续分解被初生腐生菌部分分解过的腐烂植物为生。因此，它们经常出现在田野、农家庭院、堆肥场和垃圾堆旁。蘑菇种植业遵循严格的堆肥生产流程，用马粪和其他植物制作堆肥，用作蘑菇基质。

这几年，我注意到一个现象。夏季降雨充足且均匀时，洋蘑菇很少，马蘑菇也没那么旺盛。我认为这是因为草屑被其他"腐生物"消耗完了，这些腐生物包括黏菌、细菌以及一些其他能在潮湿期抢过伞菌的真菌。如果我想的没错的话，9月或10月热带暴雨之后的几周，如果天气干燥，应该会出现很多洋蘑菇。洋蘑

菇在 8 月至 9 月的潮湿期，会大量结果，结果期甚至会持续到 10
月份。通常，马蘑菇要比洋蘑菇晚几周，但在温和地区，后者的
生长期可持续到 10 月甚至 11 月。它们偶尔也会出现在初夏特别潮
湿的时候。

可食性、备餐，以及保存

多数有经验的采菇者都认为，洋蘑菇和马蘑菇在所有的可食
菌中绝对数一数二。我觉得它们的味道独特饱满，是大多数人想
到的那种蘑菇的味道。幼期纽扣蘑菇口味温和，随着菌龄的增长，
味道会变浓郁、后味也更足。因此，要考虑好你想做什么口味的菜，
是蘑菇味浓郁些的还是要清淡一些的，之后根据需要，可再用些
成熟蘑菇。然而，常出现的情况是，你最终会根据采到的不同菌
龄的蘑菇，来选择做什么菜。你会发现，洋蘑菇和马蘑菇是做奶
油蘑菇汤或蘑菇肉汤的最佳选择。和做大多数食用菌一样，最好
先把干净的蘑菇切片，再放到黄油或橄榄油中煎，最后按照食谱
烹饪。

《蘑菇手册》(*The Mushroom Handbook*)是我年轻时买的第一
本蘑菇指南，在这本书中，作者路易斯·克里格 (Louis Krieger)
描述了在他那个时代，对蘑菇营养价值认知的一种普遍看法。那时，
人们认为蘑菇毫无价值：“它们只有在做调味品时，才有价值。牛
肉、面包、豆类等都很有营养，但谁愿意一直吃呢？”[5] 和我们的

旧观念相反，蘑菇很有营养。伞菌属有 35% ~ 40% 的干重是蛋白质，富含较好的氨基酸，此外，还含有维生素 D、B 族维生素、钾、磷和硒等多种营养素。

若遇丰年，很容易采到很多伞菌，几顿都吃不完，这时候就要考虑保存的问题了。把蘑菇切片，放入黄油或橄榄油里煎，然后冷冻起来备用。味道浓郁的成熟菌盖可以脱水，放到食物处理机里打成粉末，很适合用作调味品。也可以把粉末储存在密封的罐子里，将来用它做汤、酱和炖菜。我的一种保存方法是把它做成蘑菇酱。

❋ 野菇杜克塞勒

. . . .

2 ~ 4	汤匙黄油，或橄榄油，或二者混合
2	磅蘑菇
	用于调味的盐和胡椒
3 ~ 4	汤匙火葱葱花（可选）
2 ~ 4	汤匙白葡萄酒（可选）
1 ~ 2	小枝新鲜百里香，或龙蒿，或莳萝（可选）

用蘑菇制作的杜克塞勒（duxelles）是一种可以追溯至 17 世纪法国的酱汁。据说，于克塞勒侯爵（Marquis d'Uxelles）的厨师拉瓦雷纳（La Varenne）在 1650 年前后发明了杜克塞勒。

我喜欢散发伞菌独特而强烈风味的杜克塞勒，但这种酱汁几乎可以用任何蘑菇制作，不过我不推荐混合多种蘑菇，因为这样会搅乱风味。杜克塞勒的制作方法：将蘑菇大致切碎（使用料理机或手切），然后在锅中煸炒，浓缩蘑菇精华。当水分基本蒸发，酱汁达到合适的浓稠度，杜克塞勒就可以使用，或者冷藏、冷冻以备后用了。我的保存方法是，将每 1/2 杯的杜克塞勒填入一格玛芬烤模，然后放进冰箱冷冻。冻好后，将冰坨从模具中取出，放入密封袋，继续在冰箱中保存。如果冷藏，杜克塞勒最多可以保存两周。我经常用它调味和装饰菜肴，或者简单地涂在硬皮法式面包上。哦——绝了！

❈ 蘑菇奶油汤
· · · ·

3	汤匙黄油
1	个中等大小的白色 / 黄色洋葱，切碎
2	瓣蒜，拍碎
1	汤匙非漂白面粉
5	杯蔬菜 / 鸡肉 / 蘑菇高汤，加热至即将沸腾
1～2	磅洋蘑菇和 / 或马蘑菇，切大块
½	杯白葡萄酒
¾	杯奶油
	海盐和现磨黑胡椒

新鲜欧芹碎（装饰）

取荷兰锅熔化黄油，加入洋葱，用中小火将洋葱炒至半透明状（4～5分钟）。加入面粉和切好的蘑菇，继续炒至蘑菇出水。

慢慢倒入高汤并煮沸。文火煮15分钟。

将锅中一半食材盛入料理机，打成泥后倒回锅中。

分次加入白葡萄酒和奶油并彻底加热，但不要煮沸。适量盐和胡椒调味。用欧芹碎点缀汤碗，还可以再加些奶酪碎。

和之前的食谱类似，很多种类的野生菇或栽培菇都可以用来制作这款基础的蘑菇汤。但大褐菇或小褐菇更合宜。

❋ 蘑菇古斯米

. . . .

在北非和一些地中海国家，大街小巷上都可以见到古斯米这种传统主食。就像意大利面，古斯米几乎可与任何风味结合。虽然这份食谱中使用的是伞菌，但稍加调整，它就可以让几乎任何食用菌融入其中，比如鸡油菌、牛肝菌、羊肚菌、舞茸、鸡肉蘑菇等。如果你乐意，甚至可以替换或添加其他食材。请尽情享受组合食材的乐趣！

2　汤匙橄榄油

½　个绿色或红色菜椒，切块

½　杯芹菜段

½　杯洋葱丁

2　瓣蒜，蒜泥

1½　磅洋蘑菇
　　罗勒和欧芹，切碎

2　杯古斯米

2　杯水或高汤，煮沸

½　杯白葡萄酒
　　海盐和现磨胡椒
　　装饰用的奶酪碎（可选）

　　整个烹饪过程都会在一口锅中完成，请选择容量和深度足够且有合适盖子的锅。中火热锅，倒油，然后放入洋葱、蒜、菜椒和芹菜。煸炒一两分钟，加入切好的蘑菇。待蘑菇开始失去水分，加入盐、胡椒、干古斯米，继续翻炒。加入热汤和葡萄酒，大致搅拌均匀，关火并盖好锅盖。静置 10 分钟，以香草碎装饰即可上桌。装饰时再来一些奶酪碎和现磨胡椒，可以让菜品额外得分。

第三部分

• • • •

致命蘑菇，极致乐趣

引言

· · · · · ·

毒蘑菇，
其实并没那么可怕

· · · ·

真菌有两种存在方式：

要么老老实实地被吃掉，

要么就杀死吃蘑菇的人。

——《大植物志》，1526 年

关于毒蘑菇的恐怖故事比比皆是，大多都是说有一个可怜之
人误食了毒蘑菇，后来被发现死在家中的床上。有时，也有人会告
诉我一些轶事，说一个家庭前一天晚上吃了蘑菇，第二天全家人
无一幸免。尽管我知道这类故事肯定是假的，但我仍然觉得，这
些故事听起来既令人恐惧又令人信服。事实上，确实有几个家庭
成员死于毒蘑菇的案例，但都不是在 24 小时内死亡的。致命蘑菇
出现中毒症状的时间较晚，需要几天才会致人死亡。

蘑菇中毒事件会越来越多，对此人们很是担心，但事实上，
由毒蘑菇引起的死亡案例并不多见，人们往往会夸大可能存在的风

险。医生每年会为几千名担心蘑菇中毒的人进行诊断，但这些人中几乎没有人死亡，很少人需要医疗干预，如果确实需要医疗干预，除了使用活性炭和止吐药外别无他法。全国中毒控制中心网络每年处理 8000 至 10 000 个与食用蘑菇相关的电话，其中近 80% 与幼儿或幼童有关。[1] 因蘑菇中毒而打给控制中心的紧急呼叫中，不到 5% 的人出现中度或更严重的症状，需要大量的急诊室干预措施；而只有不到 1% 的人出现重度症状，需要住院治疗。截止到 2005 年的 30 年间，美国平均每年仅有一两个人死于蘑菇中毒。[2] 迈克尔·博伊格博士是北美真菌学会毒理学的委员会主席，他汇编的初步报告称，2009 年美国和加拿大有 5 人死于蘑菇中毒，这已经是非常令人惊讶的数字了，其中 4 人死于鹅膏毒素中毒，另一位 90 多岁的男子死于食用一种牛肝菌引起的并发症。[3] 尽管 2009 年蘑菇中毒死亡人数有所增加，但这一数字与每年因闪电（约 100 人）、蜜蜂或黄蜂蜇伤（30 ~ 50 人）或花生过敏（高达 100 人）而受伤或死亡的人数相比要低得多，可以说蘑菇在美国算是一种安全的食物。

　　我们虽说要客观看待蘑菇中毒的风险，但也不要轻视这种潜在的风险。最近几年，我在一些案例中观察到，有人在食用了有毒的奥尔类脐菇[①] 后一度病重，他以为自己采食的是可食用的鸡油

---

① 奥尔类脐菇，俗称鬼火蘑菇，即 Jack-O'-Lantern mushroom，是庆祝万圣节的标志物。其英文名字的由来有很多版本。

菌；另外，绿孢环柄菇属（*Lepiota*）①，也就是大青褶伞②，每年都会给几十人造成中度至重度肠胃疼痛，在全美因蘑菇引发的病例中，该品种一直是引发疾病的最常见原因。[4] 如果你从不食用野生菇，你就永远不会中毒，但如果你想尝试一下，就必须了解蘑菇采食可能出现的风险。

如果食用菌新手行事可靠，具备良好的蘑菇识别技能，并了解其所在地区常见的可食用和有毒物种，那么其遭遇危险的可能性很小。而这对于那些只采食普通且易辨认的蘑菇（如鸡油菌、羊肚菌或马勃菌）的人而言更是如此，同时，还要拒绝"极端采食蘑菇"③的做法，因为这种做法的目标很危险，只为寻找到更多的可食菌。

本节对毒蘑菇的阐释并不全面，并未涵盖美国境内所有毒蘑菇。有很多好的书籍、文章和网站中都有系统的毒蘑菇指南。而我的目标是研究蘑菇中毒的常见情况，并找出避免这些情况的方法，同时，通过观察世界上最致命的蘑菇——"死亡之帽"来展示食

---

① 环柄菇属隶属于担子菌纲伞菌目蘑菇科，是一种广泛分布于世界各地的真菌，菌盖表面具鳞片、菌柄多具菌环、菌褶离生是环柄菇属的共同特性。环柄菇是大部分都是可食用的，但也有少数含有鹅膏毒素，环柄菇中毒性最强的就是肉褐鳞环柄菇和褐鳞环柄菇。

② 大青褶伞（学名：*Chlorophyllum molybdites*）多生长于野外，在家中花盆里、食用菌腐殖土中也能生长。有剧毒。这是一群剧毒蘑菇，内含肝脏毒素、神经毒素、胃肠毒素和溶血四种毒素，食用后会造成多器官功能衰竭，并且死亡率相当高。

③ 许多蘑菇采食者秉持着"极端采食蘑菇"的思想，热衷于不断尝试采集和食用各种各样的蘑菇，目的是去探寻更多可食用的蘑菇，这种行为往往需要他们冒着吃到毒蘑菇的生命危险去实施。

用野生菌可能出现的最糟糕的情况。关于蘑菇毒素在人体中如何作用，这方面知识在不断丰富，对此我也会有所着墨。有几种蘑菇具有重要的食用历史，特别是在亚洲和欧洲地区，然而，我们现在知道，这几种蘑菇能够引发威胁生命的疾病，甚至会导致死亡。如果突然告知人们，他们广泛采食的某种蘑菇其实是含有一定毒素的，贸然食用可能会有危险，这可能很难让人接受。对此，我们将仔细探讨三个有着悠久食用历史的神秘蘑菇案例，并深入研究它的危险到底从何而来。

7

蘑菇中毒：
潜在风险及预防措施

"我承认，没有什么比在餐桌上看到蘑菇
更让我感到害怕，尤其是在一个小镇上。"

——大仲马

不论是真菌学家、医生，还是毒物控制专家，这些研究蘑菇中毒病例的专业人士都对有毒蘑菇有着清晰的认识。如果相当大比例的食菌者都产生了一系列不良反应，那这种蘑菇就是有毒的。

这听起来很简单，对吗？对于某些物种来说，确实如此。在欧洲因蘑菇致死的病例中，至少有 80% 都是由死亡帽（*Amanita phalloides*）①引起的，在美国，这类问题也日益严重。[1]其中，号称"毁灭天使"（destroying angels）的两种菌类双孢鹅膏（*A. bisporigera*）和鳞柄白鹅膏（*A. virosa*）与这类问题脱不了干系，两者虽然威力

---

① 死亡帽（*Amanita phalloides*）为一种剧毒的担子类真菌，在全球范围内，这种看似无辜的真菌可是多数与蘑菇有关的死亡事件的罪魁祸首。

较小，但危险系数等同。这些蘑菇普遍含有鹅膏毒素，其毒性毋庸置疑。

然而，对于大多数蘑菇来说，事情并非那么简单。首先，你如何定义一系列不良反应？其次，达到多少病例才称得上数量显著？有一些常见的、受欢迎的可食菌也会给少部分食用者带来不适。2006 年对蘑菇中毒的汇编中，包含了有关食用羊肚菌、鸡油菌和蜜环菌的不良反应报告。[2] 这几类蘑菇很受欢迎，不良反应通常都很温和，并且在成千上万美国食用者中，只有一小部分人会出现不良反应，所以大多数蘑菇专家认为它们并没有毒。然而正如你在本书中所看到的那样，一些负责的真菌学家会注意到小风险的存在。结合食用菌类后有不良反应的报告及多数人食用多种菌类的报告显示的数据（虽然两份报告估计数值各不相同），全世界有毒蘑菇多达 400 种。[3] 然而，99 人食用后都完全没问题的蘑菇，很可能让某一个人产生不适感。换言之，这些"特异质反应"时有发生，因此，很难评估某种菌类是否对所有人都有毒。经证实，毒性反应保持一致性的蘑菇很少，许多优秀的蘑菇指南作者，也只是区分了那些给少数人和多数人带来不适的蘑菇。而在各地常见的有毒蘑菇（如下面关于东北地区常见有毒蘑菇）名单只会更少。此外，在东北地区发现的许多有毒蘑菇或相关物种，也在美国其他地区有所发现。

在我的课堂上以及我带队的蘑菇采集活动中，总有人会质疑我对一些有毒蘑菇的判断。他们通常会说，"这些年来，我已经食

用那种蘑菇很多次了，没有出现问题，所以这个没毒"。对这种有
说服力的经验之谈，我很难进行争论；然而，蘑菇的化学成分很
复杂，人们对食物的耐受性及呈现的脆弱性也同样复杂，许多变
量都在起作用。随着时间的推移，如果有许多人报告食用某种蘑
菇后有不良反应，这种蘑菇就会被贴上有毒的标签。或者，只要
有少数人因食用某种蘑菇而死亡或患上危及生命的疾病，这种蘑
菇就会被标记为有毒。可食菌和毒蘑菇的标签是经几代人的努力
建立起来的，也是依据全球各地的种类编纂而成，标记为毒蘑菇
并未对病例数量进行规定，当中还涉及许多民间智慧。

　　对于其他物种来说，包括一些具有悠久的烹饪和药用历史的
蘑菇，恰当的制作方式可以减轻其毒性。假羊肚菌（*Gyromitra
esculenta*）含有剧毒和致癌肼。在欧洲，该类蘑菇导致许多严重
疾病和死亡的发生，在美国，也因该蘑菇产生过严重的中毒事件。
然而，这种蘑菇及其近缘属在欧洲和北美西部都备受青睐，许多
人都在食用（见第9章）。

　　有一些蘑菇很美味，人们经常食用，但如果进食者在食用前
后饮酒，可能会导致疾病。墨汁鬼伞（*Coprinus atramentarius*）①
在英国称为"酒鬼的毒药"，在美国被称为"酒精墨汁伞"，食用
后引发的不良反应类似于服用安塔布司（双硫仑的商品名），后者

① 又名鬼盖、鬼伞、鬼屋、鬼菌或朝生地盖，以往为分类在鬼伞属下，是继鸡
　腿菇后第二著名的墨汁伞。它的种名是由拉丁文的（墨汁）而来。它是广泛
　分布的真菌，与酒一起食用有毒。当采摘墨汁鬼伞时，它会释放出黑色的液体，
　这些液体曾一度被用作墨汁的代替品。

用于治疗慢性酗酒者，帮他们抵制酒精的诱惑。若食用墨汁鬼伞
前后饮酒，会出现面部潮红、出汗、恶心、呕吐、心跳加速和全
身不适等症状，类似于服用安塔布司。症状通常在 8 小时内减轻，
但如果在食用这些蘑菇后再次饮酒长达 72 小时，症状可能会复
发。人们也注意到，在非常罕见的情况下，酒精与羊肚菌、鸡肉
菇（chicken mushroom，即硫色绚孔菌）和其他一些食物的相互作
用。虽然墨汁鬼伞通常被归类为是有毒的，但它其实是可食用菌，
只是不能与酒同吃。

东北地区常见有毒菌类 *

剧毒：

　　鳞柄白鹅膏（*A. virosa*）和双孢鹅膏菌（*A. bisporigera*），俗称死
亡天使（destroying angels）

　　白毒伞（*Amanita phalloides*），俗称死亡帽（death cap）

　　线锥盖伞（*Conocybe filaris*），俗称致命锥盖伞（deadly conocybe）

　　鹿花菌（*Gyromitra esculenta*），俗称假羊肚菌（false morel），以及
相关物种

　　秋盔孢菌（*Galerina autumnalis*），致命盔孢伞（deadly galerina），以
及相关物种

　　酒红环丙（*Lepiota josserandi*）和菇栗色环柄菇（*L. castanae*）

　　卷伞菌（*Paxillus involutus*），俗称毒伞（poison pax）

　　贝形圆孢侧耳（*Pleurocybella porrigens*），俗称天使之翼（angel

wings）

中度毒性：

白霜杯伞（*Clitocybe dealbata*），俗称出汗蘑菇（the sweating mushroom）

毒粉褶菌（*Entoloma lividum [sinuatum]*）

多种丝盖伞（*Inocybe spp.*），尤其是 fastigata 和 geophylla，俗称纤维盖（fiber caps）

大毒滑锈伞（*Hebeloma crustuliniforme*），俗称毒派（poison pie）

簇生黄韧伞（*Naematoloma [Hypholoma] fasciculare*），俗称硫黄毒菌（sulfur tuft）

毒类脐菇（*Omphalotus illudens*），奥尔类脐菇（jack o'lantern mushroom）

轻度至中度毒性（一般是肠胃反应）：

黄斑蘑菇（*Agaricus xanthodermus*）、双环林地菇（*A. placomyces*）

黑褐鹅膏菌（*Amanita brunnescens*）、黄毒蝇鹅膏菌（*A. flavoconia*）、黄赭鹅膏菌（*A. flavorubescens*）、黄鳞鹅膏菌（*Amanita subfrostiana*）、

敏感牛肝菌（*Boletus sensibilis*）、褐绒柄牛肝菌（*B. subvelutipes*），别名见手青（red-pored blue staining boletes）

绿孢环柄菇（*Chlorophyllum molybdites*），又称绿褶菇（green-spored）

喇叭陀螺菌（*Gomphus floccosu*），又名带鳞片瓶状鸡油菌（scaly vase chanterelle）

锥形湿伞（*Hygrocybe conica*），又名变黑湿伞（black-staining Hygrocybe）

黄汁乳菇（*Lactarius chrysorheus*）、红褐乳菇（*L. rufus*）、毛头乳菇（*L. torminosus*），俗称多汁乳菇（milky caps）

冠状环柄菇（*Lepiota cristata*）

翘鳞环锈伞（*Pholiota squarrosa*）（对部分人有毒）

粉红枝瑚菌（*Ramaria formosa*）及相关物种，又称珊瑚菌（coral mushrooms）

毒红菇（*Russula emetica*）、黑根霉（*R. nigricans*）、密叶红菇（*R. densifolia*）及其他黑斑物种

硬皮马勃（*Scleroderma spp.*），俗称地皮勃（earth ball）或猪皮马勃（pigskin puffball）

豹斑口蘑（*Tricholoma pardinum*）及其他

紫盖粉孢牛肝菌（*Tylopilus eximius*），别名为超群粉孢牛肝菌（lilac brown bolete）

特定情况下有毒：

杯伞菌属麦角菌（*Clitocybe claviceps*），俗称棒柄杯伞（clubfoot Clitocybe，部分人与酒精同食有毒）

墨汁鬼伞（*Coprinus atramentarius*），酒精墨汁伞（alcohol ink cap）或酒鬼的毒药（tippler's bane）（与酒精一起食用有毒）

羊肚菌属（*Morchella spp.*）（若与酒精同食，对一小部分人来说有毒）

橙黄拟蜡伞（*Hygrophoropsis aurantiaca*），是假鸡油菌（可食用，但会给部分人带来不适）

生吃有毒：

蜜环菌（*Armillaria mellea*）复合种，又名蜂蜜蘑菇（honey mushroom）

紫丁香蘑（*Lepista nuda*），又名裸口蘑（blewit）

羊肚菌（*Morchella spp.*），又名羊肚菌（morels）

硫色炉孔菌（*Laetiporus sulphureus*）复合种，又名硫黄菌（sulphur shelf）

致幻：

橘黄裸伞（*Gynnopilus spectabilis*），俗称大笑菌（*big laughing gym*）；裸伞蘑菇（*G. validipes*）及相关物种

半裸盖菇（*Psilocybe semilanceata*），俗称自由帽（liberty cap）；以及其他物种

毒蝇鹅膏菌（*Amanita muscaria*），俗称毒蝇伞（*fly mushroom*）、豹斑鹅膏（*A. pantherina*）、刻纹鹅膏（*A. crenulata*）以及其他物种

疣孢斑褶菇（*Panaeolus foenisecii*），俗称割草蘑菇（the lawn mowers mushroom）以及其他物种

可食用，甚至受到一些人的推崇，但会给极少数人带来不适：

蜜环菌（*Armillaria mellea*）复合种，又名蜂蜜蘑菇（honey mushroom）

硫色焕孔菌（*Laetiporus sulphureus*），又名硫黄菌（sulphur shelf）或鸡肉菇（chicken mushroom）

羊肚菌（*Morchella spp.*），又名羊肚蘑（morels）

褐环乳牛肝菌（*Suillus luteus*）及其他粘盖牛肝菌（viscid-capped Suillus）

* 此表并非有毒蘑菇的完整清单[4]

有一些蘑菇被绝大多数餐馆就餐者所喜爱，其中包括非常受欢迎的可食菌蜜环菌（*Armillaria mellea*）和硫黄菌（*Laetiporus sulphureus*）。还有一部分人（可能不到5%）讨厌该菌类，并且在食用后有轻度至中度的肠胃不适。这样的话，这些物种有毒吗？如果你碰巧是5%的人中的一个，你可能会认为有毒。很快，你就会学会避免食用对你有害的蘑菇，就像当你对草莓、花生或贝类等食物过敏，就会避免食用它们一样。不同之处在于，大多数人吃草莓会有美好的感受，且人类有着悠久的吃草莓历史，所以我在描绘草莓时，不会像对美国野生菌一样，文笔充满质疑。

最后，还有一些好吃的可食菌，如果生吃或未煮熟，会使大多数人生病。这些物种含有不耐热毒素，可以在烹饪过程中去除或中和。这类物种包括受欢迎的可食菌羊肚菌、蜜环菌和裸口蘑。

如果烹煮方式得当，它们不会引起任何问题。但若生吃或未煮熟，这些食物（跟与肉类等食物类似）就不安全了。

蘑菇猎人在几乎所有的蘑菇野外采摘和烹饪指南中都会看到这样的说明，即在食用野生菌前要将其完全煮熟。除了那些含有热中和毒素的蘑菇外，就蘑菇细胞的结构组成而言，食用前煮熟也是有必要的。蘑菇的细胞壁成分主要为甲壳质和长链复合多糖，组合在一起的这两种食物很难消化，除非经过烹饪。烹饪产生的热量可以分解复杂的细胞结构，使我们能够吸收蘑菇中的营养蛋白质、碳水化合物和维生素。即使蘑菇完全煮熟，我们的消化道也无法分解其大部分的细胞壁成分。大多数葡聚糖多糖和甲壳质作为纤维通过肠道。而纤维是人体必需的膳食成分，不但有助于降低胆固醇，还能保持身体规律性（我喜欢这个词）。其中一些相同的多糖葡聚糖能刺激人体免疫系统的运作，并在世界范围内被用作免疫增强剂和癌症治疗的一种药剂。

由于它们基本上难以消化，所以在肠道中，未煮熟的蘑菇被视为不友好的过客，过度食用可能会引发恶心和呕吐。在蘑菇中毒领域，人们普遍认为，由于个体难以消化食物（特别是当蘑菇没有完全煮熟时）才会导致轻微的肠胃不适，并非由蘑菇中的任何毒素而造成。如果过度食用，也一样会出现这种症状。所以如果你采到一大篮子蜂蜜蘑菇，请记住，慢慢食用，没必要一顿饭就解决它们。

几年前，我曾经的一位邻居表示她有兴趣尝试野生菌。我给了她许多栗子蘑（*Grifola frondosa*）①,并向她讲了我通常如何制作它。在这一整天里，她一经过厨房，就拿起柜台上的蘑菇，掰开一块块坚硬的灰色勺形的菌盖，生吃了它们。之后她说，这种蘑菇质地脆嫩、口味清淡，她很喜欢，然而，几个小时后，她开始感到非常恶心，并在短时间内极度不适。在排空胃后，她很快就恢复了。与我交流后，她意识到自己犯的错。第二天她将一些蘑菇进行烹煮，食用之后没有出现问题。

伴随着食菌者和菌类的增多，一些食菌者对某些蘑菇的过敏反应也变得越发严重，症状从轻度皮疹到肠胃紊乱或更严重的症状。也有少数人对蘑菇孢子产生过敏反应。直到 20 世纪 80 年代，在受控的室内果室种植香菇和平菇之后，高浓度的蘑菇孢子所带来的风险才为人所知。受雇采摘蘑菇的人在收获成熟的子实体时反复暴露于高浓度的孢子中。[5]卫生官员开始注意到，在日本和中国，这种过敏性肺炎的病例有所增加，高达 10% 的平菇工人出现了症状。在美国，平菇种植厂的工人中也有此类报告。

....

关于我不可避免的蘑菇中毒经历

有时，有人对某些可食菌会产生"特异质反应"，这就要求我们重新认识这些可食菌，因为这些菌类在某种情况下是有毒的，或疑似有毒的。对此，我有着切身体会。

---

① 栗子蘑（hen of the woods，学名：*Grifola frondosa*），别名：贝叶多孔菌、栗蘑、栗子蘑、舞茸。

图1 羊肚菌的外形和颜色会因生长地点而异

图2 丁香花和苹果花会提醒你黄色羊肚菌已经结果

图3 一对生长至最适食用阶段的未成熟大秃马勃

图4 最好在鸡腿菇成熟并变黑之前吃掉它们

图5　一簇生长至最适食用阶段的未成熟硫黄菌

图6　一簇生长在橡树上的成熟硫黄菌

图7　鸡油菌的菌褶钝且呈叉状

图8　对比奥尔类脐菇刀形且不分叉的菌褶

图9 气宇不凡的成熟美味牛肝菌，标志性的汉
堡状菌盖和带网纹的菌杆

图10 准备成为一道佳肴的未成熟美味牛肝菌

图11 草甸菌的菌褶随生长由粉色变为深褐色——这是重要的识别特征

图12 纯白色的毁灭天使，常见且致命

图13　假羊肚菌的菌盖形状各异

图14　不要被骗！松鼠的齿印可不能说明毒蝇伞是可食用的

图15 一簇茁壮成长的未成熟蜜环菌

图16 树林深处的仙女环

1986 年 8 月，连续几天多云多雨又多雾的天气，让缅因州海岸的游客很是沮丧，而采菇人却欣喜若狂。那段时间，我开启了定期的蘑菇狩猎之旅。有一天，我发现了几个没见过的精美牛肝菌。它们外形巨大，菌盖呈紫褐色，孔层代替了菌褶，呈深巧克力色。菌肉呈淡紫棕色，很紧实，单生于一片混合阔叶林中。我把一些长得好的放在篮子里带回家，并着手确认它们的类别。大量沉积的孢子印显示出粉褐色孢子，证明这是一个粉孢牛肝菌属（*Tylopilus*）物种。我查阅了几本蘑菇野外指南，包括加里·林科夫著的《奥杜邦北美蘑菇的田野指南》和大卫·阿罗拉著的《蘑菇揭秘》（*Mushrooms Demystified*），我采到的是一篮紫盖粉孢牛肝菌（*Tylopilus eximius*），对此我毫不怀疑。这两本书都说明该物种可食用，奥杜邦（Audubon）学会也表示少数看起来相似的物种没有毒性。所以年轻（31 岁）又爱冒险的我，在饥饿的情况下，用橄榄油、大蒜、盐和胡椒粉炒了一些蘑菇，最后加一点奶油，然后配上了意大利面和罗马奶酪吃。相当美味!

两个小时后，当我在工作时，我肚子开始咕咕作响，不适感席卷而来。我立刻猜到是这种蘑菇造成的，来不及思考，我觉得我会病倒，必须立即吐掉这些东西才能缓解。经历了几个小时的痛苦折磨，我的同事们非常惊慌，就帮我叫了一辆救护车，之后，我终于住进了当地的急诊室。那晚我很难受，在服用了康帕嗪、一顿输液过后，第二天早上就好多了。

我也好奇了，我怎么会在蘑菇识别和判断上犯下如此弥天大错，因此，对这种特别的蘑菇，我一边继续采摘，一遍找寻相关信息。据查，路易斯·克里格[6] 和查尔斯·麦克尔文[7] 都一直认为该蘑菇是可食菌，并指出该蘑菇的种加词"eximius"表示"精品"。在与新英格兰真菌学专家山姆·里斯蒂克沟通后我了解到，1986年有几个人吃了这种蘑菇，最终也被送进了缅因州附近的急诊室。后来，我向全国蘑菇中毒病例登记处（由北美真菌学协会管理）报告了我的情况，我由衷希望，其他人若有类似经历，也能在该机构主动登记报告。1991年，罗杰·菲利普斯出版了《北美蘑菇》，这本指南广受欢迎，他也是第一个对紫盖粉孢牛肝菌（*T. eximius*）的可食性提出警告的作者。在随后的几年里，有十几起甚至更多起在新英格的蘑菇中毒病例，都是因为食用该蘑菇引起了严重的肠胃不适。东北地区紫盖粉孢牛肝菌到底有什么毒性，至今为止，我都没有听说过让我信服的说法，而在该国其他地区，在很久之前，就有人已经吃过这种蘑菇了。东北地区的物种可能已经产生了其他的化学毒素，或者各地牛肝菌物种可能有稍有不同。后来，我都没有再吃过这种蘑菇，我得从经验中吸取教训，毕竟，我可不想再呕吐了。

许多人认为，有了这次蘑菇中毒事件，我就不会再采食野生菌了。然而，当我说我要继续采食时，他们都很惊讶，当然，也有人开始更加怀疑我辨别蘑菇的能力（或认为我辨别能力不足）。我反问他们，你们外出就餐时，有过食物中毒吗。绝大多数人都给了肯定的回答。接着，我问他们是否还会选择在外就餐。他们一般都会有点愤愤不平地回答说："当然会，但我绝不会再去让我中毒的那个地方！"唉，我也一样，再不会食用紫盖粉孢牛肝菌了。

此次的蘑菇冒险经历，需要置于我整个采食历程中来看。自从20世纪70年代中期以来，我一直在采食野生菌，多年以来，我尝试过的蘑菇超过五十多种。在此期间，我只病过这一次，吃过的野生菌大餐不计其数，而且很多次都是与家人和朋友一起共享。大家也总是吃不够。

....

食用野生菌有患病风险，但如果你遵循本书中概述的基本预防措施，那么你就极有可能吃到许多美味无比的蘑菇。蘑菇采集者要做的工作是：言行谨慎、做好准备工作，并保持热情，同时还要做足功课，以便在想要食用蘑菇时，你对那些可能有毒的蘑菇都有足够了解。总之，要慢慢开始，从小处着手，好好享受这个过程。

毒菇通常按其所含毒素类型进行分类，更具体地说，是按毒素对人体的影响来分类。据官方统计，目前共有八组毒素，其中有几组毒素的中毒发生率在美国十分罕见。由于这些毒素最为危险，且危及生命，科学家也开始对它们的结构和作用方式展开分析。因此，我们对鹅膏毒素（amatoxin）了解甚多（见第 8 章），也对假羊肚菌中鹿花菌素（gyromitrin）的结构和作用方式有所了解（见第 9 章）。另一方面，蘑菇中毒最常见的症状是胃肠道不适，但对造成这种症状的一系列化合物的结构和具体方式，我们却知之甚少。

蘑菇中毒常见的症状，与我食用紫盖粉孢牛肝菌后的症状类似，通常表现为轻度至重度肠胃不适，包括恶心、呕吐、腹泻，可能还有腹部痉挛，一般持续不到 24 小时，并且往往伴随全身不适感。如果患者本身体质不佳，中毒会进一步损害他们的身体机能，不过，因此而导致死亡的情况很少见。对于健康的成年人而言，影响并不大，一般不会对其任何身体系统造成持久损害，只会挫伤识别蘑菇的信心。

　　一般而言，蘑菇中毒症状发展越快，后果越不严重。毒蝇碱毒性、裸盖菇素（psilocybin）及盖菇素（psilocin）的致幻效应会在 30 分钟内出现，并在 5 小时内消散。大多数情况下，它们不会给人造成损害，偶见一些人会对毒蝇碱产生严重不良反应，该毒素也在世界范围内造成过一些死亡。另外，毒蝇碱是唯一有特效药的蘑菇毒素，患者在静脉注射阿托品后就能迅速恢复。[8]该毒素还会引发多涎、流泪、出汗和排尿增加等症状。

　　有些毒素具有潜伏期，一般是 6 小时至数天不等，这种导致初期症状延迟的毒素反而更危险，产生的损害会更严重、更持久。本书不会对所有蘑菇毒素类别着墨过多，而是会把重点放在如何识别、避免一些误操作上来，后者似乎更有价值。关于蘑菇中毒的彻底治疗方案（包括临床治疗建议），可以参看丹尼斯·本杰明的《蘑菇：毒药和灵丹妙药》，该书具有很强的可读性。

最常见的蘑菇中毒情况

一个来自马斯康格斯的傲慢傻子

声称他对所有的菌类无所不知，

不需要任何建议，

看起来好看的他都吃。

所以现在他已过世。

——迪米特里·斯坦乔夫（Dimitri Stancioff）

在治疗蘑菇中毒的过程中，医护人员需不时对患者进行评估，继而进一步调整治疗举措，然而，影响治疗决策的因素有很多，比如一些难以理解的个人决定和行为，包括对蘑菇说明的误读、缺乏经验或无知、对规律理解错误、迷信蘑菇传说，或纯粹是因为行事鲁莽。有时候，运气不好也不行。比如一种很罕见的情况是，蘑菇没问题，制作方法也没错，但偏偏食用者对该蘑菇不耐受（比如蜜环菌）。令人欣慰的是，只要遵循本节中提出的一些基本准则，就可以避免大多数糟糕的经历。

有一些常见的蘑菇中毒情况，值得我们仔细研究，因为这些情况不仅反复出现，而且还具有某种普遍性，通过仔细研究，可以让他人清楚这些蘑菇的禁忌。因此，作为一个采菇者兼毒物控制鉴定顾问，我给出了如下具体实例以供参考，这些实例也是其他顾问和蘑菇毒理学文献中经常提及的内容。

食毒菌人

地区毒物控制中心时常接到这样的电话，对面可能是一个惊慌失措的家长、祖父母或看护人，发现家里两岁的孩子在院子里抓着一个被撕碎的蘑菇，有时情况会更糟糕，孩子口中还含着一部分蘑菇，至于是否真的吞下了部分蘑菇，谁也不清楚。在看护人焦急的询问之下，孩子变得同样害怕和不安，说出的信息也相互矛盾。孩子并没有出现中毒迹象，但在咨询地区毒物控制中心后，或者通常是自行决定，看护人还是决定将孩子送往当地医院，以便进行相应检查、评估，并接受可能的治疗。此时，毒物控制人员会频繁联系真菌学家，让他们帮忙识别这些毒蘑菇，也会敦促家属携带蘑菇样本到医院进行鉴定。

　　我接到的多个"食毒菌人"的电话都是这种情况，当时我作为真菌学顾问，在新英格兰北部毒物控制中心做志愿者。最严重的一次中毒涉及至少九名儿童，当时他们在做集体探险活动，采集和品尝了树林里的一些蘑菇。有孩子特别着急，就把情况了告知了父母，父母们惊恐万分，开始在树林里四处搜寻，把能找到的所有蘑菇都带到了医院检查。起初，当我接到医院的电话时，医护人员拿着样本，希望我能够通过电话帮着识别蘑菇。还有一位医学博士自称了解蘑菇，认为其中一种蘑菇是一种鹅膏菌，但很快发现，这些工作人员对蘑菇形态的熟悉程度很低，并且无法准确描述他们所见到的蘑菇。他们也缺乏拍摄技术，无法将蘑菇的准确数字图像传输给我。很快我就明白了，要搞清楚这些蘑菇是什么，我就得去现场看。

　　当我到达的时，这些父母们和看护人员乱作一团，孩子们和十几种不同类型的蘑菇都被他们带到了医院。急诊室工作人员对几名儿童进行了评估，并让他们入院接受检查，更多的孩子正在前往急诊室的路上。在那时，还没有孩子表现出痛苦的症状，只是很不安，这可能是由于看到父母们如此恐惧才会这样。几个小时后，我确定这些蘑菇中，并没有致命的鹅膏菌或其他严重的毒菌，即使孩子们吃了其中任何一种，最糟糕的症状是中度至重度的肠胃不适。最终，在这些儿童中，没有一人出现症状，只有几个儿童在用活性炭洗胃时吃了点儿苦头。我敢肯定，在此之后，所有人都不会再吃野生菌了。

还有一起发生在缅因州海岸的特殊案例，当时我接到一位离岸岛屿医疗人员打来的电话，一位奶奶发现她蹒跚学步的孙子拿着一个大的浅黄色蘑菇，菌盖上有白色斑块，菌柄上有一个环。根据电话描述，这种蘑菇有菌褶且茎基部肿大，与鹅膏菌属相似，但很难确定是哪个物种。当时正值 6 月下旬，此时缅因州很少有鹅膏菌，也不是我通常看到的任何已知的毒蝇鹅膏菌美丽变种（*Amanita muscaria var. formosa*）出现的时期（见第 12 章）。

墨菲定律总在提醒人们，要小心意外的发生。那是一个星期五的晚上，从岛上到陆地最后一班渡轮已经发出。由于孩子没有出现症状，不符合岛上紧急渡轮运行的标准，因此没有办法将蘑菇送往真菌学鉴定处进行辨别。最后，一位好心的捕龙虾的渔民，带着用湿纸巾小心包裹起来的蘑菇，横跨十英里的公海到达陆地，然后搭上出租车，在深夜时才将蘑菇送到我这里。经辨别后，这种蘑菇是赭黄鹅膏（*Amanita flavorubescens*），最坏的情况是轻微中毒，在家人和岛上医务人员的密切观察下，孩子一直没有出现症状。

每年，毒物控制中心接到有关蘑菇的电话有数千个，其中，约有 80% 发生在处于自我探索阶段的幼儿身上。在五岁之前，特别是从六个月到三岁，孩子们会把物体放到嘴里来感知物体、探索世界。如果这个物体是长在奶奶院子边上的一个漂亮小蘑菇时，它成了每个父母的噩梦。尽管绝大多数被怀疑摄入蘑菇、接受评估的幼儿都未出现中毒症状，但谨慎的做法是确定蘑菇种类，以确保儿童得到充分治疗。由于幼儿体重轻、处于生长发育阶段，少量蘑菇毒素就会对他们产生严重影响。一些对成人无害的蘑菇可能会对幼儿有害。例如，裸盖菇属（*Psilocybin*）、花褶伞属（*Panaeolus*）和相关属中发现的少量复合物裸盖菇素（psilocybin）和盖菇素（psilocin），通常会使普通成年人产生幻觉、精神异常，且六小时左右就能完全恢复；然而，对幼儿来说，同样的毒素会引起发烧、抽搐，甚至在极少数情况下会导致死亡。[9]

每个父母或看护人都知道，几乎不可能控制幼儿往嘴里塞什么。而对于那些长在普通后院或公园里的蘑菇，想让幼儿完全避免接触也是不可能的。一如既往，我建议家长们保持警惕，要么让蘑菇远离幼儿出现的地方，要么让幼儿远离蘑菇可能出现的地方。请放心，在美国，幼儿因毒蘑菇而严重患病的情况极为罕见。如果怀疑孩子吃错了蘑菇，请向医院急诊室或毒物控制中心打电话咨询。

判断错误的病例

一阵电话铃声把我从睡梦中惊醒，当时已经快凌晨1点了，早就过了我的正常工作时间。当地医院急诊科的医生打电话称，有名中年男子突发肠胃极度不适。据男子说,他采集了一堆鸡油菌，将之煮熟作为晚餐，并吃了很多。而他的女朋友，由于对蘑菇种类不确定、也不信任他鉴别蘑菇的能力（或两者兼而有之），并没有吃这顿饭（这也让她后来松了一口气）。餐后几小时，他开始感到恶心，很快肠胃就开始剧烈疼痛，还老上厕所。他还说，过去经常吃一个朋友做的鸡油菌，后来很长一段时间以来，他一直想自己寻找鸡油菌做来吃。在橡树的根部，他发现了一簇浓密的橙黄色蘑菇，以为自己偶然发现了美味的真菌。这种蘑菇的颜色和花瓶的形状，以及沿着菌柄延伸的菌褶，都与他记忆中的鸡油菌不谋而合。带着蘑菇回家后，在一本流行的野外指南中，他查看了对鸡油菌的描述，并认为他手中的蘑菇符合书中的描述。

很不幸，综合他的健康状况和采菇能力来看，在那个夏末的晚上，他采食的蘑菇实际上是鬼火蘑菇（jack o'lantern mushrooms），一种毒类脐菇（*Omphalotus illudens*）。奥尔类脐菇在硬木树（主要是橡树）的底部密集生长,作为是一种生物性发光蘑菇（见第15章），其菌褶在黑暗中能发出异乎寻常的绿光，在非常黑暗的房间里就可以看到。这是一种树上的寄生物，漂亮美观，但是有毒。奥尔类脐菇会引起中度至重度痉挛，呕吐，头晕，以及全身无力和疲劳，可持续数小时，甚至数天。症状通常在进餐后两到三小时内出现。该患者在医院度过了一晚，主要是控制恶心症状和补充水分，第二天早上很晚才出了院。

这些故事告诉我们，识别错误的这些案例，并非是手中的蘑菇与野外指南描述不符这么简单。特别是对于蘑菇采集新手来说，可能会有一些异于常人的想法，对他们而言，寻找美味食物的欲望也会压倒理性的判断。如果采集者对蘑菇的特征，或者更重要的是，对他想要的蘑菇的特征有强烈的先入为主的观念，他就不会那么客观地评估手中的标本。在鸡油菌病例中，患者看到了他想看到的所有相关特征，忽略或淡化了不符的特征。食用野生菌要求采集者在观察和评估识别特征时保持客观，而不是忽视或低估不适合的特征。除非你百分百确定蘑菇的种类，否则永远不要食用。"有疑问时，把它扔掉！"

上述错误的毒蘑菇识别案例颇具典型性，为避免重蹈覆辙，可以尝试几种方法。首先，了解你所在地区最危险、最常见的有毒物种的特征，避免食用具有类似毒性的蘑菇。典型的蘑菇是鹅膏菌属，温带气候的多数严重中毒和死亡病例，都是由该菌类造成的。该菌类有一些共同特征：无菌褶，可释放白色孢子，茎基部膨大且附着残留的外菌幕（universal veil）①，菌柄中部有菌环或环形物（这一特征明显，大家都能识别）。任何人想吃野生菌，都应该熟

_____

① 外菌幕（universal veil），是指某些伞菌包裹在整个原基或菌蕾外面的膜状物。

悉鹅膏菌属的菌类及其共同特征。如果有菌类兼具这些特征，采集者就应保持高度戒备。鹅膏菌属除了有毒物种外，还有一些可食用且极受欢迎的物种，但我强烈建议采集新手不要食用这个菌类。除鹅膏菌属外，环柄菇属（Lepiota）和大环柄菇属（Macrolepiota）与鹅膏菌属有许多共同特征，包括有一些剧毒物种（以及一些美味的可食用物种）。除非蘑菇采集者很有经验，否则就要避免食用此种菌类。

　　大多数好的蘑菇野外指南都有安全警示，会在描写可食菌时穿插对有毒菌类似物的外观描述。一些指南，如《奥杜邦北美菌类田野指南》就有很多这方面的描述。此外，对于那些与毒蘑菇外观相像的蘑菇，或已经证实有毒的蘑菇，你还偏偏要去吃，"这是何苦呢"？（这是我经常说的话）森林里、田地上、菜园中和草地上生长着这么多好吃的、易于识别的可食用菌，何必冒险呢？先从常见的"四大食用菌"起步，随着你识别能力的提高，再开始尝试别的菌类吧。

真菌学"移民"：陌生土地上（食菌）的陌生人

　　关于新进移民的故事，在很多蘑菇中毒文献中都有涉及。这些移民采食的菌类来自新定居地，而所依托的菌类知识和采集经历却往往来自世界上另一个地区。提及美国最悲惨的病例，常常会说到亚裔移民采食致命的"死亡帽"（即毒鹅膏）案例，此次事件中，他们将死亡帽误认为是可食用的草菇，也就是粘盖包脚菇（*Volvariella speciosa*），结果导致数人死亡，还有几人患了严重疾病，需要进行紧急肝移植才能保命（见第 8 章）。

颇为常见的情况是，蘑菇中毒的后果并不太严重。几年前，我接到了一个地区毒物控制中心关于蘑菇鉴定的电话，该病例涉及两个中欧姐妹和其中一人的美国丈夫。这对姐妹最近从德国搬到美国，采食蘑菇已经有很长一段时间，蘑菇也是他们日常饮食的一部分。当时正值夏末，下了很长时间的雨，牛肝菌正在成熟。

两姐妹采完蘑菇后，将蘑菇做了一顿牛肝菌美食，后来三人都有食用，但姐妹俩吃的比男子少。饭后，这名男子恶心、呕吐了大约五个小时后才去了医院。据这位男子称，到医院后，他的妻子和她的妹妹也感到不适，但没有出现严重的症状。根据他们的描述和提供的照片，我确定他们食用的蘑菇是紫盖粉孢牛肝菌（*Tylopilus eximius*）。该男子在医院待了一晚，输了液并配合了一些缓解恶心症状的治疗，第二天就出院了。

据患者和急诊科医生称，该男子的妻子说她在本土国（德国）采食过类似菌类。然而，在新英格兰和加拿大东部，许多人食用紫盖粉孢牛肝菌都会出现症状，但在中欧却不会这样。许多欧洲人在成长过程中发现，除了一些红孔、蓝斑的品种外，几乎所有的牛肝菌都是可食用的。显然，不幸的是，在缅因州，紫盖粉孢牛肝菌对这位新进移民而言是一种新型毒蘑菇。

对蘑菇采集者而言，搬到一个新地区（特别是当气候发生根本性变化时）绝对是一个挑战，这要求他们了解新种类及与其生长相关的生态群。如果气候相似，这些地方可能是许多相同主要物种的栖息地。在欧洲，许多较常见和受欢迎的可食菌，如金黄鸡油菌和菌王牛肝菌，在美国也可以经常看到，而且，美国也有很多类似的可食菌。

与陌生地的陌生人一样，这些移民来的蘑菇采猎者，无论是从密歇根州搬到佛罗里达州，还是从越南搬到北加州，都需要在食用前了解当地的蘑菇。最好的办法是在新地区找到经验丰富的向导，也有人会购买和使用涵盖新地区的蘑菇野外指南。因为生活中经常会出现这种情形，当你觉得一切没有什么不同时，危险就来了。

冒险家

冒险家的特点是，他们对其食用的蘑菇特征缺乏理性认知。换言之，他们食用的蘑菇晚餐仿佛是在玩俄罗斯轮盘赌。曾经，还有一位 60 岁的男子，他在堆肥附近采了些漂亮的白色蘑菇并食用了它们。后来，他对负责肠胃不适的医生说，这种蘑菇看起来"美丽而无害"，因此，他就没花时间识别这些蘑菇，便进行了烹饪并吃掉了它们。幸运的是，那些漂亮的白色蘑菇并非纯白色毁灭天使，后来他康复了。

还有一个 20 多岁的男人，在树林里和朋友一起散步时，发现了一簇特别大的棕色蘑菇长在树桩上。他告诉我，他以前在树林里吃过生蘑菇，没有出任何问题，他觉得自己很清楚什么是可以吃的。据他所说，他和他的朋友都生吃了一两个蘑菇菌盖。他的朋友在两小时内就病倒了，出现了剧烈的腹泻症状，持续了大约12小时，而他则在24小时内都没有出现症状，但在接下来的10天里，他吃下的东西都会呕出来，而缓解过程却很缓慢。他说，食用野生菌是一种冲动行为，他并无意采蘑菇，也没有接受过蘑菇辨别方面的培训。他还向我保证，他采蘑菇绝不是为了冒险。

　　冒险家往往自认为天下无敌，有奇想且缺乏常识和判断力。幸运的是，在他们可能发现的蘑菇种类中，有毒种类不到10%，且仅有少数蘑菇含有能造成严重损害或死亡的毒素。在蘑菇中毒文献中，致命事件极其罕见，因此，在"上帝偏爱傻瓜、酒鬼和小孩"这句话中，被偏爱的还应该有冒险家。

　　还有另一种冒险家，他们寻求蘑菇是为了体验幻觉、幻视，也有的是为了扩展心境或体会娱乐性刺激。许多成年人都会理性、合理地使用致幻蘑菇。为正确识别他们所寻找的蘑菇及所引发的风险，他们做足了功课，许多人都有了正向的体验，也有一些人的生活有了极大转变。[10]在1996年修订的《世界上的裸盖菇素蘑菇》（*Psilocybin Mushrooms of the World*）一书中，保罗·史塔曼兹就如何稳当地、繁使地用致幻蘑菇给出了一系列建议。[11]遗憾的是，一些使用这些蘑菇的年轻人在没有做足功课的情况下就寻求这种刺激。当他们外出采蘑菇时，有可能将有毒的小棕蘑菇（LBMs）

与致幻蘑菇混淆。一些小棕蘑菇含有的毒蝇碱足以致命。还有一些蘑菇含有致命的鹅膏毒素，常常与某些裸盖菇素蘑菇生长在一起。

治疗过程往往充满挑战，因为这些采食蘑菇的人，并不清楚辨识蘑菇的技能，更有甚者，他们也不知道自己所知甚少，等明白后已为时晚矣。一旦这些人食用了蘑菇，焦虑就开始出现，对这些紧张的新手，他们往往会产生恐慌症。

那是 2006 年的一个初秋傍晚，我接到一个电话，说一个 20 多岁的男性冒险进入树林，寻找大笑菌（big laughing gym），也就是橘黄裸伞（*Gymnopilus spectabilis*）。该品种在东北地区并不为人所知，也不被认为是致幻蘑菇，但其实，大笑菌和一些相关品种含有致幻剂裸盖菇素和裸盖菇素。显然，这位年轻的冒险家在网上读过关于大笑菌的信息，于是他采集了一些蘑菇，并在回家前生吃了一些。后来，他开始怀疑这种蘑菇的品种，于是再次查看了相关描述，反而越来越不确定自己吃到的是不是大笑菌。后来，他开始感到脸红、恶心和恐慌。他惊慌失措地来到医院急诊科，之后医院与地区毒物控制中心取得了联系，最后由我来负责提供专业鉴定工作。

根据提供的数字图像，他所食用的蘑菇是四种不同物种的混合物，当中并没有大笑菌。幸运的是，在这些他可能吃过的种类中，没有任何一种有剧毒。在该案例中，"患者"之所以有所表现出的症状，是由于不了解他吃到的蘑菇是什么，从而恐惧感不断上升，另外，担心这些蘑菇有剧毒，也会加剧这一症状。

　　采菇是一种很棒的爱好，也是接近大自然的一种健康方式。蘑菇增加了饮食的丰富性和多样性，还能培养你在蘑菇方面的经验。对于一个细心的人来说，吃到毒蘑菇的风险非常低，若能遵循我的指导原则，就能轻松避免。

8

毒菇梦魇之鹅膏菌：
死亡帽及毁灭天使

　　说起危险食物，我认为各种各样的菌类当属第一。诚然，蘑菇味道鲜美，其香味令人愉悦，但是"名声"却不怎么好。这是因为皇后阿格里皮娜（Agrippina）将用剧毒腌制好的蘑菇制成汤，让其丈夫提贝里乌斯·克劳狄乌斯(Tiberius Claudius)[①]饮下，最终致其身亡，而这一行为也开了"用蘑菇投毒"的先例，后世开始纷纷效仿。事实上，她自此开启了一系列恶毒行径，不仅给整个世界带来了伤害，也给自己埋下了祸根（甚至也害了她自己的儿子尼禄，使之成了千古暴君）。[②]

——普林尼《自然史》，公元 23—公元 79 年

[①] 阿格里皮娜是罗马帝国早期的著名女性人物，也是古代世界最有名的投毒者之一。她嫁给了她的叔叔提贝里乌斯·克劳狄乌斯（是罗马帝国朱里亚·克劳狄王朝的第四任皇帝，公元 41 年—公元 54 年在位）。公元 54 年，"一代毒后"阿格里皮娜拿出了她的大杀器——毒蘑菇，知道自己的叔父兼丈夫老皇帝克劳狄乌斯特别爱吃蘑菇，就决定投其所好，让"投毒助理"用剧毒腌了一批蘑菇，命人为老皇帝做了一锅他最爱吃的奶油蘑菇汤。她利用蘑菇向克劳狄乌斯投毒致其死亡，顺理成章地辅佐自己和第一任丈夫的儿子尼禄成为新皇帝，最终却因太过强势被尼禄杀害。

[②] 皇帝克劳狄乌斯死后，阿格里皮娜扶持自己的儿子尼禄做了皇帝，但她实际掌握着大部分权力。因无法忍受母亲干政，尼禄派人将其杀害，最终也成长为一个残暴不仁的君主。

在《自然史》一书中，普林尼对公元 1 世纪罗马皇帝克劳狄乌斯被毒杀的描述，可能是现存最古老的关于蘑菇被用作谋杀和政权更迭工具的记录，尽管克劳狄乌斯的死因在历史上尚存争议。该故事是这样的，克劳狄乌斯皇帝娶了第四任妻子，也就是自己的侄女阿格里皮娜，为了将自己和前夫的儿子尼禄捧上皇位，阿格里皮娜先是说服克劳狄乌斯收养尼禄，让其成为皇位继承人，而后在克劳狄乌斯的餐盘里加进了被称为"死亡帽"的毒鹅膏汁液和碎末。众所周知，克劳狄乌斯是个贪吃的皇帝，非常喜食蘑菇，他认为自己吃的是色泽诱人、味道鲜美的恺撒蘑菇（即白橙盖鹅膏菌，学名：*Amanita phalloides*），这是一种在欧洲广受好评的蘑菇，深受罗马帝国贵族珍视，也是克劳狄乌斯本人最喜食的蘑菇。

据历史学家塔西佗（Tacitus，约公元 55 年—公元 117 年）所述，克劳狄乌斯吃完晚餐后一直都没有什么不良反应，但是到了夜里他开始觉得胃部不适。一阵呕吐腹泻后，他的身体状况得到了短暂的恢复。但在塔西佗后期的记录中写道，一个名为色诺芬的医生被阿格里皮娜召来照顾克劳狄乌斯。阿格里皮娜让医生用一根羽毛塞进克劳狄乌斯的喉咙帮助催吐，使得他再次呕吐腹泻不适，这说明克劳狄乌斯在当时病情好转之后再次恶化，发病过程与鹅膏菌中毒后出现的症状一致。一些历史学家认为，医生色诺芬可能早已被阿格里皮娜收买，用来给克劳狄催吐的羽毛也早已浸染剧毒（他们猜测这可能是一种名为"药西瓜"的强力泻药）。无论是出于何种原因，克劳狄乌斯的病情逐渐恶化，过了一段时间，克劳狄乌斯终于驾崩，阿格里皮娜的儿子尼禄顺利继位。[1] 同样的，克劳狄乌斯死亡前的病情是逐步恶化的，这与鹅膏菌中毒后不会立即毒发身亡的情况也是一致的。

遗憾的是，这个故事或许在历史上是真实存在的。也就是从这时候开始，蘑菇被冠上了坏名声。若说这一事件的目的是丑化蘑菇，那么毒鹅膏（*Amanita phalloides*）作为蘑菇中的"剧毒代表"，是最理想不过的选择。"死亡帽"（即毒鹅膏），被普遍认为是蘑菇中最危险、最致命的一种，是世界上多数与蘑菇有关的死亡事件的罪魁祸首。在欧洲大陆，有 80% ~ 90% 的毒菇致死[2] 案例都是由死亡帽引起的；而在美国，鹅膏菌引起的严重中毒主要是因为人们食用了死亡帽或它的近缘种"毁灭天使"，包括双孢鹅膏菌（*A. bisporigera*）、鳞柄白毒伞（*A. virosa*）和赭鹅膏菌（*A. ocreata*）。

鹅膏菌属

死亡帽中等大小，外形美丽，伞帽呈青铜色，常见于欧洲和亚洲大部分森林地区。该品种并非原产自北美，于 20 世纪被无意引进至此，很可能是以菌根的形式共生于一些进口树木的根茎上，尤其是欧洲橡树、松树和云杉等，从而散播到新的环境中。在美国，死亡帽已经被归化①，常见于华盛顿、俄勒冈、

① 物种的归化是指扩散到自然环境形成自我维持种群的外来种。归化物种如果丰富度增加并对当地的动植物造成危害，就会成为入侵物种。

加利福尼亚中部和北部等西海岸各州，也越来越多地出现在中西部、大西洋中部各州以及新英格兰南部。最近，在缅因州首次采集到该蘑菇，它似乎偏爱共生于橡树类树种的根茎上，但在松树、云杉、桦树、角木和栗树（报道称现在还有铁杉）的根茎上，也或多或少能够见到死亡帽的身影。罗德·塔洛斯（Rod Tulloss）是研究北美鹅膏菌属的主要权威之一，据他所说，在西半球，死亡帽已经被引进到从加拿大到阿根廷的各个地方，因此，森林地区对这种致命的蘑菇物种都敬而远之。一旦死亡帽在引进树木的地区建立起稳定族群，它就会归化到本地的树木和灌木上，这种情况在北美西海岸引起了广泛的关注，人们把这种外来的菌根真菌向本地植物物种的迁移称为"菌根入侵"。现如今，在东北部，死亡帽得到了控制，基本不会变成归化物种从而传播开来[3]。

死亡帽之所以如此危险，部分原因是它与几种可食用的鹅膏菌属及草菇属（Volvariella）物种长相类似。一种是稻草菇（The paddy straw mushroom，学名：*Volvariella volvacea*），是热带地区的一种受欢迎的食用菌，广泛分布在亚洲地区，通常种植在稻秸秆上。它经常在亚洲地区的烹饪中使用，在美国则以罐装食品的形式出现在餐桌上。第二种是美丽粘草菇（volvariella，学名：*Volvariella speciosa*），是一种常见于花园田野中的可食菌。这两个物种都具有鹅膏菌所特有的"菌托"，子实体成熟时，常有部分外菌幕残留在菌柄的基部，由外菌幕破裂而形成的囊状或杯状物就是菌托。可食用的草菇通常是在纽扣期①被采集和食用，这个时期子实体被包裹在外菌幕中，抑或是从外菌幕中已经分化出来，外表看起来就像处于纽扣期的幼鹅膏菌。一些误食了死亡帽的家庭往往是近期移民至美国的亚洲人，他们对新环境中的野生菌知之甚少，以为自己采集的是可食菌。在美国，这便是食用致命鹅膏菌最常见的情况之一，即新来的移民将毒菌误认为是可食菌，而这些毒菌只是与家乡的可食菌外观相似。近年来，美国有很大一部分鹅膏毒素中毒案例涉及的都是新移民或第一代移民。

　　与其他菌类一样，鹅膏菌属分类非常复杂，同时对不同菌类间的关系，人们的理解也在不断发生变化。如今，很多蘑菇大全将北美的"毁灭天使"鹅膏菌称为"鳞柄白鹅膏"（*Amanita virosa*）或"白毒鹅膏菌"（*A. verna*）。然而近期的生物分类研究表明，这两个名称都指的是欧洲物种，而北美东北部森林中的大多数白毒鹅膏菌都属于双孢鹅膏菌[4]。根据鹅膏菌专家罗德·塔洛斯（Rod Tulloss）的说法，鹅膏菌属在世界范围内的分布相当广泛，包括超500个"已命名物种"，而真菌学家们普遍认为对北美鹅膏菌的研究还不够完善。这让我想起了与塔洛斯在缅因州奥罗诺的一次谈话，当时是在2007年东北部真菌学联合会上，他回忆起了在开启鹅膏菌研究时的心境，他当时认为这会是一个耗时相对较短的好项目。然而，现如今已经过去多年，他还是经常遇到一些全新的、

---

① 根据草菇的子实体发育状况，可以将其生长过程分为针头期、小纽扣期、纽扣期、蛋形期、伸长期以及成熟期。

在已知物种中找不到与之对应的真菌，他承认，对鹅膏菌分类的
修订工作还远未完成。

鹅膏毒素

鹅膏毒素（Amatoxins）是一种存在于剧毒鹅膏菌中的毒素，能
够在短短几天内迅速摧毁人的肝脏，效力极强。每公斤体重只需
0.1 毫克的 α - 鹅膏毒素（alpha-amanitin）就足以致死，而对于正常
体型的成年人，致死剂量仅为 6 ~ 7 毫克。相关研究表明，每克死
亡帽（*Amanita phalloides*）菌盖中含有 0.5 至 1.5 毫克的 α- 鹅膏毒
素，并且在蘑菇的菌褶中含量最高。死亡帽菌盖的重量很容易生长
到 50 ~ 60 克大小，因此一个直径为 4 英寸的菌盖可能就含有足以杀
死几个人的鹅膏毒素！[5] "死亡天使"（*Amanita bisporigera*）菌盖含
有的 α - 毒伞肽浓度大概是死亡帽的一半，效力相对较弱，但仍然
能够致死。毒素的浓度会随着菌龄而变化，在不同地点采摘的蘑菇，
甚至生长在同一地点的不同蘑菇，其所含的毒素浓度也不同。

我们可以将几种常见产品的标准剂量作为参照：一般来说，
治疗头痛需要 200 ~ 400 毫克布洛芬或 325 ~ 650 毫克阿司匹林；
治疗像链球菌性咽喉炎这样的感染，大概需要服用 200 ~ 500 毫克
的抗生素，每天两次，连续服用 10 天；一杯约 450 毫升的星巴克
滴滤咖啡约含有 320 毫克咖啡因。然而，仅仅 6 毫克的鹅膏毒素
就能杀死 50% 的成年食用者。

鹅膏毒素会抑制受影响器官的蛋白质合成，从而导致死亡。具体来讲，α-鹅膏毒素与 RNA 聚合酶 II 结合，抑制其发挥作用。RNA 聚合酶 II 负责协助身体在我们细胞 DNA 结构的指导下合成蛋白质，蛋白质无法被合成时，细胞分裂也就停止。当有人吃下死亡帽这种鹅膏菌时，鹅膏毒素通过肠道吸收，经过血流，最终集中在需要蛋白质来快速替换细胞的一些器官中，这些器官主要是指肝脏及肾脏，它们会最先受到鹅膏毒素的损伤。通常情况下，食用鹅膏菌之后，人体会发展为以急性肝功能衰竭为主的多器官衰竭，最终导致身体情况恶化甚至死亡。[6]

鹅膏毒素中毒的过程

根据幸存者叙述，致命鹅膏菌味道鲜美，不过其美味程度也往往要看厨师技术。食用毒菌后的 6～12 个小时里，人体才会开始出现中毒症状，中毒症状出现得越快，就意味着摄入的毒素越多，预后也会越差。纽约州的一名妇女就是如此，在 2009 年某天，她在至少摄入了 12 只毁灭天使后死亡，据称，她在四五个小时后就发病了。症状的延迟发作是鹅膏毒素中毒的典型症状，也标志着潜在的中毒严重程度。

其最初症状表现为严重的肠胃不适，包括大量水样便甚至血便、肠胃痉挛、恶心、呕吐。这些症状通常会持续 24～40 小时，然后慢慢减轻，食用者会有疲惫虚弱之感。此时，寻求医疗照顾

的中毒患者有时会被送回家自行恢复，尤其是医护人员未诊断出
眼前的患者是鹅膏毒素中毒的病例时。由此，患者开始了第二轮
潜伏期，这是一个持续 24 ~ 48 小时的"假愈期"，事实上过了这
个"假愈期"，患者会进入到器官衰竭阶段。而后，胃肠道不适症
状再次开始，出现新一轮的痉挛和腹泻，患者的皮肤还可能会生黄
疸。实验室检查会显示肝脏受损或衰竭的迹象，可能还有肾脏受
损或衰竭的迹象。严重的情况下，在患者食用毒鹅膏后的 6 ~ 8 天内，
如果没有适当和及时的医疗干预，该过程将发展为抽搐、昏迷和
以肝脏衰竭为主的多器官衰竭，最终导致死亡。[7]

　　挽救生命的关键是及时就医。在最初的胃肠道阶段，对血液进
行测试来评估肝功能，可以在早期显示肝脏受损的迹象。基于此，
医务人员就可以通过抑制毒素吸收、保持体内充足的水分和健康的
血液等方式来保护患者的肝功能。在早期治疗阶段，为提高生存概率，
确定患者食用的蘑菇种类很重要。然而，准确识别蘑菇种类并非易事。
鉴于症状的延迟出现，往往没有剩余未吃的食物可以用来检测，因
为所有的食物都在患者肚子里了。在某些案例中，想要确定蘑菇种类，
就可以通过分析患者的呕吐物或粪便样本中的孢子。在明确所食蘑
菇的类别前，绝不能延误治疗，一定要先对症治疗！

鹅膏毒素中毒的治疗要点概述

　　各医疗小组准备充分，通过抑制毒素摄入和吸收来维持身体

系统的正常运转，实施的干预措施主要包括以下方式：[8]

- 通过实验室检测早期监测肝功能。
- 使用以下方法最大限度地抑制或减少毒素吸收：
- 活性炭：可以吸附残留在胃肠道中的毒素。
- 水飞蓟素[①]（水飞蓟提取物）：近期欧美地区证明其可以保护肝脏细胞，使毒素无法穿透破坏肝脏，从而挽救生命。[9]
- 大剂量青霉素 G：有助于减少毒素再吸收。
- 静脉注射液：补充因胃肠功能紊乱和尿流量增加而流失的水分，维持充分水合。
- 白蛋白透析治疗：通过使用分子吸附再循环系统（MARS）过滤血液中的毒素并净化肝脏，提高肝细胞再生能力，使肝脏有时间等待移植。[10]这种治疗方式主要在欧洲实施。

症状出现前的最初潜伏期内，大量毒素也会穿过肠道，因此通过洗胃清除毒素或使用活性炭来吸附毒素，这种方法是行不通的。研究表明，肾脏会过滤血液中的鹅膏毒素，并通过尿液的形式排出体内。因此，鉴于胃肠不适造成身体电解质紊乱等影响，治疗方式往往是通过水合方式来增加尿液，以此来维持电解质平衡。此外，毒素通过肝脏后会集中在胆汁中，而大剂量的青霉素 G 能

---

① 水飞蓟素是从水飞蓟的果实中提取得到的天然活性物质。水飞蓟素有护肝养肝，抗辐射抗衰老、防治动脉硬化、延缓皮肤老化等功效。

有效减少毒素从胆汁中的再吸收。

死亡帽原产于欧洲，在欧洲随处可见，并且欧洲大陆人比美国人更喜采食蘑菇，因此，相比北美，就治疗鹅膏毒素中毒患者的水平而言，欧洲医疗当局具备更加丰富的经验及更加系统的治疗方法。几年来，对严重的中毒患者而言，由于使用注射剂水飞蓟素能够显著缓解患者症状，因此，欧洲人已经认识到该药品作为治疗的可用性及受益性。虽然在美国，该药物还不是常规使用用药，但在 2007 年加利福尼亚州的一起案件中，美国食品药品监督管理局（FDA）批准了该药物可作为急救药品，这起案例涉及四个人，他们在食用了死亡帽后几近死亡。其中一名老年患者后来死于肾衰竭，但其他三人在接受了水飞蓟素治疗后，肝功能得到了显著改善，最终得以康复。[11] 蘑菇中毒专家们和处理罕见鹅膏毒素中毒病例的医务人员希望注射剂水飞蓟素能够在美国获准使用。但由于这种中毒在美国很少发生，加上鹅膏毒素的致命性，不符合 FDA 要求的新药批准或新干预技术开发的临床试验申请要求，因此这种药物一直未获批使用。

随着医生和科研人员的研究，他们对肝脏极强的再生能力有了更多的了解，与此同时，欧洲人开始广泛采用白蛋白透析技术来进行治疗，该技术采用的是分子吸附再循环系统。[12] 该疗法有助于清除血液中的毒素，且能暂时代替肝脏的部分功能，如果可以维持身体的正常功能，肝脏就有时间恢复活力，直至恢复全部功能。2005 年，经 FDA 批准，MARS 系统获准使用，现在美国的中毒案例也应该可以采用该技术。肾脏的再生能力远不如肝脏，中毒后患者的肾功能通常会受到慢性损害。

美国鹅膏毒素中毒案例

　　2003 年至 2007 年间，北美出现了异常多的鹅膏毒素中毒事件，报告总共有 16 起，涉及 71 人，他们中了含有鹅膏毒素蘑菇的毒。这些案例共导致 23 人死亡，这在北美几乎是闻所未闻的数字。[13]（2003 年以前，美国每年平均只有不到 1 人死于蘑菇中毒。）在死亡人数中，有 4 例死亡来自美国和加拿大，18 例来自墨西哥。北美真菌学会的迈克尔·博伊格博士报告了他的观察结果，他发现，墨西哥之所以有明显较高的死亡率，是由于缺乏肝脏移植来源及医疗干预过少导致的。当一个人的肝功能衰竭、死亡将至之时，肝移植是最后的救命稻草。在医疗基础设施先进完备、知识丰富的国家，鹅膏毒素中毒的死亡率约为 10%，而在现代医疗设施不够完善的国家，如果没有密集的医疗干预，那么死亡率将达到近50%。[14]

　　可以这样说，北美因食用野生菌导致死亡人数突增，这一趋势令人十分不安，虽然从现在局势来预测长期趋势还为时过早，从近期徒增的数字得出教训也不适时，但仍有几个问题亟待解决，即这种趋势能否反映食用野生菌人数的增加？如果是这样，是否有特定的人群更易中毒？因此，很有必要向新移入的亚洲移民进行野生菌的宣传教育，让他们学会分辨食用草菇和死亡帽之间的异同点。在许多喜菌类的欧洲国家，有大量人口采食野生菌，其中轻微和严重中毒案例的发生率远高于北美地区。然而，随着美国越来越多地食用野生菌，其中毒案例的数量是否也会呈上升趋势呢？严重中毒案例之所以越来越多，可能主要是由于死亡帽在北美的广泛蔓延。随着时间的推移，我们可以收集所需的信息，来判断这种增长是一种趋势还是一种不幸的异常现象。不管是什么情况，对于那些担心有毒蘑菇的人来说，避免鹅膏毒素中毒的万无一失的方法就是，不要食用任何来自该属或与之外观相似的菌类。然而，事实证明，对一些人来说，这可能相当困难。

　　几年前的一个夏末午后，我接到了朋友丹的电话。丹是一名癌症幸存者，旁听过我的一门蘑菇鉴别课程，很快就沉迷上了采集各种各样的蘑菇。他在饮食中加入了许多药用蘑菇来维持健康，采集蘑菇也成了他日常散步之外的完美补充。他也是一名气功修行者，散步冥想是他享受当下和自然世界之美的理想方式。然而，那年夏天和秋天，在沿途看到的巨大食用或药用蘑菇时，丹总会头脑错乱。

　　这天，他打电话向我咨询，说他那天早上发现了一片胭脂菌（blusher mushrooms，即赭盖鹅膏菌，学名：*Amanita rubescens*），打算把它们煮来当晚餐吃。他在电话中的描述似乎很清晰，我也认为他采到的确实是一篮胭脂菌。根据多数野外指南的描述，这种菌是一种优质的可食菌，尽管很多作者也会提醒读者要尽量避免食用此种菌类（也不要食用其他种类的鹅膏菌），因为它的近源种有剧毒且致命。丹告诉我他打算吃了这些蘑菇，但他紧张的语气里透露出他的一丝不确定，于是他很快补充道："你觉得我该不该吃呢？"

看来丹正处于"进化"阶段，这是大多数真正的蘑菇猎人都需经历的一部分。在该阶段，对于这种理念，即"如果书上称它为可食菌，那我就可以吃或者吃得越多越好"，采食者往往会抱有质疑心态。随着对常见的蘑菇越来越熟悉，辨识能力的增强，这些以饮食为目的的蘑菇收集者似乎会经常感受到一种内在的压力，这种压力不断促使他们继续探寻和尝试更多的可食菌。一些敢于冒险的收集者秉持着一种"极端采食蘑菇"的想法，即要采食越来越多类别的蘑菇。当这种好胜精神应用到鹅膏菌上时，迈克尔·库将之称为"鹅膏菌冒险"，这便成了一种行为障碍。"有时候，真正老成的蘑菇猎人能够成功辨别并食用一些无毒的鹅膏菌，但身体却不会产生不良反应。"库进一步表达了他的担忧，他表示曾经在一次含有鹅膏菌的晚餐后，蘑菇猎人向许多新手吹嘘自己的采食成就，而这些新手可能不具备安全采食这些危险蘑菇所需的识别技能。"所以说，这种情况很危险，而且有很多蘑菇采集者可能在高中以后就没有受过太多教育了。如果你已经享用了一顿美味的鹅膏菌晚餐，那就不要说出来炫耀了，夸夸其谈只会给那些辨别经验不足的新手造成社会压力，让他们犯下潜在的致命错误。"[15]

我告诉丹，尽管我对辨识胭脂菌很有信心，能够从林间小路上几米开外的地方就把它们认出来，但我从来没有吃过这种菌。我采食蘑菇的理念饱含着我的种种痛苦过往，因此稍有保守，为了继续践行这一理念，我对丹说："何必呢？这种菌与世界上最致命的蘑菇同源性如此之高，为什么还要采食呢？尤其是在蘑菇生长旺盛的季节，有大把可食菌可以采摘，更何况你的身体状况也不是那么好。"

　　丹接受了我的建议，后来他告诉我，这番话令他受益颇深。从那以后，对那些不确定的可食菌，他就不再想去冒险尝试了。他的冒险行为本就让妻子感到担心，此次经历让他热情收敛，也让他的妻子宽慰了许多。其实成为一个好的蘑菇采食者并不是非要冒险去尝试各种蘑菇。

9

· · · · · · · · · · · · · · ·

假羊肚菌：
芬兰河豚菌

· · ·

所有的蘑菇都是可食的，
但有的种类只能吃一次。

——克罗地亚古老谚语

如果我之前表述的不是很清晰，请允许我再重新说明一下吧：我住在缅因州的沿海地区，这里风景很美，我自 1981 年就定居在此地了。在缅因州，除了春季外，其余的三个季节都很宜人，我们经常以此为傲。这里的冬天像一张明信片，好似冰、雪、寒风、湿靴和手套组成的唯美雪景。夏天总是姗姗来迟又匆匆而过，但这个季节阳光明媚、雨水充足，山坡绿意盎然、郁郁葱葱，是个扬帆的好季节。另外，夏天并不是很热，最多也热不过三天。至于秋天，我只能说很完美。秋季，是种类繁多的蘑菇大量生长的时令，它是凉爽的夜晚，是狂风大作、风和日丽的日子，是毛衣占据一席之地的季节，是成果，也是收获。秋天，这个丰盛的季节，最是色彩斑斓。

　　还有春天，或者说历上的春天。与往年一样，今年的春天在 3 月 23 日如约而至。这天，我向窗外望去，暴风雪依旧，雪越积越厚，滑雪场也因此变得更好玩了。然而，真正的春天还远未到来，只能期待在下个月的不期而遇。每年春天到来之前，都要经历一段时间的解冻，我们亲切地称之为泥季，指的是地面从冻结的固体变成非冻结的固体的过程中会变成泥泞，那种鞋子和轮胎都会陷进去的泥泞。泥季里，出门既要带着雨伞，又要带着雪铲。漫长的泥季之后，5 月缓缓而来，此时是缅因州春天真正到来之时。被搁置了一整个冬季、又被束缚了一整个泥季的生命，都于此刻绽放成铺天盖地的绿，呼啸着奔向夏天。期盼着，期盼着，5 月，第一批蘑菇也终于成熟了。

　　与明尼苏达州或密歇根州的羊肚菌盛况不同，新英格兰人部分地区的春季里，蘑菇很少，不值得专门出去采。一般来说，腐生真菌需要温暖的土壤来扩张菌丝网。菌丝以枯枝落叶和朽木碎片为食，产生结果所需的生物能。通常，在初夏之前，与树木或灌木共生的菌根生物是不会结果的，因为它只有到初夏，才能从宿主树木那里获取到更多的营养。但是也有例外。春天，东北部的蘑菇客可能会偶遇一些喜腐木的蘑菇，如墨汁鬼伞（the inky cap）、春牡蛎（spring oyster mushroom）、宽鳞多孔菌（dryad's saddle）。随着春天越来越温暖，大球盖菇（wine cap stropharia）会从木碎或花园肥沃的土壤中钻出来。有些漂亮且有趣的杯状蘑菇也会在春天结果，比如鲜红肉杯菌（*Sarcoscypha austriaca*），尽管数量不会很多。当然，能让所有虔诚的喜菌人屏住呼吸期待的春季蘑菇，当数羊肚菌。在北美，没有任何一种蘑菇能像羊肚菌一样广为人知，也没有任何一种蘑菇能让大家如此翘首以待。但是，要想了解羊肚菌，就必须了解另一种春季蘑菇：假羊肚菌（the false morel）。

　　假羊肚菌和羊肚菌，有时统称为海绵蘑菇，都是子囊真菌，或者更科学地说，都是子囊菌门（*Ascomycota*）的分支成员。子囊菌①在囊状母细胞（显微镜下的子囊）中孕育孢子。孢子成熟后，被强制排出。子囊在羊肚菌凹坑表面或假羊肚菌的折叠组织表面形成一层膜。北美约有 12 种假羊肚菌，都是鹿花菌属（*Gyromitra*）。它们在地上结果，大多容易识别，因为菌盖上有很明显的褶皱，类似人类大脑的表面。个别像杯子，菌柄不明显。其中最著名的是"鹿花菌"（*Gyromitra esculenta*），在美国简称为"假羊肚菌"。我把这种蘑菇称为"假羊肚菌"，以便与羊肚菌区别开来。[1]

说明

　　假羊肚菌外形难以描述，因为各类品种都不相同。菌盖直径达 5 英寸，通常呈不规则球形，表面有不规则凹坑和脊状，形成峰与谷。菌盖的颜色从浅棕到温红棕不等，但随着蘑菇的生长，

────────────

① 子囊菌（Sac fungi）是产生子囊的菌类的总称。子囊是真菌界子囊菌的有性生殖器官。

或在特定天气条件下，菌盖颜色会变深。菌盖表面形成复杂的褶皱，呈一道道脊状，类似大脑褶皱。菌盖表面光滑，无细毛或鳞片。菌盖向下卷曲，不规则地贴向菌柄。菌柄直径 0.75 ~ 2.5 英寸，呈暗白色或浅黄色，越往下越粗。有的菌柄是中空的，有的中间是棉状组织。菌盖和菌柄之间有明显分离。如果把假羊肚菌和羊肚菌并排放置，你绝对不会混淆。假羊肚菌菌盖上是脑状卷曲，而羊肚菌菌盖上是凹坑。另外，羊肚菌的菌柄也是中空的，菌柄和菌盖融合在一起，并未分离。

生态、栖息地及萌生

　　假羊肚菌和真羊肚菌都在春季天气转暖时出现。沿着雪堤退去的边缘，或在残留的积雪刚刚融化后，偶见一些幼年假羊肚菌。通常，巨形鹿花菌（*G. gigas*）就是如此，这种菌类常见于西部山区，通常被称为雪堤假羊肚菌（*snowbank false morel*）。新英格兰的假羊肚菌通常与早生的黑羊肚菌（*Morchella elata*）同时出现，和第一批黄色羊肚菌（*Morchella esculenta*）结果的时间也大致重叠。我就曾在同一天、同一地方发现了假羊肚菌和黄色羊肚菌。像新英格兰这样地域广阔的地方，从南到北，从低海拔到高海拔，这两种蘑菇的结果时间差异很大。其中，在北部和西部山区最晚，那里的许多植物和蘑菇的萌芽都比南部地区晚 2 ~ 3 周。在美国西部山区的高海拔地区，海绵蘑菇的结果时间会持续整个 6 月份。

新英格兰最常见的假羊肚菌是鹿花菌（*G. esculenta*），通常与白松共生。长期以来，鹿花菌被认为是一种腐生生物，以腐烂分解的植物为生，但现在发现，鹿花菌至少在生命周期中的某一段，能够和树木形成菌根关系。[2] 这有助于解释为什么在连续几年中，鹿花菌会经常出现在同一地点。

毒性及可食性

一般认为，假羊肚菌是可食菌，但有时会致命，因此有时也被称为致命毒菌，但在欧洲和北美部分地区却被认为是美食。[3] 约翰·特莱斯特尔（John Trestrail）是北美真菌协会毒理学委员会前主席，也是密歇根州大急流城区域卫生及中毒中心总经理。他曾说："决定冒险尝试这种美食的人，都应该把当地中毒中心的电话刻在自己的餐具上。"[4]

假羊肚菌主要毒性成分为鹿花菌素化合物，该毒素直到 20 世纪 60 年代末才被分离出来。我们对鹿花菌素的了解，（它作用于人体的模式和物理特征）大多来自美国军方。为什么是军方呢？鹿花菌素进入人体肠道后会迅速转化为一甲基肼（MMH）。该物质被美国和世界各地军方用作火箭燃料。由于一甲基肼存在毒性和致癌性，军方便开始研究如何安全处理这种化学品，以及如何保护该化学物质的接触者。一甲基肼是一种极易挥发的液体，沸点低于 90℃。在蒸汽状态下，其毒性保持不变。因此，想要通过煮沸的方式去除毒性是很危险的，特别是在通风不好的地方。在欧洲，曾有这样的案例，即有人在干燥大量假羊肚菌过程中，因吸入了有毒气雾而中毒。如何烹饪假羊肚菌呢？安全制备的方式是反复快煮。一定要在通风良好的地方煮透，并把煮出来的水倒掉，因为里面也含有的一甲基肼剂量可致人中毒。汽化的一甲基肼具有挥发性，能够穿透完好无损的皮肤！

鹿花菌素中毒之谜

正如我在蘑菇中毒章节中所述，蘑菇在不同人体中有不同反应，往往具有强烈的特异性因素。不同的人食用同等数量的毒蘑菇，可能产生不同的结果。有人可能会病得很重，有人会反应很轻，也有人完全不受影响。对假羊肚菌而言，要探究假羊肚菌在什么情况下会致人中毒，不仅非常困难，而且还很难理解。

之所以困难是因为存在很多可能相互影响的因素。在不同的假羊肚菌样本里，鹿花菌素的浓度差异很大。可能跟采到的特定品种，以及采摘时的菌龄、成熟度、天气的冷暖都有关系。很久之前就有人说过，不同国家或同一国家不同地区采集到的假羊肚菌，其毒素浓度可能不同。这也在一定程度上说明了，为什么有的地方能一直把假羊肚菌当作食用菌。我还并未发现任何试图检测和量化这种浓度差异的研究。据一项研究称，与低海拔地区的假羊肚菌样本相比，高海拔地区的假羊肚菌样本，其毒素浓度更低。[5]

这和芬兰的另一项研究相矛盾。后者称，在温暖地方生长出的菌株比严寒地方生长出的菌株的毒素水平更低。听起来也很有道理。在温暖、阳光充足的自然环境下，挥发性毒素可能被蒸发出去。但是，如果太阳紫外线辐射可以中和毒素，或使其挥发，那么海拔越高，毒素浓度可能就越低，因为在高海拔地区，大气稀薄，紫外线辐射更强。

用猴子做一甲基肼毒性研究的试验表明，致死剂量和不引发明显症状的剂量相差甚微。该结论似乎也适用于人类。由于人类不愿意做这种（猴子被迫做的）实验，所以目前还没有相关研究。[6]

个体对鹿花菌素的敏感度似乎有很大差异。这也解释了为什么不同的人吃假羊肚菌之后，反应大不相同。明明大家都同食一餐，有的人没症状，有的人生重病，有的却中毒身亡。在大多数案例中，中毒者的具体进食量不清楚，背景条件也不可控。但比较确定的是，只要超过某个剂量阈值，人就会中毒。如果在短时间内吃了数顿假羊肚菌，中毒的可能性也更大。到底是因为过程中人对毒素的敏感度增加，还是因为剂量累积？目前仍不可知。[7]近一个世纪的蘑菇中毒文献中记载了很多这样的案例：吃了假羊肚菌之后很多年都没事儿，又吃了一次就严重中毒了。干燥新鲜的假羊肚菌可以杀死大部分毒素，但不能杀死全部。把新鲜的假羊肚菌放入大量水中快煮两次，每次十分钟，就能杀死几乎所有毒素。当然，考虑到气态一甲基肼也有毒，所以操作必须在通风良好的室内进行。

在鹿花菌素中毒的案例中，很少会显示轻症。鹿花菌素的致毒剂量仅略高于不产生症状的剂量。很多中毒者会出现像肝损伤这样的严重症状。但吃了含有鹿花菌素的蘑菇会中毒致死。据1782年至1965年间的文献记录来看，欧洲的死亡率为14%。[8] 据北美真菌协会对30年蘑菇中毒案例的审查，截至2005年12月，共有27起大脑蘑菇中毒的案例[9]，其中9起（占33%）出现了肝损害，3起（11%）出现了肾损害。迈克尔·博伊格发现，近30年来，尽管美国之前鹿花菌素致死的坊间传闻比比皆是，但真正的死亡报告还尚未发现。

鹿花菌素中毒的症状

假羊肚菌与很多具有潜在致命性的蘑菇类似，一般而言，食用后的症状反应会有所延迟。潜伏期通常是6～12小时。重度中毒情况下，症状出现也会更早（这是不好的迹象）。轻度中毒情况下，症状一般持续2～6天。肾脏或肝脏受损的中毒者可能有持续性的慢性问题。其初始症状是胃肠道反应，包括腹胀、胀气、恶心，还伴有呕吐和痉挛。中毒初期也可能出现严重的头痛和发烧。36小时后，中毒严重的受害者会出现肝功能衰竭，包括黄疸和肝脾肿大。在对毒素做出直接反应的过程中，红细胞破裂，血浆蛋白增加，这会压垮肾脏，导致肾衰竭。摄入致命剂量的鹿花菌素的人，中毒后期会进入神经反应阶段，出现抽搐、谵妄、昏迷，甚至死亡等症状。[10]

有毒食用菌的争议

以前，假羊肚菌被列入"可食菌"队列，现在突然发现它是一种潜在的致命毒菌，这对业内人士来说都难以理解，难怪公众会感到困惑了。过去100多年来，有很多关于假羊肚菌食用性或毒性的常见蘑菇指南，这些指南皆由真菌界权威所撰写，在我查阅了这些指南后，发现业余人士和专业人士对这种蘑菇的认识是不同的，但就食用风险方面，两方正在慢慢达成共识。

查尔斯·麦克尔文是20世纪初一位美国真菌学家，对美国不常食用的一些菌类，他很热衷于拿来尝试，也喜欢针对这些菌类是否可以食用而做出评论。在他1902年出版的《1000种美国真菌》（*One Thousand American Fungi*）一书中，他对假羊肚菌的可食性给出了自己的意见，"1882以来，我和朋友们曾多次食用假羊肚菌，一次都没有出现不适。大家都很喜欢吃。"麦克欧文接着表示，"虽然很久以前假羊肚菌就在欧洲和很多美国人中间备受推崇，但现在却疑似不可食用。在我们这个物产丰富的国家，不会有人只靠吃鹿花菌来维生。不到万不得已，最好不要碰这种蘑菇。"[11]麦克欧文并没有说明食用假羊肚菌会出现什么问题，所以他这句话在受到表扬的同时，也受到了轻微的谴责。

大约30年后，《蘑菇手册》（*The Mushroom Handbook*）一书问世，作者路易斯·克里格对假羊肚菌的食用性同样持矛盾态度。"虽然它具有致命毒性，但国内外有很多人吃了它之后没有出现任何问题。但假羊肚菌确曾导致 160 人死亡。要么我们吃的是两种不同的假羊肚菌（一种可食用，一种致命），要么是'幸存者'对它的毒素天然不敏感。"[12] 同样，对于食用假羊肚菌是否安全这个问题，也没有明确定论。

20 世纪 40 年代初，克里斯坦森几乎是带着歉意将大脑蘑菇列入了他的《常见的可食用蘑菇》黑名单。他在称赞大脑蘑菇可以食用之后说，"事实证明，欧洲和美国确实出现了大脑蘑菇导致的中毒事件，很多事件已被证实。其是致病真菌的身份似乎已盖棺定论。但致死案例很少见，大多发生在已经生病或营养不良的人身上。"很多报道称该菌类引起了各种问题，最终，这种声音压倒了他对假羊肚菌的"粉饰"。"很多人食用假羊肚菌，而且它声誉很高，所以作者在把它列入黑名单时是有些疑虑的，但众所周知，它确实会致人中毒。这足以成为我们谴责它的理由。"[13]

1951 年，加拿大真菌学家雷内·波默洛（Rene Pomerleau）在安全"可食菌"和"杀手蘑菇"的称号之间，给出了一种更为明确的做法。他提出了把假羊肚菌变成食用菌的步骤。"有些作者称鹿花菌并不总是安全的，有时可能导致严重问题。很多人（作者本人）吃这种蘑菇是没有问题的。快煮可以去除其毒性成分。然而，第一次吃应该少量尝试。"[14] 这种正反结合的言论似乎做了一个很好的平衡，既鼓励了爱冒险的人，又提醒了天生谨慎的人。

1977 年，奥森·米勒（Orson Miller）出版了一本畅销书，名叫《北美蘑菇》（*Mushrooms of North America*），他在其中划分了

几种假羊肚菌,并把鹿花菌归类为美国西部的一种食用菌。他表示,另一种美国东部的近源种是有问题的,并强调他只吃在落基山脉或西北太平洋采集到的假羊肚菌。[15] 我们现在知道东部的品种就是鹿花菌。仅仅四年后,加里·林科夫发表了《奥杜邦北美蘑菇野外指南》,他承认多数中毒案例发生在落基山脉东部,同时,他也对全国所有的鹿花菌提出了警告。林可夫和西海岸作者大卫·阿罗拉在 1986 年出版的《蘑菇揭秘》一书中,将鹿花菌中的毒素确定为一甲基肼的衍生物,这种有毒且致癌的化合物也出现在一些火箭燃料中。[16] 了解了毒素身份后,他们以权威的口吻介绍了去除毒素的古法:脱水、快煮和烹调。他们还提醒读者尽量不要吃假羊肚菌。

1995 年,病理学家和蘑菇毒理专家丹尼斯·本杰明出版了《蘑菇:毒药和灵丹妙药》一书。对于蘑菇中毒感兴趣的人来说,这本书堪称无价之宝。本杰明认为,尽管很多案例都证明这种蘑菇有毒,但它仍然被很多人食用,特别是在他生活的美国西部。本杰明对待假羊肚菌的这种态度以及他承认的客观事实,我表示十分认可。约翰·特莱斯特尔的一项估计表明,食用假羊肚菌的人数在全世界超过 100 万人,而在美国则多达 10 万人。[17] 本杰明详细且准确地介绍了有关毒素的信息,这些毒素源自的种类包括已知或疑似会致毒的假羊肚菌品种,也包括对中毒后临床过程中的图片。此外,他还探讨了如何针对中毒者实施医疗护理。他敢于挑明大家都刻意回避的问题,明确建议读者不要吃这种有毒蘑菇，并做了一个食用假羊肚菌的安全制备指南。[18] 读完他的作品后，我发现自己陷入了两难境地，不知道是该把这形形色色的信息当作一种危险信号，还是当作深思熟虑之后的知情同意。

芬兰河豚菌

　　世界上再也没有比芬兰还推崇假羊肚菌的地方了。在芬兰，羊肚菌出售方式多种多样，有新鲜的、脱水的，还有罐装的。玛丽安娜·帕湾卡里欧（Marianna Paavankallio）是"玛丽安娜的北欧国度"（Marianna's Nordic Territory）网站的创始者，该网站专门提供芬兰可食用菌和有毒菌的信息，也有很多菌类食谱。根据帕湾卡里欧的说法，在 1885 年至 1988 年间，芬兰因蘑菇中毒而死亡的 17 人中，只有 4 人是由鹿花菌引起的（值得注意的是，这相当于该国蘑菇中毒死亡人数的近 25%）。"斯堪的纳维亚半岛以外的蘑菇专家经常会震惊地发现，在北欧国家，致命的假羊肚菌竟然被视为一种美食，该国家将之商业化销售，使之成了日常饮食中的常见食物。他们觉得肯定是北欧人不是很了解假羊肚菌的毒性。恰恰相反，斯堪的纳维亚（至少在芬兰）的男女老少都知道，假羊肚菌生吃是致命的，以及吸入它的烟雾会导致中毒。"[19]

　　最近，芬兰食品安全局（芬兰语简称 EVIRA）出版了一本关于假羊肚菌（芬兰语是 Korvasieni）安全制备的小册子，并要求在该国出售的新鲜或脱水的假羊肚菌包装上附上这本小册子。该册子有多种语言版本可供使用，部分原因在于食品管理局认为虽然当地人知道食用假羊肚菌有风险，但外国游客可能不知道，他们要么认为这种蘑菇是致命的，要么不知道它是可以食用的，所以他们肯定需要知道如何正确清除蘑菇毒素。[20] 把假羊肚菌变成安全可食用蘑菇的过程需要尤其小心，所以有人称假羊肚菌为芬兰河豚。我不倾向于吃假羊肚菌，希望读者也不要轻易尝试这种蘑菇，毕竟，食用这种蘑菇，就如同在玩俄罗斯轮盘赌。

10

· · · · · · · · · · · · · · ·

坠落的天使

· · · · · ·

外出采蘑菇就意味着

有可能被困于深秋的阵雨里

——松尾芭蕉（1644—1694）

2004年9月，日本刚刚经历了一个异常潮湿、温暖的夏季。日本海是台风的必经之路，那一年，登陆日本的台风尤其多。和多雨的年份一样，彼时海滩常客们怨声载道，采菇人却欢欣鼓舞。森林和田野里长出了很多蘑菇。在日本这个喜食蘑菇的国度，人们采食了各种各样的蘑菇。与中国和韩国的很多地区一样，日本也是亚洲最喜欢吃蘑菇的地区之一。

在9月中旬，出现了第一个受害者。一名老妇人因口齿不清、步态不稳、身体不平衡、头晕和全身不适等，被送往当地医院。接下来的几天，她的病情恶化，出现四肢颤抖、癫痫发作和意识混乱等症状，并逐渐陷入昏迷，最终到了插管和使用呼吸机的地步。患者在入院14天后死于急性脑病。简单地说，脑病（字面意思是脑死亡）是指脑组织的恶化或退化。

　　那年秋天，日本六个县共有 50 多名受害者。两个月时间里，全国至少有 15 人死于脑病。尸检显示他们有脑损伤，特别是在基底神经节和脑岛区域的脑损伤。[1]除了都患有脑病外，受害者还有很多共同点。很多受害者住在东北海岸的山形县、秋田县和新潟县，几乎都是老年人（平均年龄 69 岁），都有中度到重度的肾功能障碍，其中不乏肾透析史的患者。还有一个共同点是：他们都在发病前一个月吃过一种常见的野生菌。在许多案例中，受害者在发病前几周内，都曾将蘑菇作为日常饮食的一部分。还有很多人称，他们采食该蘑菇已经很久了。

　　在北美，我们把这种蘑菇叫作天使之翼（angel wings），学名为贝形圆孢侧耳（*Pleurocybella porrigens*）。它常见于气候较冷的地区，可生在针叶树木材上，与普通平菇是近源种。在日本，它被称为 sugihiratake，这里值得注意，take 这个后缀放在蘑菇名称后面，表示该蘑菇可以食用、药用或两者兼而有之。长久以来，天使之翼一直被认为是一种很好吃的可食菌，在日本备受推崇。它被放到味噌汤里调味，也被炸成天妇罗①。很多日本农民之所以期待凉爽而潮湿的秋天，就是因为它。秋天一到，他们就到树林里采集这种蘑菇。除了在农村地区采集，它还被引进到城市里出售。

　　在新英格兰，天使之翼似乎更喜欢附生在死去的、腐烂的云杉和冷杉原木上，尤其是和地面接触的原木。据大卫·阿罗拉在《蘑

————————

① 在日式菜点中，用面糊炸的菜统称天妇罗。便餐，宴会时都可以上的菜。

菇揭秘》一书中的说法，"天使之翼之于腐烂的针叶树，就像平菇之于硬木。也就是说，天使之翼附生在这些树木上很常见，世界各地都是这样。"[2] 但在欧洲却似乎并非如此。我查阅的所有关于天使之翼的北美参考资料都称它为食用菌，但欧洲指南却说它不可食用，可能是因为欧洲对它缺乏了解和接触。1981 年，在《大不列颠和欧洲的蘑菇及真菌》（*Mushrooms and Other Fungi of Great Britain and Europe*）一书中，作者罗杰·菲利普斯将天使之翼列为罕见物种，是仅在苏格兰高地报道的物种，食用性未知。但在十年后出版的《北美蘑菇》一书中，罗杰却称它可食用且有益。这说明美国的蘑菇客很熟悉它。正如很多在美国鲜为人知的食用菌一样，人们对天使之翼的味道评价不一。有些作者认为它很好吃，有些作者觉得它平淡无奇，果肉很薄，缺乏实用价值。我认为，任何在 2004 年后出版过野外指南的作者，只要了解蘑菇毒埋学，都会对这个"堕落天使"的食用性加以警告。

　　自 2004 年以来，日本医学部门发表了很多文章，有的描述了 2004 年天使之翼中毒事件中受害者的临床过程，有的调查了中毒的化学反应和机理。似乎比较清楚的一点是，受害者的肾衰竭程度和预后直接相关；肾功能最差的人死亡或面临长期严重损害的可能性最大。中毒事件发生后，人们就开始寻找导致中毒的物质，但截止到本书撰写之时，仍未找到答案。有一种理论指出，在天使之翼中发现的少量氰化物和相关化合物，是导致中毒综合征的诱因。[3] 另一个理论则在探究与维生素 D 相关的某化合物，该化合物可能作为维生素 D 的激动剂或拮抗剂，会引发高钙血症或高氨血症，[4] 血液中钙或氨（因蛋白质分解）也因此明显过量，从而导致中毒临床症状。对一名患有继发性糖尿病肾病及严重脑病的患者进行检查，发现其体内蛋白质分解增加，这说明脑神经组织髓鞘脱落 [①]（髓磷脂是神经上的蛋白质层，对神经系统的正常运转至关重要）。这也许暗示着：是不明蘑菇毒素使神经组织髓鞘脱落。[5] 在这点上，大家似乎还远未达成共识。

是否所有的天使之翼都会导致肾功能受损的食客中毒死亡？是不是由于日本的物种变异才有毒性？对此，目前答案仍不得而知。有项研究采集了日本中毒者地区的蘑菇和没有中毒事件地区的蘑菇，并将两者的化学成分进行对比。尽管研究人员也不清楚当中有什么具体化合物需要分析，但结果并未显示任何可识别差异。换言之，要想确定日本以外的天使之翼是否能食用，还需要进一步研究。肾功能正常的人可能可以继续食用天使之翼，但在不知道毒性机制的情况下，这也只是我们根据历史做出的判断。当然，我对天使之翼的看法，已经从平淡无味变成了危险有趣，说有趣是指从毒物学角度，而不是食用角度。我对吃危险蘑菇的态度一直是："何必呢？"

天使之翼和普通平菇是近源种，直到最近才和其他广泛食用、广为栽培的品种及变种一同被列为侧耳属（*Pleurotus*）。在新英格兰，

---

① 脑神经组织髓鞘脱落，指的是脑神经外面的髓鞘纤维受到损害或者脱失。

侧耳属有常见的、秋季结果的平菇，也有同样常见的野生平菇，后者长于春末夏初，在山杨和白杨上结果。现在，天使之翼自成一属，它是很强的木材分解者，以死亡和倒下的针叶树心材为食。在新英格兰我们所在的地区，它的食物是云杉、冷杉和铁杉。天使之翼和其他牡蛎类蘑菇，最明显的区别是前者通常选择软木做宿主。但有时很难判别，因为天使之翼主要是在腐烂到一定程度且与地面接触的木头上结果。天使之翼的另一个突出特点是：菌盖非常薄，除非是一次性发现了很多天使之翼，否则一两株根本不值得采食。其他牡蛎蘑菇的菌盖更厚实。和有些平菇一样，天使之翼有白色的孢子。如果你看到一株带棕色孢子印且肉质薄的白色蘑菇从木头中长出来，那它很可能是一种枯腐靴耳（*Crepidotus*）。

　　在没做更多相关了解的情况下，请把这种蘑菇坚决排除在食用名单之外。要知道，天使已经从神坛坠落了！

11

卷边桩菇：
死亡之谜

即便是为了美食事业，

也从没想过要奉献自己，

特别是面对这些可鄙难闻的真菌，那就更别提了。

我从来不吃，也不做蘑菇。

——马里恩·哈兰，《家庭常识：实用家务手册》，1873 年

有这样一种蘑菇，它在东欧被广泛食用了许多年，却在波兰是蘑菇相关疾病最常见的诱因。若偶尔食之，会立即引发严重反应，包括红细胞破裂、贫血、肾脏损伤，甚至死亡。在这种情况下，你会怎么称呼这种蘑菇？曾经有严重中毒者长期食用这种蘑菇却没有任何异样，若考虑到这种情况，你难免会认为这是个真菌学之谜。这种令人困惑的蘑菇就是卷边桩菇（即 the poison pax，学名：*Paxillus involutus*），俗称为棕色卷边菇（brown rolled-rim mushroom）。

　　直到近年来，卷边桩菇才被视为一种蘑菇。某些地区曾经认为，卷边桩菇无害，甚至是可食菌，但到了现在，它却被视为一种剧毒菌。在东欧，人们长期以来都认为，生吃或未煮熟吃这种蘑菇会产生轻微胃肠不适。数年来，蘑菇专家们也都意识到，生吃卷边桩菇会造成不适，煮熟的就没有问题。显而易见，生吃或未煮熟经常会导致中度至重度胃肠不适，这是因为卷边桩菇内含有不耐热毒素，这种毒素在烹饪过程中会被消解。

　　对待轻微蘑菇症状的态度，欧洲蘑菇爱好者和美国人截然不同；欧洲人泰然处之，认为这是品尝各种蘑菇鲜味的副作用，是可控的。我和欧洲蘑菇客聊过几次，他们只是认命般地耸耸肩，觉得食用蘑菇偶尔出现胃部不适，是很正常的。

　　他们似乎更难认识到卷边桩菇会造成严重溶血性贫血。而且，由于有些病例是在吃了卷边桩菇很多年之后才突然贫血的，因此若说卷边桩菇是导致溶血反应的因素，他们就更难信服了。在欧洲，曾有因卷边桩菇致死的事件，但到了随后的 1944 年，德国真菌学家尤利乌斯·沙费尔（Julius Schaffer）博士在食用这种蘑菇后丧生，人们才开始严重质疑该蘑菇的毒性水平。在用完含有卷边桩菇的餐饭之后，沙费尔博士和妻子立刻出现呕吐、腹泻和发烧等症状。住院后 24 小时，他早已受损的肾脏开始衰竭，两周后便不治身亡。沙费尔和妻子此前曾多次食用卷边桩菇（沙费尔博士可能是已知死于蘑菇中毒的唯一一位真正的真菌学家。[1] 不管是热爱蘑菇的专业人士，还是业余爱好者，都有可能吃到有轻微毒素的蘑菇而生病，但很少有知识渊博的真菌学家吃到真正有毒的蘑菇）。

20 世纪 60 年代，第一批与食用卷边桩菇有关的溶血性贫血猝死的报告发表，报告将死亡归因于一种未知的毒素。[2] 所有溶血性贫血受害者之前都食用过卷边桩菇，且都没有出现任何严重问题。尽管在他们当中，确实有许多人说过，在严重中毒之前，他们曾吃了卷边桩菇，之后便出现了胃肠道不适。20 世纪 70 年代，德国科学家证实，病人之所以出现快速中毒反应是由于免疫反应。1980 年，德国毒理学家弗拉默尔（R. Flammer）在蘑菇中发现了一种抗原，该抗原可刺激人体免疫反应。[3, 4]

这就是我们现在所知的卷边桩菇的中毒过程，中毒会导致严重后果。对有些人来说，反复摄入卷边桩菇后，身体会对蘑菇中的未知抗原产生反应，产生免疫球蛋白 G 抗体，抗体随后进入血液循环。等他们下次（可能是数月后）再吃这个蘑菇，血液中会形成免疫复合物。复合物附着在参与体循环的红细胞表面，引发细胞溶解。食用蘑菇后两小时内，红细胞开始快速破裂，血液中的游离血红蛋白快速上升，整体出现贫血，血压迅速降低（有时会引起休克），血管系统中发生血液凝固。此外，通常会有受害者表示腰背部疼痛，那是因为在清理细胞碎片和从系统中释放的血红蛋白过程中，肾脏会变得不堪重负，甚至衰竭。[5] 病情严重的会导致患者长期住院治疗，偶尔会导致死亡。有助于患者恢复的方法是，快速干预，为肾功能提供支持，从而清除血液中的有毒成分。20 世纪 80 年代中期，为有效地挽救生命，中欧的医生开始使用血浆置换的方法清除血液中的免疫复合物，同时迅速采取措施以减轻休克产生的影响。[6]多年来，卷边桩菇已导致欧洲很多人死亡。抗体—抗原反应并不会经常发生，或者只发生在有食用卷边桩菇史的人身上。这种隔段时间才中毒的特点，导致波兰等国家的一些农村居民不顾危险警告，继续食用卷边桩菇。

在美国，还没有人因食卷边桩菇而死亡。但据迈克尔·伯格称，过去的30年里，美国至少报道了两起卷边桩菇严重中毒事件，涉及三名成人。这些病例中，受害者出现了肾衰竭及相关症状。[7]你可能会问：这种蘑菇在美国很少有人吃，而且30多年来只出现过三起严重中毒事件，有什么可担心的呢？除了必须要挽救生命外，另一个重要原因是，尽管此类蘑菇的中毒事件很少见，但我们需要了解卷边桩菇中毒的发展过程，以便更好地治疗受害者，而且在未来，很可能会有越来越多的卷边桩菇中毒事件。在东北部，卷边桩菇与其他很多蘑菇和黏菌群聚在一起，长于木质覆盖物中，数量会越来越多，范围也会越来越广。虽然卷边桩菇是一种菌根物种，与树根共生，但它也从木材覆盖物的腐烂有机物里获取能量。这种菌根和腐生菌活性的结合可能是许多蘑菇的标配。在深秋时节，我观察到有大量卷边桩菇出现在桦树或灌木下面的覆盖物里。有那么几次，在一个很小的区域里也出现了几十株卷边桩菇。对新来到东欧的移民、蹒跚学步的孩子和对蘑菇的危害一无所知的人而言，不断增多的卷边桩菇可能会对他们构成威胁。

如今，只要查阅一下最近出版的蘑菇指南，你就能了解卷边桩菇的毒性。然而，美国1980年以前出版的指南，甚至后来一些东欧国家出版的指南，都只是提到了胃肠不适，对潜在的致命性溶血性贫血风险却只字未提。1902年，查尔斯·麦克尔文指出，整个欧洲都认为卷边桩菇是可食菌，俄罗斯还认为它很珍贵"。[8] 尽管在此时，有些人强调不能生吃，然而，作为当时真菌学家的代表，雷内·波默洛仍然认为该蘑菇"可食用"。有趣的是，1960年后，最初的谨慎态度和对毒性评价不一的信息重新显现。直到20世纪80年代后期，才有了关于卷边桩菇毒性的明确信息。以下是不同时期，不同野外指南作者给出的建议：

- 1963年："烹饪后无害，价值不大；生吃会导致某些人轻微中毒。"[9]

- 1972年："关于这种暗褐色蘑菇的可食用性，存在相互矛盾的说法。"[10]

- 1973年："可食用，但生吃有毒。建议用大量的水长时间炖煮，煮后的水倒掉。"[11]

- 1974年："可食用，但不被重视。据称在苏联备受追捧。"[12]

- 1977年："……有毒……毒素性质——Ⅲ型，胃肠疾病。应该把它当作一种危险物种，因为已经有了与之相关的死亡案例。在未烹饪的蘑菇样本中，毒性最强。其他权威人士认为，有些人会因逐渐获得了过敏性敏感①，可能在又一次吃了卷边

———————————
① 过敏性敏感(allergic sensitivity)：指对猪草等特定过敏原产生过度反应的过敏；敏感则是对非特殊刺激物产生反应。

桩菇之后突然中毒，导致严重溶血、休克和急性肾衰竭。"[13]

· 1981 年："虽然有些地方吃卷边桩菇，但某些地方生长的卷边桩菇尝起来有明显酸味。报道称，它可能产生逐渐获得型超敏反应（hypersensitivity），导致肾衰竭。"[14]

· 1982 年："熟吃无害，生吃微毒，最好避开。"[15]

· 1986 年："危险！欧洲人和迁居美国的欧洲人经常吃，但如果生吃，会导致溶血和肾衰竭！有时即使做熟了，也会中毒。"[16]

· 1987 年："关于这种蘑菇的可食性，存在相互矛盾的报道；但因为有中毒的报道，我们已把它列为有毒物种。"[17]

　　总的来说，1990 年后出版的北美和西欧指南给出了明确的警告信息，但并不是所有的指南都是如此。1998 年意大利口袋指南《蘑菇》（Funghi）的作者路易吉·福娜罗丽（Luigi Fenaroli）说："（这是一种）高质量（高价值）可食菌，不容易和其他有毒物种混淆。它还被用于制备干蘑菇。有些作者指出，生吃可能中毒，因此他们建议至少烹饪 25 分钟后食用，但在南欧国家还从未报道过相关中毒事件。"[18] 显然，路易吉没有及时关注欧洲蘑菇的中毒报道。

　　考虑到毒性反应可能会很严重，希望医院急诊科收治的卷边桩菇中毒病人不要增加。至于我，我得表述清楚些，我不建议采食卷边桩菇。

12

毒蝇伞：
索玛、宗教、圣诞老人

森林里有个小矮人

平静又沉默。

身着红色的小大衣。

告诉我，谁是那个小矮人，

他用一条腿站着

是好蘑菇

还是毒蘑菇？ [①]

——德国童谣

在世界范围内，很少有这样一种蘑菇，当提及它时，就会激发人们丰富的想象力，而食用它后，不同人的反应也存在差异，

---

① 此处是一则德国童谣，描述的是毒蘑菇（毒蝇伞），因为毒蝇伞为典型毒菇，菌盖颜色通常是深红色，即谜语中提到的"红色的小大衣"，该形象广为大众所知，并在大众文化中广泛出现。

这种蘑菇就是毒蝇伞 ① （即 fly agaric，学名：*Amanita muscaria*）。在欧洲部分地区，它代表好运常在和节日欢乐，而在全世界的艺术作品中，它是出现最多次的蘑菇（想一想，你肯定在童话插图、自然照片、雕塑作品甚至是一些塑料小摆件中见到过它）。每当作者、插画家或艺术家想要打破传统方式，对蘑菇颜色进行突破性描绘时，毒蝇伞堪称最优之选。你可能已经想象到了，糖果红的菌盖上巧妙地覆盖着一圈圈白色的凸起斑块，这就是最常见的毒蝇伞种类（见图 14）。

　　人们对毒蝇伞往往褒贬不一。毒蝇伞是致幻蘑菇，在世界范围内被广泛使用，但最常见于西伯利亚和波罗的海地区。在这些地区，人们将它用作致幻剂，并作为萨满教仪式的辅助物 ②。据报道，长期以来，毒蝇伞还被用作家庭中苍蝇蚊虫的引诱剂和杀虫剂。一些人认为它是一种致命的有毒物种，但其实在过去的 150 年里，几乎没有出现过关于它的致死案例。而另一些人已经学会了如何安全地烹煮这种蘑菇，并普遍将其视为一种可食菌。毒蝇伞是好运符，能作致幻剂、杀虫剂，既有毒又能食用，用途广泛，堪称神奇！

---

① 毒蝇伞（学名：*Amanita muscaria*）又称毒蝇鹅膏菌，为一种含神经性毒害的担子菌门真菌。毒蝇伞的生长环境遍及北半球温带和极地地区，且也无意间拓展到南半球，在松林里与松树等植物共生，如今已经成为全球性物种。由于人们普遍认知毒蝇伞具有毒性，因此致死的案例极端少见。

② 在西伯利亚地区，毒蝇伞只有萨满教徒才可使用，并且这些教徒使用这种替代方法达到一个迷幻恍惚的境界。

红色或黄色的鹅膏菌有很多其他的别称，这些别称的背后反映了它在世界各地丰富的文化历史，英国人和美国人一样，都将其称为"毒蝇伞"（fly agaric）；法国人管它叫作"苍蝇菇""苍蝇杀手"（tue-mouche），或"毒菌"（crapaudin）；俄罗斯人称它为"苍蝇杀手"（mukhomor）；而在德国和邻近的中欧和北欧国家，则称之为"苍蝇菇"（fliegenpilz）或"幸福菇"（glückspilz），它们是圣诞节中的必备"常客"，人们常常用这种蘑菇同森林绿色植物、红苹果和红蜡烛一起来装饰圣诞树，或者作为传统的基督降临节（Advent）摆盘装饰的食物。[1] 19 世纪以来，每到圣诞节和跨年之际，人们就会交换印有毒蝇伞图像以及其他好运象征（如马蹄铁、四叶草和仙女）的节日贺卡来表祝祷之意。常见的毒蝇伞是红白相间的颜色，也容易让人将其与圣诞节联想到一起。

年少时候，我们相信驯鹿会拉着雪橇划过夜空，雪橇上的圣诞老人身着红色并镶有白色饰边的外衣，他会穿越大地，给孩子们送去美好的祝愿和精致的礼物。有的人认为红白相间的圣诞老人形象是毒蝇伞的象征，还有一些人则认为驯鹿吃下毒蝇伞后，开始在充满糖果的迷幻想象中腾跃飞翔，所以驯鹿是真的在飞还是在幻觉中高飞呢？

驯鹿（Rangifer tarandus），常见于欧洲和亚洲，是北方地区苔原和针叶林的群居动物（这和我们所说的北美驯鹿是同一种动物）。驯鹿自被驯化至今，已经过了几个世纪，如今挪威和芬兰的拉普人①、西伯利亚的楚科奇人②和蒙古某些游牧民族的生活就是主要围绕驯鹿展开的。²从传统上看，对于所有的游牧民族来说，他们头顶的帐篷、身上的衣服以及脚上温暖结实的靴子，都是由驯鹿皮制成的。在许多地区，人们饲养驯鹿，获取它们的皮和肉进行加工，驯鹿的奶也可以趁新鲜用来制作奶酪和酸奶。驯鹿奶可能是世界上脂肪和固体含量最高的奶类，新鲜的驯鹿奶稠度极高，类似于牛奶奶油样。

一般情况下，驯鹿相当温顺，且易于管理。在某些地区，年仅三岁的儿童就开始学习骑行和驾驭驯鹿这种大型动物，而当家庭前往新的放牧地时，婴儿就会放在摇篮里背在驯鹿身上。驯鹿是驮畜，它们能够驮着100磅重的东西穿越冻土地带，在远北地区，还可以拉着雪橇在厚实的冻土上行走。

民间有很多关于驯鹿和毒蝇伞的传闻，最著名的来自戈登·沃

---

① 拉普人（Laps），亦称萨米人（Saamis）或拉普兰人，旧称"洛帕里人"，"萨米人"是其自称。北欧民族，斯堪的纳维亚原住民，属于蒙古人种和欧罗巴人种的混合类型。人口约8万人（2011年），分布在挪威（6万）、瑞典（1.5万）、芬兰（0.53万）和俄罗斯（0.26万）境内的北极地区。使用拉普语，属乌拉尔语系芬兰-乌戈尔语族，有文字。

② 楚科奇人（Cukchi），为古夜叉国原住民，属蒙古人种北极类型，1979年的总计人口为1.4万，是楚科奇语族中人数最多的民族，大多居住在俄罗斯楚科奇自治区，近1000人居住在堪察加半岛的科里亚克民族区，还有300人居住在萨哈（雅库特）共和国。

森（Gordon Wasson）的著作《索玛①——不朽的神蘑菇》（*Soma—Divine Mushroom of Immortality*）一书，当中总结了许多历史文献。驯鹿很喜欢蘑菇，在北极短暂的暖季，蘑菇生长旺盛，它们便积极地寻找蘑菇作为首选食物。[3]人们观察到，相比其他种类的蘑菇，驯鹿更喜食毒蝇伞。而在毒蝇伞的影响下，日常温顺的驯鹿变得异常活泼，不易管理，有很多故事都讲述过它们吃过鲜红的毒蝇伞后，就开始在苔原上摇摇晃晃，四处乱跑的场景。驯鹿不仅会寻找毒蝇伞来吃，还会去舔食吃过毒蝇伞的其他驯鹿或人类排出的尿液。毒蝇伞中含有的活性刺激物通过尿液排出，驯鹿就会闻着气味赶来。有许多报道都描述过驯鹿牧民领袖寻找含有毒蝇伞毒素的尿液。在18世纪俄罗斯探险家加夫里尔·萨里切夫（Gavril Sarychev）的日记中，就曾叙述过驯鹿牧民用密封的容器盛放含毒蝇伞毒素的尿液，来诱使流浪的驯鹿重返鹿群。[4]据报道，萨满教徒在仪式上会食用毒蝇伞制成的汤剂，而令他们惊讶的是，驯鹿食用过毒蝇伞后，也会沉浸于幻觉之中。因此，驯鹿因毒蝇伞中毒而兴奋陶醉以及驯鹿拉着雪橇载着圣诞老人飞行的说法也不完全是空穴来风。

圣诞老人的现代形象，结合了北欧森林中的异教传统以及早期基督教的信仰和传说，并充分融入了20世纪的商业元素。在

---

① 索玛（Soma）：1968年，戈登·沃森根据他多年的研究出版了一部力作《索玛——不朽的神蘑菇》（*Soma—Divine Mushroom of Immortality*）。在这部新作中，沃森提出一个奇特的理论，他认为古印第安人崇拜的诸神之一"索玛"（Soma），就是毒蝇伞的化身。

19 世纪早期的图片上，圣诞老人还身穿带有棕色镶边的绿色服装，看上去就像是大自然的色彩，直到后来的维多利亚时代，服装才变成了红色。[5] 圣诞老人当前的装束，来源于 1931 年可口可乐的广告，画面中的这位快乐男子（圣诞老人）穿着红色服装，就像新生的毒蝇伞菌盖一样红白相间、十分明亮。克莱门特·穆尔（Clement Moore）在他 1822 年的诗歌《圣尼古拉斯来访》（*A Visit from St. Nicholas*）中，首次描绘了圣诞老人乘驾着驯鹿拉的雪橇在天上飞翔的场景，据说他的灵感来自斯堪的纳维亚北部的萨米人使用驯鹿拉雪橇的相关传闻。一直以来，鹅膏菌的这种红色外观都是漫长冬季里好运的象征，在黑暗的冬夜里闪耀着红色的光芒。

如醉如幻之毒蝇伞

1730 年，曾经有一位名为菲利普·约翰·冯·施特拉伯格（Filip Johann von Strahlberg）的德国裔瑞典上校，他将自己在西伯利亚当囚犯时期的经历记录下来并编撰成书，书中描绘了当地村庄在庆祝活动中使用毒蝇伞的画面："村子里的富人储备了大量毒蝇伞为冬天的到来做准备，设宴时，他们就烹煮这种蘑菇食用，并饮用烈酒，让自己置身于一种如痴如醉的状态之中。"紧接着，他谈到了那些采集不到毒蝇伞的人，这类人会拿着容器收集和饮用那些幸运儿（这里指有机会吃下毒蝇伞蘑菇的人）的尿液："因为那些食用了毒蝇伞的人排出的尿液中仍然含有蘑菇毒素，这样一来，饮用过他们的尿液的人也会进入迷醉的状态。"[6] 在瑞典国王查理十二世入侵俄罗斯期间，数千名瑞典人被俄国人俘虏，施特拉伯格就是其中之一。尽管如此，在被囚禁的 12 年里，施特拉伯格仍然能够四处旅行，并对当地的风土人情进行了详细的观察，在饱经战争摧残的年代，这些对西伯利亚原住民群体生活的观察十分宝贵。在整个西伯利亚地区，他还注意到有用毒蝇伞制烈酒的情况，大多来自俄罗斯探险家和商人。后来，俄罗斯获得了这一地区的部分控制权，并在随后引入了伏特加（这是一种更为普遍的烈酒），随着时间的推移，人们便不再使用毒蝇伞制作烈酒了。

....

西伯利亚原住民对食用蘑菇的态度

一般而言，大多数西伯利亚土著人不吃蘑菇，这一结果得到了斯维塔·亚明·帕斯捷尔纳克（Sveta Yamin Pasternak）的进一步证实。[7] 他对阿拉斯加和俄罗斯白令海峡沿岸的尤皮克人（Yupiik）[①] 和伊努皮克人（Inupiaq）[②] 进行了研究，对比了他们对蘑菇的不同态度和食用习惯。他

[①] 尤皮克人（Yupi）是阿拉斯加和俄罗斯远东地区的原住民，他们和因纽特人有一些渊源。他们传统上随周围环境的季节性变化而迁徙，过的是半游牧式的生活，尤皮克人靠捕鱼和猎捕海洋哺乳动物为生，信仰和奉行萨满教。

[②] 伊努皮克人（Inupiaq）属于因纽特人的一支，生活在北极地区，又称为因纽特人，分布在从西伯利亚、阿拉斯加到格陵兰的北极圈内外，分别居住在格陵兰、美国、加拿大和俄罗斯。

指出，在欧洲北美两个大洲，人们均喜食肉类、海鲜、浆果和绿色食品。然而，她观察到，人们对待蘑菇的态度明显不同，对不同群体的蘑菇该如何使用也有截然相反的观点。在西伯利亚地区，人们会采食并储存许多种类的蘑菇，特别是乳菇属（*Lactarius*）和疣柄牛肝菌（*Leccinum*）属，以备冬季食用；而在阿拉加海岸，他们对蘑菇则是敬而远之，避免食用，且仍然对蘑菇抱有刻板成见，认为蘑菇代表邪恶且有毒。她还发现，西伯利亚原住民过去并没有广泛食用蘑菇的历史，但从20世纪60年代开始，仅仅过去两代人的时间，他们便养成了强烈的食菌习惯。二战后，西伯利亚地区迁入了大量俄罗斯人，通过与他们的交往，当地土著居民学会了采食蘑菇。在这样一种新环境中，来自俄罗斯的教师和政府官员们纷纷开始采食当地蘑菇，当地的尤皮克人，尤其是那些生活在沿海地区的人也被这股"蘑菇热情"所感染了。西伯利亚邻近北极，北部更是位于北极圈以内，冬季漫长，因此，许多当地的原住民渴望在短暂的夏秋时节采集大量蘑菇，将之储存以供接下来长达九个月的冬季食用。而生活在同一地区的驯鹿牧民，仍然对蘑菇持消极态度，尽管他们乘驾的驯鹿"嗜菌如命"。与南方的科里亚克人不同，白令海峡海岸的原住民没有食用毒蝇伞的历史记载，说明它不生长在那里的苔原地区。[8] 相反，阿拉斯加土著没有受到俄罗斯人迁入的影响，仍然拒绝采食所有种类的蘑菇，固执地坚持长久以来的传统。

加里·林科夫是当代真菌学家，也是广受欢迎的《奥杜邦学会北美蘑菇野外指南》的作者，在1994年和1995年，他分别两次带领一群蘑菇爱好者前往东西伯利亚，花时间观察并采访了几

个堪察加半岛上的科里亚克人以及埃文人①，了解了他们对蘑菇，尤其是毒蝇伞的使用情况。他们主要采访了一位第七代埃文萨满巫医，她提到自己将毒蝇伞用作药用蘑菇来帮助老年人改善睡眠；也将其用作药膏来给伤口止痛消炎；她还表示自己会"将毒蝇伞菌当作一种通往灵魂世界的介质，吃下这种蘑菇，她便具备了寻找各种疾病（无论身体上还是精神上的疾病）的治疗方法或成功找到猎物的能力。"[9]有趣的是，林科夫称，该地区的科里亚克人只使用两种蘑菇，一种是毒蝇伞，另一种是桦褐孔菌（*Inonotus obliquus*），并且都只用作药用蘑菇，不作为食用蘑菇。相比之下，现如今，生活在该地区的俄罗斯民族按照他们的习惯，会采食许多种类的蘑菇，反而不会去采集毒蝇伞了。

一些学者称，4000多年以来，毒蝇伞对世界文化产生了深刻的影响，甚至可能是几个主要宗教的根源。[10]戈登·沃森1968年出版的著作《索玛：不朽的神蘑菇》引起了西方对毒蝇伞菌的广泛关注。在该著作中，他假定毒蝇伞是一种物质、一种有机体、是与索玛（也译作苏摩）一样，可以通向神圣境地、获得智慧的媒介。索玛在印度最古老的书面文本中，被描述为植物或上帝之意，这些

---

① 科里亚克人（Koryak），人口约8022人，说科里亚克语，信奉萨满教，但由于受到斯拉夫人影响，有人使用俄语和信奉俄罗斯东正教。楚科奇人、阿留特人、克列克人和伊捷尔缅人是科里亚克人的亲属民族。

埃文人（Even），也称为拉穆特人（Lamut），是生活在东西伯利亚的民族，在俄罗斯联邦马加丹州、堪察加边疆区以及萨哈共和国北部勒拿河以东的地区都有分布。19世纪沙俄控制西伯利亚以后，拉穆特人多在形式上皈依东正教，但仍保留许多原来的萨满教信仰。他们以狩猎、捕捞、养驯鹿为生。

文献中记录了千余首雅利安人①的口头赞美诗，这些雅利安人从欧亚大陆的北部地区迁移过来，定居在伊朗高原并被称为吠陀人②。根据记载，苏摩是一种酒，能致幻，从某种红色植物中提取而来，在严明禁止的宗教仪式中，牧师将酒饮下，之后便进入如痴如醉的状态。不幸的是，吠陀人后裔对苏摩酒的使用早在基督教之前的许多个世纪就结束了，留下来的只有口口相传最终记录在册的教义内容，却没有对原始植物的明确描述。除去以上的种种暗示，文献中还提到苏摩酒是一种红色的植物，并没有提及它有根、叶或树干，这一特点与菌类相似，因此沃森更加明确：苏摩酒一定就是毒蝇伞菌。然而，吠陀学者和公众对此各执己见，人们仍在积极展开辩论，而一些学者却对此大肆驳斥。学界对苏摩酒是何种植物的猜测良多，但对于这一强大宗教符号的起源到底是什么，还尚未达成广泛共识。

　　继沃森的著作问世之后，在 1970 年，英国的东方学学者约翰·马可·阿列佐（John Marco Allegro）出版了《神圣蘑菇与

---

① 雅利安人（Aryans）是欧洲 19 世纪文献中对印欧语系各族的总称。从印度和波斯古文献的比较研究中推知，远古在中亚地区曾有一个自称"雅利阿"（Arya）的部落集团，从事畜牧，擅长骑射，有父系氏族组织，崇拜多神。

② 早期吠陀时代的历史主要是印欧语系的游牧部落——雅利安人从伊朗高原经阿富汗逐渐入侵印度河中上游和恒河上游的历史，也是雅利安人与当地居民进行武力冲突和共处生息的历史。吠陀，又译为韦达经、韦陀经、围陀经等，是婆罗门教和现代的印度教最重要和最根本的经典。它是印度最古老的文献材料，主要文体是赞美诗、祈祷文和咒语，是印度人世代口口相传、长年累月结集而成的。吠陀的意思是"知识、启示"，用古梵文写成，是印度宗教、哲学及文学之基础。

十字架》(*The Sacred Mushroom and The Cross*)。1953 年，阿
列佐成为第一位受邀加入国际学者队伍的英国专业人士，开始从
事《死海古卷》(*Dead Sea Scrolls*) 的研究和翻译工作。[11]《死
海古卷》是于 1947 年至 1956 年间，在死海西北基伯昆兰旷野
的山洞发现的古代文献。在这部文献的破译小组中，大多数人的
思想保守而克制，希望能利用这些经卷推进对基督教的阐释，而
多年来，阿列佐对那些古籍卷轴的理解与其他成员大相径庭，也
让他成了诸多学者中最出名、最直言不讳的成员之一。他坚持自
己的观点，认为卷轴中包含的宗教和文化信息应予以公开，供人
们自行阅读和解读。阿列佐是语言起源和派生方面的专家，也是
一位文献语言学家，他致力于追溯圣经语言的根源。他提出了一
个复杂的论点，即基督教的根源与许多文化中神话、宗教和狂热
习俗的发展有关。后来，他进一步断言，基督教和其他宗教的根
源与生殖崇拜 ① 的根源交织在一起，生殖崇拜充满仪式性地使用
具有精神活性的蘑菇（例如毒蝇伞菌），以此来感知上帝的旨意。
面对教会和各种宗教学者的强烈否定和怀疑反应，阿列佐出版的
书籍受到了许多人的质疑和驳斥，但它仍然是一部引人入胜的作
品，因为它从真菌学层面探讨了宗教起源。

---

① 生殖崇拜（fertility cults）是原始社会普遍流行的一种风习。它是原始先民追
求幸福、希望事业兴旺发达的一种表示。所谓生殖崇拜，就是对生物界繁殖
能力的一种赞美和向往。主要部位包括：生殖器、乳房、臀部。

20 世纪 60 年代的毒蝇伞

　　戈登·沃森的《索玛》出版后，大众文化开始更密切地关注毒蝇伞，将其作为启蒙和心灵探索的源泉。因此，这代人开始大胆尝试这种蘑菇，渴望毒蝇伞能带来强烈的、神圣的、灵魂交流的体验。20 世纪 60 年代末到 70 年代，成千上万的人开始试验和使用各类致幻剂，如麦司卡林、裸盖菇素和 LSD，同时也尝试了毒蝇伞菌。当时出现了很多关于这些经历的描述，其中包括发表于 1976 年 *High Times* 杂志上的一段描述，出自汤姆·罗宾斯（Tom Robbins）的一篇题为《超级毒蝇伞：征服宇宙的伞菌》（Superfly：The Toadstool that Conquest The Universe）的文章：[12]

　　还有一些人则认为，食用毒蝇伞引起的身体反应往往没有传言中那么神奇。这种蘑菇的毒素浓度其实是随地点、季节、菌龄和其他许多因素的变化而变化的，并且变化非常明显。食用它的人通常会感到恶心，但不总是会进入兴奋的状态。

　　戈登·沃森在书中描述了他与同事们在 20 世纪 60 年代中期食用毒蝇伞的经历。他们用各种形式烹饪毒蝇伞，或生吃，或煮熟，或煮出蘑菇原汁，或加入牛奶调味。大部分人会感到恶心，还有几个人生病了，他们都睡得很沉，难以叫醒。沃森表示："吃了毒蝇伞后，我进入了一种沉睡的状态，还做了非常生动的梦，但这与我在墨西哥吃裸盖菇①时的反应完全不同，吃下裸盖菇后不会想睡觉。"[13]

文学作品中的毒蝇伞

1865年，刘易斯·卡罗尔（Lewis Carroll）（原名查尔斯·路特维奇·道奇森）创作《爱丽丝梦游仙境》（*Alice in Wonderland*）时，他就借助了毒蝇伞的特性，塑造出了具有神奇魔力的蘑菇。他很可能在当代蘑菇文献中看到了糖苹果红色菌盖的蘑菇，比如库克（M. C. Cooke）的《英国真菌手册》（*Handbook of British Fungi*）就讲述了毒蝇伞的种种特点。当掉进兔子洞的爱丽丝遇到能看到预言卷轴的毛毛虫时，毒蝇伞的特性便以爱丽丝的视角呈现了出来②。60年代中期，毒蝇伞的概念在迷幻摇滚乐队杰弗森飞机（Jefferson Airplane）发行的歌曲《去问爱丽丝》（*Go Ask Alice*）中呈现出一种更流行的趋势，女主唱格蕾丝·斯利克（Grace Slick）用其萦绕心头的歌声唱道：抽着水烟袋的毛毛虫做着滑稽动作，吃下这个蘑菇大脑变得昏沉错乱。毒蝇伞还有许多著名的应用，包括电子游戏《超级马里奥兄弟》（*Super Mario Brothers*），以及40年代人

---

① 裸盖菇（Psilocybe）（墨西哥裸盖菇与其他相关种一起被称为"神圣的蘑菇"或"幻觉蘑菇"）它们有着白色的菌盖和菌柄，经常生长在牛粪堆上。裸盖菇中含裸盖菇素，吃下后过不了多久，迷幻效果就会发作，被迷醉的人又哭又笑、手舞足蹈，他们眼前的世界会变得光怪陆离，旋转变幻。

② 在《爱丽丝梦游仙境》中，爱丽丝掉进了一个兔子洞，遇到了抽水烟袋的毛毛虫，它告诉爱丽丝用吃蘑菇的办法来控制变大变小。

在华特·迪士尼（*Walt Disney*）的《幻想曲》（*Fantasia*）中为柴
可夫斯基（*Tchaikovsky*）《胡桃夹子组曲》（*Nutcacker Suite*）伴奏
的蘑菇舞蹈，蘑菇在舞蹈开始的几秒钟内就抖落了菌盖上的白色
凸起斑块。

毒蝇伞作为毒蘑菇

毒蝇伞"毒如其名"，是一种有毒的蘑菇，一些蘑菇专家称其
具有致命毒性。如果处理得当，它也是一种可食菌，在世界不同
地区都是日常饮食的一部分，并且味道相当鲜美。又是致命剧毒，
又是可口美味，两种描述实属矛盾，我脑海中的蘑菇中毒专家已
经在打架了。这两个条件怎么可能同时满足，怎么会既有毒又能
食用呢？尽管这两句话都是真的，也容易给公众带来一种混乱的
危险信息。然而事实是，两种说法确实都是对的，并且毒蝇伞也
不是唯一一种既有毒又可食用的植物，比如热带地区的主食——
木薯（木薯淀粉的来源）以及含淀粉的芋头根，都需要长期的特
殊处理才能食用。

在一些老房子附近，人们常常可以见到一种野生植物——美洲
商陆 ①。这种植物在美国南部的部分地区有着悠久的历史，春季刚刚

---

① 美洲商陆（pokeweed），为商陆科、商陆属植物。是商陆药材的一种，称垂
穗商陆。是一种入侵植物，原产北美洲，又名美洲商陆果。这种植物的种子
可通过鸟类等传播，美洲商陆全株有毒，根及果实毒性最强，需要引起警惕。
种子黑色具光泽。

生长出来的时候，它呈现出绿色的叶子。这种深绿色的植物有着红色的茎和诱人的紫色浆果，美洲商陆的根茎和绿叶都是有毒的，但是每年春天萌出的新芽却是可以食用，甚至可以说是非常珍贵的。美洲商陆的深红色汁液可以用来做墨水，事实上，《独立宣言》就是用商陆墨水写成的。这种植物的根是含毒素最多的，即使是嫩芽也必须换两次水仔细煮沸，以滤除它们所含的低水平生物碱毒素。

查尔斯·麦克尔恩因其"铁胃"和对可食用野生菌的热情追逐而闻名于蘑菇界，他认为毒蝇伞属"剧毒蘑菇"。虽然不能说出具体的毒性有多强，但他食用了毒蝇伞或相关物种，如豹斑鹅膏（*Amanita pantherina*）[1]、刻纹鹅膏（*A. crenulata*），或黄鳞鹅膏（*A. frostiana*）等蘑菇后，通常会在一个半小时内出现恶心和呕吐的症状，随后会开始思维混乱、步态不稳、身体失去协调，偶尔还会兴奋、躁动，有时也可能多种症状同时出现。随后通常是一段深度的、类似昏迷的睡眠，患者可能几个小时都不会醒来，在睡眠期间，患者可能会经历强烈的梦境或幻觉。整个过程还可能包括震颤、肌肉痉挛和抽筋（可能是毒蘑菇中所含的毒蝇碱[2]引起的），

---

[1] 豹斑鹅膏（Amanita pantherina）含有毒蝇鹅膏菌相似的毒素及豹斑毒伞素等毒素，食后半小时至 6 小时之间发病，主要表现为副交感神经兴奋，呕吐、腹泻。夏秋季在阔叶林或针叶林中地上成群生长。

[2] 毒蝇碱（Muscarine），是一种天然生物碱，有毒，主要存在于丝盖伞属和杯伞属的真菌中，如霜杯伞。粉褶蕈属和小菇属的真菌中也有发现含有达到摄入中毒剂量的毒蝇碱。牛肝菌属、湿伞属、乳菇属和红菇属的真菌也发现无害的微量毒蝇碱。有些真菌的毒蝇碱含量可变，例如毒蝇伞，通常占鲜重的 0.0003%，相比之下，丝盖伞属和杯伞属的真菌毒蝇碱含量可达 1.6%。

通常在 24 小时内症状会完全消退。[14]

　　大多数蘑菇指南的作者都承认毒蝇伞的毒性，并且认为它通常不足以致命。很少有人会承认这种蘑菇在某些地区被当作食物食用，在《蘑菇猎人的野外指南》（*Mushroom Hunter's Field Guide*）一书中，著名的美国真菌学家亚历山大·史密斯（Alexander Smith）称"有些人把毒素提取出来，然后再将蘑菇吃掉，这样就对身体就不会有副作用了，他们还认为毒蝇伞就是最美味的物种"。紧接着，史密斯罗列出了一些处理蘑菇的操作指示，包括将其放入盐水中煮沸等，并在最后给出了一个普遍的警告：如有风险，后果自负。[15]

　　威廉·鲁贝尔（William Rube），是一位来自加利福尼亚州圣克鲁斯县的食品作家，在了解到亚洲地区有食用毒蝇伞的历史后，他便开始尝试烹饪并食用这种蘑菇。他建议将蘑菇放入盐水中煮沸（大约 1 升水中放 1 勺盐），并在正式开始制作蘑菇菜肴之前将水过滤掉。[16]

　　话虽如此，历史上也不乏几起广为人知的因食用毒蝇伞而死亡的案例，其中最轰动的当属 1897 年意大利外交官阿基里斯·德·韦奇伯爵（Count Achilles De Vecchj）在华盛顿特区食用毒蝇伞后死亡的事件。德·韦奇伯爵将自己标榜为真菌专家，在与 K 街市场的一名小贩交谈后，他说服这名男子给他带了一些在他家附近发现的毒蝇伞。据报道，德·韦奇伯爵用化学药品进行了一系列测试，还用刀切开了蘑菇的菌柄，确认了没有发黑迹象后便以为蘑菇无毒。根据这个小贩的描述，伯爵认为自己所做的测试能够有效判定毒蝇伞菌是否有毒。伯爵煮了大量的蘑菇作为早餐，并且吃了好几盘，大约有二十多个菌盖。他的朋友凯利医生食用了大约一半的蘑菇后继续工作，后来身体开始出现不适症状，在当地医院接受了短暂治疗后得到了康复。而德韦奇伯爵的身体状况本就不佳，体重约达300斤，因此在饭后不久他就病倒了，也拒绝服用催吐剂，并陷入了昏迷状态。后来他出现了剧烈抽搐的症状，并于次日死亡。[17]伯爵的去世正值美国人对野生菌越来越感兴趣之际，也正值该国第一个真菌学学会成立不久，当局便利用这一事件向潜在的业余蘑菇食用者敲响了警钟。

　　与19世纪相同，如今由食用毒蝇伞而引起的严重疾病和死亡极为罕见，在过去50年中，全世界大约记录了3例这类事件。[18]在迈克尔·博格对北美蘑菇中毒案例的30年回顾中，有211例中毒反应源自毒蝇伞菌，其中一例死亡是由于摄入毒蝇伞后在帐篷中冻死，世界各地报告的其他死亡案例通常涉及有既往病史的人群。

　　狗和驯鹿都觉得含有蝇蕈素①的蘑菇很有吸引力，每年都有宠物食用这类蘑菇后中毒甚至死亡的案例。比起狗，猫对这些蘑菇更加敏感，但也避免不了误食毒蝇伞或者豹斑毒伞后中毒致病的情况。[19]

---

① 蝇蕈素（muscimol）是出现于大多数鹅膏菌属的精神性生物碱，为 γ-氨基丁酸A型受体的促效剂，并且会产生镇静安眠的效果。发现于1869年的蝇蕈素，长期以来被认为是毒蝇伞里面有迷幻效果的药剂。

尽管食用毒蝇伞可能引起各种各样的反应，且症状往往并不严重，但我们还是希望这些症状的出现，能够让那些意图将毒蝇伞用作食物或致幻剂的人保持警惕。因为食用了毒蝇伞后，人们通常会出现恶心呕吐的症状，极少数人可能会有生命危险。小部分人会变得非常兴奋，但这种兴奋是异常的。因此，我建议把它们当作好运的象征，不要当作食物或者消遣的方式。

说明和分类

毒蝇伞是鹅膏菌属中最具标志性的成员之一，该属是一个以美丽和优雅而著称的真菌类群，该属既有神奇的毒物，也有著名的可食用菌，包括一种很受欢迎的食用鹅膏菌，名为恺撒蘑菇（*Amanita Caesarea*）。这种蘑菇广泛分布在欧洲地区，带有闪亮的橙色菌盖和菌柄，是一种珍稀的可食菌，同时也是罗马人和罗马皇帝最钟爱的食物，因此得名"恺撒蘑菇"[①]。由于死亡帽（也被称作"毒鹅膏"）被加进了克劳狄乌斯皇帝的餐盘里并将其毒死，因此，鹅膏菌用作毒药更加出名。含有鹅膏毒素的鹅膏菌性质危险，蘑菇专家们普遍都会在书中建议人们不要将鹅膏菌属下的任何物种作为食物，而其他人则采用"精确细腻的表演"方法来提醒众人（也

---

① 盖乌斯·尤利乌斯·恺撒（Gaius Julius Caesar，公元前 100 年 7 月 12 日—公元前 44 年 3 月 15 日），史称恺撒大帝，罗马共和国（今地中海沿岸等地区）末期杰出的军事统帅、政治家，并且以其优越的才能成为罗马帝国的奠基者。

就是亲自吃下了鹅膏菌，向世人呈现了把鹅膏菌作为食物的后果），但也警告了认错蘑菇所带来的风险。

作为一个真菌类群，鹅膏菌属下的蘑菇有几个共同的特征：所有的蘑菇都是直立的，看起来优雅从容，中间有一个圆形的菌盖，初期近卵圆形，成熟后会变成扁平或稍微凸起的形状；所有的蘑菇都有白色或偏白色的菌褶，与菌柄离生，孢子印呈白色；菌盖位于菌柄顶部，在菌柄中部有一个环形物，即菌环，也就是当菌盖展开时，覆盖着菌褶的内菌幕破裂残留在菌柄上的部分；菌柄的基部膨大呈球形，并且显示出裂纹或膜状物残余，这种膜状物就是在菌蕾期（button stage）①包裹整个蘑菇的外菌幕；某些种类的鹅膏菌菌盖上还会覆盖着一些零星分散的白色疣状组织，这是外菌幕的残余部分；在其他物种中，外菌幕会破裂，菌柄伸长，菌盖撑起，在菌盖上形成鳞片，而在菌柄基部形成囊状或杯状物，是为菌托。

度过了被外菌幕完全包裹的蛋形菌蕾期后，毒蝇伞便呈现出传统的蘑菇形态，菌柄高 4~8 英寸，中部有一个下垂的菌环，菌柄基部呈球状，不断膨大的菌基会逐渐呈现出外菌幕破裂而生成的同心环状裂痕。菌盖是完美的球状，在菌柄正上方的菌盖部分，起初是卵圆形，成熟后逐渐变扁平，直径可达 8 英寸，并且覆盖着金字塔状的白色疣状斑块，这是外菌幕的残余部分。菌盖下的

----

① 菌蕾期（button stage）又叫纽扣期，指菌类刚刚形成、正在分化的幼小子实体时期。

菌褶发白，紧密排列，与菌柄离生，孢子印呈白色。在美国东北部，我们通常会看到毒蝇伞的变种（*formosa*），这一变种有橙色到黄色的菌盖，偶尔也能看到白色变种（*alba*），其菌盖为浅米色。密西西比河以西和欧洲地区，便是毒蝇伞自己的天下了。

真菌入侵

由于人类的干预，毒蝇伞正在全球范围内广泛传播。虽然它的原始生长范围仅限于北半球，但许多栽培的树木和灌木被迁移到了新的环境和大陆，与树木共生的蘑菇也就被引入到了新的地区。与各类理想的树种和景观植物存在共生关系的菌根蘑菇，如鹅膏菌，以及从牲畜粪便中吸取养料的腐生菌尤其容易引入到其他地区。如今在南美洲、澳大利亚、新西兰和非洲大陆就可以见到已被引入和归化的毒蝇伞。在新西兰，作为木材工业的基础，针叶树被大量进口和种植，人们也开始担心毒蝇伞菌的入侵会越来越严重。这种五颜六色的蘑菇在进口花旗松 ①（*Pseudotsuga menziesii*）的种植园中生长得很旺盛，根据报道，毒蝇伞也适应了本土环境，开始与一些本土物种形成共生关系。有人开始担心，这种适应性强的蘑菇会对本地菌根真菌物种构成威胁，因此，当前它已经被归为入侵物种。[20] 显然，将产蘑菇的真菌与植物（如葛根）、昆虫（如灰钻）、鸟类（如椋鸟和鸽子）以及哺乳动物（如挪威大鼠）一起视为入侵物种，这开启了一种新的分类范式。在真菌王国中，我们更倾向于了解入侵植物的真菌病原体，典型例子就是

① 花旗松（*Pseudotsuga menziesii*）是加拿大最大的针叶树，包含两大树种：海岸花旗松和内陆花旗松。边材颜色浅、宽度窄。

荷兰榆树病和栗疫病，造成这两种病虫害的病菌进入了北美，导致数百万树木死亡，这种大规模破坏从根本上改变了美国大部分地区的森林和社区景观，而蘑菇具有入侵性的观点尚未被公众所接受。

....

根据最近的遗传分析和罗德·塔洛斯的专著，确认毒蝇伞与欧洲变种（*formosa*）之间的遗传分化关系，北美东部的黄色毒蝇伞已被重新命名为毒蝇伞变种（*guessowii*）。而这个时期，大多数已经出版的野外指南列出的还是旧名称。在密西西比河以西，毒蝇伞以最初在亚欧地区所描述的红色菌盖形式出现，但它是一个不同的亚种，即毒蝇伞变种（*flavivolvata*），这种变种在阿拉斯加到墨西哥中部和危地马拉高地都很常见，而最初的毒蝇伞变种（*muscaria*）则常见于欧洲、亚洲和阿拉斯加西北部地区。[21]

生态、分布、栖息地

毒蝇伞与许多树根共生共长，常见于草坪、公园以及森林深处的树木周围。基于树木和真菌之间持久的共生菌根关系，它与树木之间也建立了联系。与毒蝇伞形成共生关系的树群主要有云杉、松树、桦树和白杨。专注的蘑菇猎人应该高度关注成片生长的毒蝇伞，因为通常在同一地点和同一时间还能结出可食用的美味牛肝菌。站在远处，很容易就能看到雕像般挺立的毒蝇伞菌这值得你驻足观看，欣赏它的魅力，但当你的目光只停留在毒蝇伞上的时候，千万不要忘记瞥一眼那些不太明显的牛肝菌。

　　在美国东部和中部，仲夏和秋季这两个季节往往降雨量充足、天气凉爽，这是最适宜毒蝇伞生长的时节。在缅因州，这意味着从 8 月到 11 月初，我们可以随时看到这些色彩鲜艳的真菌。初夏遇到多雨的年份，偶尔也能看到毒蝇伞的身影，但要警惕不要将它与其他的黄色鹅膏菌混淆。由秋入冬，西海岸的天气情况开始逐渐适合毒蝇伞的生长，因此，在加利福尼亚、俄勒冈和华盛顿州的毒蝇伞此时正是结果的好时候。

毒蝇伞中的活性物质

　　毒蝇伞的各种形式和品种，包括豹斑鹅膏在内，都含有鹅膏蕈氨酸[①]（ibotenic acid）和蝇蕈素（muscimol），这是两种密切相关的化合物，当人体在摄入毒蝇伞时，人体就会产生精神反应。这两种精神活性物质存在于蘑菇的果肉中，并集中在蘑菇表皮以及对应菌盖下方的果肉中。摄入毒蝇伞后，这两种化合物都能够穿过血脑屏障，作用于大脑中的神经递质受体。一旦与大脑中的血清素受体结合，蝇蕈素往往比其他神经递质保持结合的时间更长，这也就解释了为什么毒蝇伞对人体作用的时间相对较长、影响较

---

① 鹅膏蕈氨酸（ibotenic acid）是一种含有异恶唑环的氨基酸，是强烈的神经毒素，可对大脑造成严重损伤，最初是于 20 世纪 60 年代在日本从假球基鹅膏（Amanita ibotengutake）中分离出来。

大。一些证据表明，鹅膏蕈氨酸是兴奋性的，而蝇蕈素是抑制性的，但在烹饪蘑菇或给蘑菇脱水的过程中，鹅膏蕈氨酸很容易快速地脱羧^①成更具活性的蝇蕈素，这种转化反应也发生在人体的消化道中。[22, 23]

最早在毒蝇伞中发现的蘑菇毒素其实是毒蝇碱（muscarine），并且长期以来，人们都认为这种毒素是造成种种症状的主要原因。后经证实，人们发现毒蝇碱的浓度太小，并不会产生明显的效果。有人认为，小浓度的毒蝇碱可能会造成抽搐和痉挛症状。然而，本杰明义正词严地表示，并没有确凿的证据来支持这一结论。[24] 不过，若能找到最近发表的关于毒蝇伞和豹斑鹅膏的相关报道，你会发现这些报告仍然将毒性归因于毒蝇碱。

关于毒蝇伞，历史上有着广泛的记载，但有些记载相互矛盾，针对这些记载，肯定会延伸更多新的信息和理论，因此未来几代的时间里，这些问题值得真菌学家和人类学家们细细研究。因为对于许多人来说，仅仅是这些蘑菇的美丽外表，就足以让人驻足欣赏。

---

① 脱羧（decarboxylated）字面意思是除去羧基（-COOH）并用氢原子取代。该术语涉及反应物和产物的状态。脱羧是已知最古老的有机反应之一，因为它通常需要简单的热解，并且从反应器中蒸馏出挥发性产物。需要加热，因为在低温下反应不太有利。

第四部分

· · · ·

生态系统中的菌类

13

蜜环菌：
世界最大真菌称号之争

不出家门就采不到蘑菇。

——俄罗斯古谚语

1992 年 4 月，《纽约时报》刊登了一篇出人意料的文章："30
英亩的真菌获得双冠王：世界上最大、最古老的生物。"[1]故事源自
于当天发表在《自然》杂志上的一篇文章，文章详细介绍了一项在
密歇根州克里斯托弗尔斯附近的一片森林进行了四年的研究结果，
项目由三位生物学家组成，分别是来自多伦多大学的迈伦·史密斯
和詹姆斯·安德森，以及密歇根理工大学的约翰·布鲁恩，他们
声称发现了一种数量巨大的能长出蘑菇的真菌；[2]不久，这个生长
在森林土壤表面下的普通蜜环菌的单一菌落（*Armillaria bulbosa*）
引起了全世界的注意。

尽管他们最初是为了调查生长在森林特定区域内真菌的遗传多
样性，特别是如何区分森林中某种真菌的个体菌落，但该团队发现，

在最初的 120 米 ×60 米的区域中，所有蜜环菌都属于同一个菌丝网络。研究小组沿着一条样带 ① 扩展了样本区域，但仍然没有抵达基株 ② 的边界。在接下来的几年里，他们发现这个基株的菌丝网络扩展了 30 英亩的区域。在保守估计了菌丝体的年生长速率之后，研究小组确定这种真菌的菌龄在 1500 岁到 10000 岁之间，是地球上已知的最古老的生物。他们通过称得测量土壤中蜜环菌丝的质量，然后推断出调查区域的土壤总量，最终估算出所有真菌生长的总重量。他们估算出真菌的质量约为 100 吨，几乎是一头蓝鲸的重量。

研究结果发表后，媒体开始大量关注，北美乃至世界各地媒体、各种蹭热点的人纷纷来电，令这些生物学家难以招架。据威斯康星州真菌学家汤姆·沃尔克称，有一位日本商人想要资助一个木板路展览，于是便向观看巨型真菌的人们收取费用；美国有线电视新闻网（CNN）打电话说，一架喷气式飞机正在前往现场的途中，因为要拍摄这种巨型真菌的航拍照片，他们要求一名研究人员在场！ [3]

当然，站在这片世界上最大的真菌群中央，任何人看到的都是一片森林，有树、有灌木、有草和花，这块地与同森林的其他 30 英亩森林相比，看起来也并没有什么特点。若是碰巧在前一年

---

① 样带，生态学术语，一定地区内按照环境因子或人为活动梯度设置的具有一定长度和宽度的带状区域，其中包括一定的定位观测和野外实验地点。

② 基株，生态学术语，一种植物从种子长成幼苗，再到成熟，之后从根部又生出许多新枝，原来的那个幼苗就称为基株。

9 月或 10 月的一场大雨过后去到那里，可能会在森林地被上看到单生或分散成簇的蜜环菌，但这种景象远不如看到蓝鲸那样令人印象深刻。因此，这些猎奇的游客们，在参观蜜环菌木板路展览时，很可能只会感到无聊。

就在这些研究发现发表之后，各类人群蜂拥而至，纷纷称自己才是那个发现世界上最古老和最大真菌称号人。近 20 年前，在华盛顿西南部工作的两位森林病理学家，凯内尔姆·罗素（Kenelm Russell）和特里·肖（Terry Shaw），发现了一种与蜜环菌相关的基株——奥氏蜜环菌（Armillaria ostoyae），覆盖的地被面积约为 1500 英亩。20 世纪 70 年代，基于对不亲和交配型的相关研究，罗素和肖完成了对巨型真菌的研究；他们假设，在同样的琼脂培养基上，不同菌株的菌丝在生长过程中不会融合，但同一菌株的菌丝会长成一个群体。在一大片森林（近 1.5 平方英里）的范围内，他们收集了这种真菌的性亲和样本。一些科学家在校验"菌株相互竞争"这一说法时指出，罗素和肖有很好的航拍照片来支持他们的说法，但威斯康星研究中缺乏令人信服的基因证据。[4] 直到今天，谁是最大真菌的竞争仍在继续。2000 年，另一组森林研究人员报告称，他们发现了一种长在俄勒冈州山区的真菌，使之前的两种说法相形见绌。2008 年，该地区更新的报告指出，奥氏蜜环菌最大的基株占地超过 3.5 平方英里（2385 英亩），菌龄在 1900 岁到 8650 岁之间。[5]

这些巨型真菌基株隐藏着更大的问题：即如何定义"个体"，尤其是通过菌丝体扩散的真菌，因为这些几乎看不见的菌丝体在

森林土壤中生长时并没有明确的形状或边界。换句话说，单个个
体菌株在哪里结束，新的个体菌株在哪里开始？ 在密歇根州蜜环
菌的例子中，研究人员承认真菌的菌丝网络存在中断，并非连续
的相互连接的网络。虽然菌丝所在的森林地带是相同的，但它们
挑战了所谓"个体"的常规定义，个体即具有明确并受限的边界。
对人体而言，其受限边界是皮肤；对番茄植株而言，个体可以是
指根、茎、叶、花或果实。但如果一个有机体没有皮肤或茎，甚
至没有一个明确的生长模式或形状，那么单一性在哪里结束，多
元性又在哪里开始？ 对大象而言，很容易定义其个体的边界，如
果有两头基因相同的大象，我们会把它们称为克隆象或同卵双胞
胎，但肯定认为它们是独立的个体。而真菌的个体性就很难辨别
了，它们获取食物和水分时会向四周生长，随着时间的推移，可
能会成为茫茫森林生态系统中的孤立的森林地带。如果这些基因
相同或性亲和的菌丝林地之间的间隔很大，且没有已知的相邻连
接，它们仍然是个体吗？ 30 英亩的真菌所引发的问题确实具有里
程碑意义，在未来一段时间内，很可能成为争论的焦点。

分类

蜜环菌属真菌，含一小部分近源种。不久以前，大多数被归
类为蜜环菌属（*Armillaria mellea*），但现在分类学家根据化学、生
态和形态上的差异，一般认为它们是复合菌群，由至少 6 种，甚

至可能多达 14 种菌类组成。[6]在东北部，长在针叶树上的蜜环菌菇通常是奥氏蜜环菌（*A. ostoyae*），长在硬木上的要么是蜜环菌，要么是高卢蜜环菌（*A. gallica*）。大多数业余真菌学家或偶然采蘑菇的人很难区分这些密切相关的物种。要鉴别蜜环菌，最好的办法是先确定它是长在针叶树上还是落叶硬木上。

描述

以下是对所有蜜环菌的一般性描述，对某些品种可能不完全适用。这种复合菌群中的种类通常很难仅用简单的野外特征来区分。更多细节请参考你所在地区的野外指南。

蜜环菌呈棕褐色、黄褐色至棕色，单生或丛生（丛生更为常见），生于树木或倒木树根的地面上。菌盖直径一般为 2 ~ 4 英寸，呈凸形，成熟后变扁；菌盖中部有深色、粗糙的毛状鳞片。在初生过程中，整个菌盖可能会被这些鳞片覆盖。菌褶为浅褐色，与菌柄相连或略微下延。菌柄和菌盖颜色相近，通常是菌盖宽度的两倍长，越往下会越细。每个菌柄都有一个厚实的白环，通常有不规则的鳞片。孢子印呈白色。

与蜜环菌相像的蘑菇

一个流传很广的错误观点是：木头上的蘑菇都没有毒，所以都可以安全食用。这个观点是错的！和许多错误观点一样，这个观点也包含着少许真理。通常在木头上生长的多孔菌都没有毒。更准确地说，即使是这样的概括也不应该成为决定吃一种新蘑菇的基础。如果你不是百分之百确定蘑菇的种类和可食用性，千万不要吃。有疑问的话，把它扔掉！

在几种长着菌褶的有毒腐木菌中，最需要注意并且有剧毒的莫过于也是单独或小簇生长在木头上的秋盔孢菌（*Galerina autumnalis*），属盔孢伞属（*Galerina*）及其近源种。与蜜环菌不同，秋盔孢菌更小，产生的孢子印呈棕色。顾名思义，秋盔孢菌是一种能夺人性命的毒菌，含有与致命鹅膏菌中相同的环肽毒素。盔孢伞属的菌类与蜜环菌一样，通常在凉爽潮湿的秋天出菇。

另一种著名的簇生木腐菌是毒类脐菇（*Omphalotus illudens*），很引人注意；常密集簇生，长于由其菌丝体感染的树木底部的地面上。如果毒类脐菇被人误食，会引起严重的胃部不适。最后一种潜在的毒蘑菇是一种长着棕色孢子的橘黄裸伞（*Gymnopilus spectabilus*），俗称大笑菇（big laughing gym），与蜜环菌一样在秋天出菇，生于木头上，通常味道很苦，也有致幻作用。

许多小蘑菇表面上像蜜环菌，但通常是单生而非簇生。采摘蘑菇时一定要确保有标志性的识别特征：成簇生长，白色孢子印，有小而深且呈鳞状毛的菌盖，一个厚实的环，长有菌褶或轻微向下的菌褶。

生态

在森林生态系统中，有各种各样的蜜环菌扮演着腐生菌和寄生菌的角色。作为腐生菌，它们被称为"白腐真菌"，因为它们的食物来源是木材中的棕色木质素，消耗了之后只留下白色纤维素。在这个过程中，它们再次吸收了储藏在木材中的营养物质。作为寄生菌，蜜环菌被誉为致命病原体，它们攻击、削弱和杀死各种各样的树种。一代又一代的护林员和土地所有者，对蜜环菌根腐病都怀有敬畏、恐惧和厌恶的复杂心情，因为它对森林、果园和景观植物造成了破坏。随着菌丝网络的建立，它形成了厚厚的、密实的、深色根状菌丝。这些看起来像靴子带或鞋带的菌丝，借由土壤来寻找可以入侵的新树根，这样蜜环真菌就能够在广阔的区域内迅速找到并攻击衰弱的树木。当真菌进入新领地时，已感染区域延伸出来的根状菌索（rhizomorphs）[①]也可以作为一个有效管道，将水分和营养运输到扩展的菌丝网络区域。

由于树根功能受损，树木会缺乏营养和水分，在一到两年内，被感染的树木就会表现出受损的迹象，但有时可以相对不受影响地生存，直到它们承受压力，真菌突破了树木脆弱的自然防御。在严重感染的树木或被蜜环菌根腐病致死的树木上，可以看到树

[①] 根状菌索（rhizomorphs），即高等真菌的菌丝密结呈绳索状，外形似根。颜色较深，根状菌索有的较粗，长达数尺。它能抵抗恶劣环境，环境恶劣时，生长停止，适宜时，再恢复生长。

皮和心材之间生长着一种网状的黑色鞋带状根茎。多年来，被根腐病杀死的树桩继续为活菌丝提供住所，并作为蜜环菌感染地区新一代树木的接种点。出于这个原因，在蜜环菌感染活跃的地区，细心的护林人重新种植树木之前会用机械移除受感染的树桩。[7]虽然蜜环菌被认为是具有攻击性的树木病原体，但有些种类的蜜环菌主要以腐生菌的形式存在于土壤中，只有当树木因干旱、虫害、伐木或其他因素死亡或受到压力时，它们才会成为寄生菌。

在潮湿的夏季森林，夜间到访的游客偶尔会看到蜜环菌，这是蜜环菌另一个迷人的特点，十分引人注目。偶然间，蜜环菌菌丝占据的木材会发出生物荧光，这是黑暗中一束微弱的空灵之光，会让那些夜间毫无防备的旅居者感到害怕或欣喜（见第 15 章）。

可食性

已故的真菌学教授理查德·霍莫拉博士（Dr. Richard Homola）是缅因州大学前真菌学教授，他是蘑菇的狂热收集者和摄影师，也是蜜环菌的狂热爱好者。他告诉我，比起其他大多数能吃的食物，他更喜欢蜜环菌，所以采摘保存了很多，以备冬天使用。在秋天的月份里，通常是缅因州 9 月中旬之后，雨季之后，蜜环菌会在短时间内长出令人难以置信的大量果实。在丰收的年份，这种蘑菇几乎可以采到一卡车。为了获得最佳的食用效果，要在小硬菌盖完全打开之前采集。坚硬的菌柄往往是由纤维构成的，尽管汤姆·沃尔克建议，要剥去纤维状的表皮，就吃菌柄内部松软的果肉，但我认为最好还是留下，因为我不太喜欢剥皮，这对我来说有些费力。

一般而言，蜜环菌会肆意结菇。大量呈幼嫩紧实的纽扣状蘑菇成簇生长，偶见几个成熟及过度成熟的蘑菇，蘑菇多到可能会令人不知所措的程度。它还会过度刺激我们内心深处的贪婪，导致我们不加选择地摘采，将尽可能多的蘑菇带回家。当回到家中厨房，准备烹饪或保存收集的蜜环菌时，你要再次检查每个蘑菇，以确定只有蜜环菌菇，并且每个蘑菇都是紧实而健康的。看到任何有问题的蘑菇、老蘑菇或可能变质的蘑菇，你都要扔掉。许多蘑菇生病案例的发生，都是由于食用了感染细菌的老蘑菇。

忠告

无论你所吃的蘑菇菌龄多大，分量多少，一定要充分烹饪蜜环菌！蜜环菌含有一种不耐热毒素，对那些喜食半生不熟的粗心食客而言，可能会造成轻度到中度的肠胃不适。你可以吃脆西蓝花或青豆或尝试嫩牛肉，但要吃蜜环菌，就必须做熟！

我有一个朋友，是一位德国厨师，我喜欢给他带蘑菇。看到篮子时，他总是友好地咧嘴微笑，然后几乎总是会讲述在二战后，他的家人在那些青黄不接的年份里将蘑菇作为生存食物的故事。不幸的是，他从一个蘑菇采集人那里买了一些蜜环菌，在没有被提醒也不知情的情况下，未煮熟就给家人吃了。他半夜醒来，不由自主地想去厕所，却发现大家都在上厕所，一整晚，他和他家的另外两人都在厕所待着。在第二天中午之前，他们都恢复了健康，但与此同时，他也以这种痛苦的方式学会了想要吃这种蘑菇，就必须完全煮熟。

　　未煮熟的蜜环菇太折磨人了，除此之外，还有一小部分人，无论烹饪方法如何，他们都无法忍受蜜环菇，食用后会出现轻度到中度的肠胃不适。有很多说法试图解释这种现象，比如说这是长在针叶树（有毒）上的蘑菇，或者说是吃得太多了，也有说这是一种过敏反应，等等。基于这种罕见的症状，我建议第一次吃蜜环菌时，先少吃一些，看看它是否适合你的身体系统。于我而言，我不会让人随便食用蜜环菌，让这些对真菌学一无所知的食客食用时，我一定会先充分提醒。话虽如此，我还是很乐意将之分享给我的家人，它的制作和储存方式多样，我通常会把它晾干，在淡季用来做汤和炖菜，浓郁的味道非常棒。

　　漫步森林中，偶尔会采摘到一簇簇紧实的幼嫩蜜环菌。当然，在这片森立地被上，有大量菌丝体在半腐层生长，很多菌类已出菇，且腐殖在树木上，对此，我并不会过多地去想。因为这些相互关联的真菌簇可能绵延几英亩，其总量之和可能会使我沾沾自喜采集而来的蘑菇量相形见绌，但我仍十分享受我的劳动成果。当然，我也从未想过建造一条木板步道来炫耀这份美景。

14

仙女环和仙女故事

你们这些小小傀儡，

借着月光，

将绿茵变腐草、形成仙人环，

不让羊儿吃到……

——莎士比亚，《暴风雨》

我为仙女之王服务，

给她天体上的草地撒清露。

——莎士比亚，《仲夏夜之梦》

　　设想你是一位牧羊人，正带领羊群来到英格兰南部高地一块肥沃的牧场上，这是一片老牧场，已经有350年历史了。在清新的晨光中，在满是露珠的丘陵上，一片万象更新之景映入眼帘，奇妙之感定格在脑海中。沿着草圈的外缘，长出了一大片小蘑菇。草圈里面的小草像被踩踏过似的，长得零星稀疏，几乎光秃秃；在草圈的周边，也就是刚开始长蘑菇的地方，情况可大有不同。对比周遭小草的长势，这里的小草更为繁茂，长得又高又密，草绿色也更为鲜艳。此刻的你确定你曾来过此地，但却从未见过如此神奇之景。好像有什么魔法在起作用。这难道就是祖父曾说过的仙女环吗？为防止羊群因寻觅茂密青草而误入这片草圈中，你迅速将它们驱赶成群。在你的祖父曾讲过的关于命运的寓言故事中，等待着人类或野兽命运的徘徊之地正是这样一个充满童话的圣地。

无论你信仰哪种宗教，很多真实经历都提醒我们，有一股强大的力量在监视着宇宙万物。于我而言，能在草坪或田地中央看到一个巨大的蘑菇仙女圈实在令人兴奋，这就是体现大自然力量的最好佐证之一。同样令人惊讶的是，环外草木葱郁，圈内却寸草不生。随着时间的推移，仙女环在世界各地都激发了人们的敬畏之心，这一现象也与神话、神秘产生了关联。

简言之，仙女环是指一群蘑菇群聚生长，易辨认且呈圆形。这些环或弧有大有小，直径从几英尺到几百米不等，在世界各地的温带或亚热带气候地区都有发现。目前已知的最大的仙女环位于法国，由肉色杯伞（*Clitocybe geotropa*）[1]真菌生长而成，直径超过半英里，据信已有 800 年历史。在草坪、球场和公园里，经常会看到直径为 10~20 英尺的仙女环。

这些呈环状或断续弧状的草环，多出现在修剪过的草坪或干

---

① 肉色杯伞，伞菌目、白蘑科、杯伞属菌类植物，子实体中等至大型。菌盖直径 4~15cm，扁平，中部下凹呈漏斗状，中央往往有小凸起，表面干燥，幼时带褐色，老时呈肉色或淡黄褐色并具毛，边缘内卷不明显。

草地里，很少在牧场和树林里看到它们。有时，在森林里，我们会看到成熟蘑菇形成的仙女环，这些仙女环多是一些大型蘑菇品种，如长在光滑针叶树针半腐层上的飞鹅膏（fly amanita）、大秃马勃（giant puffballs）、白杯蕈（white *Clitocybe*）等。

科学家们对真菌的生命周期和生长模式还尚未有充分的了解，至于我们身边为何会出现这些神奇的仙女环，人们提出了许多世俗的、幻想的和超自然的解释。这里有一些来自世界不同地区的传说，这些传说广为人知且皆与仙女环相关。

在英国和欧洲大陆的一些地区，传说仙女环会出现在仙女们聚会、举办舞会和跳舞的地方。在圆环边缘的蘑菇是疲惫的仙女们的休息场所。在英国的苏塞克斯，仙女环被称为女巫的足迹。而在德文郡，人们认为仙女会在夜里抓住小马，骑着它们转圈。同样在英国，人们长期以来认为仙女环边缘茂盛的草地上的露水是由乡下姑娘收集的，据说可以改善肤色，或者用作爱情药水的基质。在丹麦，人们一直认为精灵是仙女环的始作俑者。而在瑞典，人们认为进入仙女环的人将会完全在仙女的控制下度过余生。德国人和奥地利人认为，环中心光秃秃的一片是火龙在夜间游荡后休息的地方。在许多地区，人们曾认为仙女环标志着宝藏的位置，如果没有仙女的帮助，就无法保证宝藏的安全。[1, 2, 3, 4]

在美国，新罕布什尔州贾弗里（Jaffrey）的《蒙纳德诺克导报》（*The Monadnock-Ledger*）在 1965 年夏天报道了一个大型仙女环，并称这是飞碟留下的。同年夏天，新罕布什尔州埃克塞特镇附近也报道了 UFO 目击事件。

也有称仙女环的形成是一种自然现象。久而久之，人们认为其形成得益于蚂蚁、白蚁、鼹鼠、牛或马的尿液，或是干草垛放置的结果，也有可能是打雷闪电后留下的。1791 年，伊拉斯谟·达尔文（Erasmus Darwin）在他的史诗《植物园》中提出假设，认为造成这一现象的原因是"圆柱形闪电"以圆形模式燃烧草地，导致土壤肥力增加。达尔文写道："因此，乌云中蕴藏着的俏皮闪电泉，劈开了坚硬的橡树，也复刻出遍地的仙女环。"[5]

我们现在知道，之所以会产生仙女环，是因为真菌菌丝会通过草质生长介质无限制生长，继而真菌又沿生长环外缘无限制生长的结果。以草坪蘑菇四孢蘑菇（*Agaricus campestris*）或仙女环蘑菇硬柄小皮伞（*Marsmius oreades*）为例，试想它们的一对孢子正在空旷的草地上发芽。这些蘑菇是腐生生物，以土壤表层的枯草叶片和根系为食。一旦孢子发芽，菌丝就开始向外生长，在食物来源和水分的连续性没有任何中断的情况下，菌丝网络就会腐食草屑，并向各个方向以相同的速度而开始生长。

一旦扎根，仙女环的生长速度平均每年可以达到 5~9 英寸，不过，这也取决于降雨密度和降雨量的多少。如果真菌在第一年就会长出蘑菇，那么它们很可能是蘑菇源头中的一小簇。而且，在蘑菇生长的过程中，不管草长得有多快，也会如同动物粪便一样被蘑菇腐食。

随着菌丝体向外生长，菌丝体在不断遇到新的有机物，因此

摄食区域也开始向外扩张，而扩张圈内部部分的营养物质会逐渐
消失殆尽。因此，环状中心的土壤不那么肥沃，草地多半生长不良，
且地面上多是光秃秃的斑块。（这些草之所以生长迟缓，也有人认
为是菌丝体形成的簇团阻碍了草对土壤中水分的吸收。）沿着环的
前缘，真菌正在积极"腐食"即将死去的植物物质分解成基本的
营养物质。有了更多的可用养分，这里的草比环内外的草都长得
更加茂盛。在一片地面上，不可能生长的全是同一物种，也不能
要求地面上没有障碍物；因此，不论环状大小，这些环形肯定或
多或少被打破。由于土壤湿度、食物可用性、岩石、岩壁或其他
因素的变化等原因，大多数仙女环呈单面弧线或弯曲线条状，且
由于不同区域下，植物的生长速度一定会有所不同，这也使有些
仙女环长得奇形怪状。

仙女环中常见的蘑菇

硬柄小皮伞（*Marasmius oreades*）[1]	仙环菇	可食用
四孢蘑菇（*Agaricus campestris*）	洋菇	可食用
野蘑菇（*Agaricus arvensis*）[2]	马菇	可食用

---

[1]　硬柄小皮伞（学名：*Marasmius oreades*），又称仙环上皮伞（Fairy ring mushroom）。其子实体较小。夏秋季在草地上群生并形成蘑菇圈，有时生长于林中地上。

[2]　野蘑菇（学名：*Agaricus arvensis*），俗称马菇（Horse mushroom）、草原黑蘑。是一种担子菌门真菌，隶属于伞菌属。这种真菌非常美味，呈白色，且与四孢蘑菇极相似。

白霜杯伞（*Clitocybe dealbata*）①	出汗蘑菇	有毒
大青褶伞（*Chlorophyllum molybdites*）②	绿孢环柄菇	有毒
高大环柄菇（*Macrolepiota procera*）③	雨伞菌	可食用
粗鳞大环柄菇（*Macrolepiota rhacodes*）④	粗鳞青褶伞	可食用
大秃马勃（*Calvatia gigantea*）	大马勃菌	可食用
毒蝇伞（*Amanita muscaria*）	毒蝇鹅膏菌	有毒

....

　　作为一个菌类爱好者，我一直在寻觅优良的食用菌，将之变为我餐桌上的美味。我之所以寻找仙女环，一方面是出于好奇心，另外也可以将之作为一种潜在的食物来源。虽然我知道一些长在仙女环中的蘑菇是有毒的，但也有很多可食用，所以我在夏秋两季会密切关注长势茂盛的草，这意味着这里会再长蘑菇，这样我就能找到它们。

————————————

① 白霜杯伞（学名：*Clitocybe dealbata*），俗称出汗蘑菇（sweating mushroom）。真菌界伞菌目白蘑科杯伞属下真菌，夏秋季在林中地上成群或成丛生长。

② 大青褶伞（学名：*Chlorophyllum molybdites*），俗称绿孢环柄菇（Green-gilled Lepiota）。子实体大，白色。多生长于野外，在家中花盆里、食用菌腐殖土中也能生长。有剧毒。这是一群剧毒蘑菇，内含肝脏毒素、神经毒素、胃肠毒素和溶血四种毒素，食用后会造成多器官功能衰竭，并且死亡率相当高。

③ 高大环柄菇（学名：*Macrolepiota procera*），俗称雨伞菌（Parasol mushroom）。是蘑菇科、大环柄菇属真菌。质地脆嫩、味道鲜美、营养丰富，人体必需氨基酸含量高，是一种很有开发前景的野生食用菌。在欧洲高大环柄菇是一种很受欢迎的食用菌。

④ 粗鳞大环柄菇（学名：*Macrolepiota rachodes*），俗称粗鳞青褶伞（Shaggy parasol）。可食用。个体大，味较好。可利用菌丝体进行深层发酵培养。与松、落叶松、栎等形成外生菌根。夏秋季生长于林中地上，单生或散生。

当我翻阅有关仙女环的文献、在互联网上寻找相关信息时，让我惊讶又好笑的是，竟有很多资料认为这是草坪病害的表现。为给这些精心打理的草坪摆脱这一"病害"，指导网站甚至会专门给出方案（一直以来，让我感到惊讶的是，有些人为了追求完美的草坪会不惜一切代价）。有些地方寸草不生，但有些地方却草木茂盛，为了掩盖这一状况，他们通常会通过强化通气、施用除草剂（通常无效）、增加额外的氮肥等方式来救治，如果所有方法都没用，则会选择清除和替换"受感染"区域的表层土壤。看来，为消灭迷人的后院里这些丰富的真菌品类，除掉这些潜在的可食菌，他们可真是不遗余力啊。话说如果我们消灭了仙女环，可怜的仙女们要到哪里跳舞呢？

仙环菇或苏格兰帽菇（硬柄小皮伞）

这是诸多仙环菇中最广为人知的一种蘑菇（其俗称"仙环菇"也因此而来），在任何没有过度施肥和修剪的草地上几乎都能发现它。在整个生长季节，其普遍特征是：环形不断向外扩张，圈外因受刺激长势郁郁葱葱，而环内或弧内的生长却受到抑制。它们在整个生长季节都会出菇，最易长于初夏，在东北部的初秋及类似气候也易生长。在晚春或中秋至晚秋时节，通过苍翠繁茂的青草最易锁定仙女环的位置。

说明

　　苏格兰帽菇的俗称依据蘑菇菌盖的典型形状而命名。在早期阶段，该菇呈圆形，接着圆形慢慢打开，逐渐在菌盖上长成一个很别致的宽状且位居中央的球形突出物，称为壳顶（umbo）。菌盖和菌褶①颜色大致相同，由白色至浅褐色不等，随着时间的推移或反复的"再水合修复"作用，颜色会有所加深，这体现着蘑菇从干燥到在潮湿天气中达至完全活跃的湿润状态的能力（详见下文）。其菌盖表面光滑，无鳞屑、绒毛或滑腻感。菌褶着生于菌盖下方（但不向下延伸），形状宽且间距较大。孢子印呈乳白色。成熟时，菌盖的直径通常为 1 ~ 2 英寸。茎细（1/8 英寸），且长（可达 3 英寸），纤维状，坚韧且呈弯生状。据说一团菌盖会有淡淡的杏仁提取物气味，但我并未注意到这一点。

生态

　　仙环菇的菌丝体在生长发育过程中需要充足的水分，在等待水分补给的过程中，菌丝体可以保持长时间的休眠状态。在环境优良的条件下，菌丝体已成为一种可持续的多年生植物，你可以种植苏格兰帽菇，因为该品种每年都至少长一茬，并且其果期可

---

① 菌褶（Gill）指菌盖内侧的皱褶部分，即菌类伞状体下面所生长的褶层，为孢子生长之处，或由菌褶原发育成的结构，是伞菌类真菌分类的重要特征。

以持续很多年。

令人着迷的是，该种类蘑菇产生的菇体在完全干燥的情况下，只需要进行再水合，就可以继续生长并产生新的孢子。在露天草原上生长的这些蘑菇，既要承受强烈的阳光照射，还要面对断断续续的阵雨，这就显示了其具有强大的繁殖优势。多年来，很多人意识到了这种再水合能力，但科学家不确定蘑菇干燥后是否会继续产生孢子，也不确定细胞是否会继续分裂；换言之，当时并不清楚在再水合操作后，蘑菇是否真的还能保持活力。最近的观察和研究证实答案是肯定的。蘑菇在干燥时虽不活跃，但仍具活力，在再水合时会恢复到完全活跃的孢子生产状态。一直以来，科学家们都在努力更好地理解"再水合修复"这一过程，并基于此探索能让活生物体恢复生命的机制。

海猴子或许是最著名的可通过再水合修复的例子。邮寄到你手中的，就像一袋面粉，而实际上这是一群囊类的咸水虾（一种小虾米，产于世界各地盐池和盐滩的甲壳类动物）。由于自然界水循环的强弱变化，往往引发时而洪涝时而干旱的自然灾害，这些虾也因此进化了适应能力，可使它们在极度的沙漠环境下进入"假死"或休眠状态。在囊化状态下，并没有可测量的生命迹象，它们能够抵御极端的高温和低温，会存活很久。但当在这袋虾中加入盐时，海猴子很快就会恢复正常功能。

在水分不足的极端环境下，复活蕨类植物和其他此类蕨类植物也会展现出类似模式。我还记得我第一次在新墨西哥州阿尔伯克基郊外的桑迪亚山脉山麓采集斯坦利隐囊蕨（Stanley's cloak fern）的叶子。这些蕨类植物生长在微气候中，微气候是由悬挑的花岗岩壁架或巨大的花岗岩巨石保护下形成的，岩石上的雨水会流入这些受保护的绿洲。这些蕨类植物生长在海拔 6500 英尺的地方，每年的降雨量不到 10 英寸，它们的小叶子表面呈粉状白色，底部有蜡状涂层，在干燥后卷曲成紧密的球状簇。在潮湿的天气里，它们的叶子会展开，重新开始光合作用。

对能够进行再水合修复的生物（包括仙环菇）的研究表明，当它们在变干时，海藻糖等某些糖类的生产会增加。当干燥的生物体再水合被激活时，它们会消耗海藻糖。也就是说，当组织变干时，这些糖含量的增加有可能在保持细胞壁完整性方面发挥着重要作用。[6]目前研究证实，仙环菇在干燥和再水合时，海藻糖的含量会相应地增加和减少。

与仙环菇外观相似的菌类

一些长在草丛中的蘑菇，外观类似于仙环菇。品种隶属于斑褶菇属（*Panaeolus*）或裸盖菇属（*Psilocybe*）的棕黑色孢子，亦喜生于草丛中，因此要避开食用非米白色菌褶的蘑菇。有毒的出汗蘑菇，如白霜杯伞（*Clitocybe dealbata*）亦长于草丛中，且易与仙环菇混生。它有一个灰白色菌盖，密密麻麻的白色菌褶附着在白色的茎上或略微下延。白霜杯伞含有毒蕈碱，食用后会产生明显的令人不舒服的症状，包括大量出汗、流泪和流口水等，食用后症状会在 30 分钟出现。

忠告

由于人们喜欢在家庭草坪上种植仙环菇，所以在采食它们时，有几点事项需要特别注意。我就曾因多次犯错而没有采到这种蘑菇，想象着过一天左右就能回来收集到战利品。这一假设有两个错误，第一件事与我们郊区居民割草的不良习惯有关。每个季节，都有数不清的美味蘑菇被这些旋风刀片除草剂除掉。第二个错误也许更致命，这与很多敏捷的蘑菇采集者（包括许多在我的课程中学习这类技巧的人）想要抢先获得战利品有关。最后需要注意的是，像许多其他蘑菇一样，仙环菇能够吸收并保留一些农药和重金属。显然，这种蘑菇最好生长在未经修剪的草坪上，所以不要在修剪得很整齐的草坪上采集它们，因为那里很可能使用过化学剂。

可食性

许多蘑菇爱好者认为硬柄小皮伞（*Masmius oreades*）是一种很好的食用菌。我们经常会在弧形或环形仙女圈发现许多散生菇体，尽管它们体积很小。因此在天气好的时候可以采集到大量蘑菇。坚硬的纤维柄口感并不好，因此食用时最好去掉。我发现，如果用拇指指甲和食指捏住柄上部，菌盖会干净利索地从柄部掉落。大卫·阿罗拉建议在收集干净的无茎苏格兰帽菇时带上剪刀。考虑到硬柄小皮伞的再水合修复能力，我会毫不犹豫地在半干状态下采摘该蘑菇，该品种易脱水，因此毫无疑问，将其脱水是首选的保存方式。仙环菇菌盖有着完美的大小和形状，可以在许多菜肴中完整使用。几年前，我用一罐干菌盖做感恩节火鸡的面包馅，得到了大家的一致好评。煮熟后，这种蘑菇有嚼劲且味道温和独特，已成为许多菜肴中受欢迎的配料。

　　仙女环背后所蕴含的自然世界奇妙而复杂，值得我们深思。而且，这一现象还能促使孩子们去了解大自然，去探索这些迷人的真菌背后的生命周期、生态知识和神话故事。许多蘑菇都可以形成仙女环，有关它们的每个故事都能变幻一缕魔力的气息。

借着月光的阴影，轻快的精灵看到，
银白色的信物，和那环圈的绿草。
　　　　　　——亚历山大·蒲柏，《夺发记》，1712 年

15

真菌发光现象：
蘑菇小夜灯

有些东西既不是火，也不是火的形态，
但似乎天生就发光。

——亚里士多德

　　夜晚沿着森林小道漫步，既是一种神奇的消遣方式，也能提高你的认知能力。夜间视觉下降，听觉、嗅觉及触觉等感官能力随即增强。这时，从手电筒发出的任何光锥会迅速被黑洞吸收，消失在漆黑的夜色里。对于那些不熟悉大自然的人而言，由于森林里视野有限，且各类植物彼此依偎生长、树冠密密匝匝，因此，这些葱茏茂密的成熟林总是令人生畏，即使在白天，这种感觉也丝毫不减，而晚上会越发强烈。簇拥而生的树群有着独属于它们自己的领域，在这里，脚下最轻微的树枝断裂声此刻都被无限放大，但在广袤的森林里，这些声音又显得那么微不足道。在那些恐怖的童话故事里，会有很多想要毁灭人类的动物，如贪婪的狼、巨型毛茸茸的蜘蛛等反面角色，还有些角色既奇怪又干瘪，其角色设定就是专门提供水果，尽管这些水果看起来像真的，但其外表绝美，让人一度怀疑这是不是真的果子。在森林深处的篝火旁，我们之所以会经常讲一些鬼故事，原因之一就在于，森林是我们祖先的栖息地，当我们在森林里狩猎时，我们同样会被森林里的其他生物猎食，因此，森林并不是一个特别安全的地方。一到晚上，我们就会强烈感受到森林的恐怖气息，仿佛能听到一只狼在不断哀嚎。

25 年前，我正在缅因州林肯维尔的一个项目中教授环境生态学，该项目由坦格活德 4-H 营地和学习中心（Tanglewood 4-H Camp and Learning Center）① 实施开设。那时，为了让孩子们从教室的束缚中解放出来，我们便带他们走进森林，亲身体会人类与自然的联系，毕竟，森林是活生生的实验室。我们为这些中学生设计了一个通宵项目，在晚餐后的傍晚，我们便带领小团体徒步进入了夜幕笼罩的森林中。在夜间，带领着一群 13 岁的孩子进入一片成熟的白松林，就像在护送他们前往圣约翰大教堂。以我对青少年的了解，我原以为他们会嬉笑打闹，但黑森林的威慑力让人不由得对它肃然起敬，平时不安分的孩子们在这一刻也变得安静起来。当让他们关掉手电筒，坐在黑暗的森林里时，他们瞬间感受到了自身的渺小，尽管内心紧张，但此刻在他们心中，对森

① 4-H Camp 中 4-H 分别代表"头、心、手、健康"（Head, Heart, Hand, Health），是美国提高青少年素质的一个重要教育理念和实践。

林的敬畏之情已转化为一种发自内心深处的尊敬。若我们有意识地将夜间休息地安排在一些特殊的地方，比如，一个被蜜环菌①菌丝体覆盖的树桩上，或是长满冷光扇菇（Panellus）②和鬼火蘑菇③的区域，那么敬畏之情又会转变为好奇心。孩子们先是需要花点时间来让眼睛适应黑暗，但随后就会有观察者低声说：“嘿，那奇怪的光是什么？”如果指的是蜜环菌菌丝体，那便是潮湿地面上枯木表面的绿色发光条纹或斑块。如果足够幸运，恰好坐在了一片结实的鬼火蘑菇或冷光扇菇旁，他们就会发现淡绿色的光从密密麻麻的菌盖的菌褶中散发出来。

你可以把这种现象称之为生物性光（bioluminescence）、狐火（foxfire）、鬼火（fairy sparks）、火炬木（torch wood）等。但无论

① 蜜环菌（Honey Mushroom）别名榛蘑、臻蘑、蜜蘑、蜜环蕈、栎蕈。夏秋季在很多种针叶或阔叶树树干基部、根部或倒木上丛生。可食用，干后气味芳香，但略带苦味，食前须经处理，在针叶林中产量大。广泛分布于北半球的温带地区。

② 小菇属、扇菇属（Panellus）。其中，冷光扇菇是一种发光生物，分布区域较广，是一种阔叶树根腐生生物，但北美洲东部比西部生长着更多的冷光扇菇。这种扇菇非常坚韧，它风干之后经雨水浸泡又会恢复，它就像许多硬柄类蘑菇一样。据称，这种冷光扇菇可当作一种止血剂。

③ 鬼火蘑菇（jack o'lantern mushrooms）。一种神奇的蘑菇，它们在白天时是黄橙色，夜晚却会发出绿色的荧光，因而被称为鬼火蘑菇。最近有研究指出，它们或许可以治疗癌症，但前提是服用以后不会被毒死。其学名为 Omphalotus olearius，生长在美国各地的硬木桩上。它们的光线非常微弱，必须适应黑暗以后才能看见；据了解，这些荧光来自荧光素酶，不过目前尚无法确知它们为什么要发光。研究人员表示，鬼火蘑菇不仅是美观而已，它们充满各种可能可以对抗癌症的物质，现在研究团队正在努力找出适当的方式提取这些化合物，而不会让使用者被毒死。

怎么称呼，当你走在林间黑暗的小道上，与这些发光的菌菇不期而遇，这绝对是一副奇妙的景象，虽然有时也会让人害怕。生物性光一词的字面意思是"活的光"，世界上有近 50 种不同真菌会发光，包括上面提到的三种常见且广泛分布的北美蘑菇。在热带地区，随着对真菌多样性的不断探索，发光物种数量在不断增加。近期，巴西又发现了五种新的发光菌种。[1]

　　真菌在夜间的发光现象总是令人着迷。在一些民间神话故事中，发光的木材被视为仙女狂欢的标志，发光真菌也因此被称为仙女火花。对于狐火这个名字的来源，多年来我一直认为与阿巴拉契亚山脉有关（确实在该地区使用过），但在最初，这个名字来自法语"faux fire"或"假火"这两个单词的写法，用来描述真菌发出的光。

　　关于人们使用发光真菌的故事有很多，比如有故事说二战期间，在太平洋群岛丛林中的士兵在给家里写信时，就是用发光真菌来照明。[2]还有故事讲这些士兵在夜间巡逻或执勤时，会在步枪枪管上放一些发光真菌作为释放友好的信号。在欧洲，有记载说人们会使用一簇簇的火炬木在森林中标记道路。但显然，狐火只在夜间有用，比如在韩瑟尔（Hansel）和格丽特（Gretel）① 的故事

―――――――――――

① 《Hansel and Gretel》是英国童话故事，讲的是一个贫穷的伐木工和他的妻子生育了两个孩子：Hansel and Gretel，在两个孩子还很小的时候，他们的妈妈就不幸去世了。此后不久，父亲再婚，但是他们的继母却十分冷漠和残忍，想把他们抛弃在附近的森林里。第一次，聪明的韩瑟尔在一路上留下了不少的小石子做记号，他们依靠这些痕迹终于得以回到家中。但是没过多久，继母就又把他俩搁在了森林里。这一次，机灵的韩瑟尔使用面包屑做记号，然而面包屑却被林中的鸟儿吃掉了……他们没办法找到回家的路了。

中，为标记从女巫家走出森林的道路，若他们用的不是面包屑（鸟儿会吃完他们留下的面包屑）而是狐火，到了白天他们仍会迷路。

狐火这个称号也在海洋史册上留下了印记。1775年美国殖民时期，爱国者大卫·布什内尔（David Bushnell）建造了第一艘用来攻击另一艘船的潜水艇，并在独立战争期间使用。为击沉英国海军舰艇"鹰"号（HMS Eagle），美军试图在水下埋设水雷，尽管最终并没有成功，但这艘小型潜水艇却成为海战中的里程碑标志。[3]在早期的试验中，布什内尔意识到，在封闭的船内使用蜡烛照明会迅速耗尽氧气，这样就会缩短船在水下的时间。于是，他向当时另一位伟大的发明家本杰明·富兰克林寻求意见，富兰克林建议使用狐火，狐火可以发出足够的光亮来观察指南针和深度计。[4]

宁静的秋夜里，黑暗的森林中，此刻的你坐在一片苍白、发光的木头旁，这是再多的知识也无法取代的神奇体验。对生物性光的理解，科学家已经取得了巨大的进步，他们发现并非只有黑暗森林深处的真菌会发光，黑暗海洋深处的其他生物也会发光。在海洋深处一英里或更远的地方，由于表面的光线无法穿透，永恒的黑暗成为常态。琵琶鱼和龙鱼已经进化，它们会使用发光器官和附属物来吸引粗心的猎物和潜在的配偶。在超过5000英尺深的地方，许多深海居民将死去的或垂死的生物体来作为自己的食物来源，这些生物体大多是微小的生物体，从丰富的表层物中过滤而来，虽然深海海床和浅水一样，有很多的庇护所和栖息地，但对大型食肉动物来说，寻找配偶和猎物并不是那么简单。值得注意的是，在一系列适应过程中，一些脊椎动物和无脊椎动物，如虾和海洋蠕虫，都进化出了专门的发光器官。许多鱼类的头部和身体两侧都有发光器官的图案。其他的肉食动物，嘴巴巨大且张着一排牙齿，孩子看到肯定会做噩梦，它们已经长出了发光的附肢，挂在它们张开的下颚前的鼻子上。这些诱人的灯塔引诱着不警惕的生物前来。在一个完全黑暗的世界中，发展和维持这种专门的发光器官很有优势，它们会变得更容易获得食物，也更易繁殖。[5]

在新英格兰地区夏季黑暗的田野上，这片远离海底的地方，类似的奇迹正在上演。我在美国西南部长大，直到1971年夏天，在我去了纽约州北部后，我才目睹了萤火虫在黑暗的田野上闪烁的奇观。在北美，堪萨斯州西部可没有这种发光甲虫。我之所以称萤火虫为甲虫，是因为这才是它们的真实身份：它们是几类食肉甲虫科的成员，世界许多地方都有它们的存在，但在亚洲、中美洲和南美洲的热带地区最为常见。成年萤火虫并不是一直会发光，但幼虫和卵会一直发光。人们认为，幼虫发光是为了向潜在的捕食者传达一种信息，具有警戒、恫吓天敌的作用，警告捕食者不能食用这种"发光体"。（关于卵为什么会发光，我没有找到相关解释，但这也许也是在向外界昭告自身的毒性。）成年雄性在飞行时发出的各种模式的光，对潜在的配偶来说是一种明确的信号，有助于帮助它们在不同物种或同一物种之间识别同伴。雌性萤火虫会观看雄性萤火虫的古怪动作，并用单组闪光信号来表明它们最喜欢谁，就像在拥挤的舞池中闪烁了一个耀眼的微笑。

深海生物、萤火虫和发光真菌产生光的化学反应基本相同。它是一种被称为荧光素的物质和一种通称为荧光素酶之间产生反应的结果，在有能量释放的三磷酸腺苷（ATP）和氧气存在的情况下，这种酶会分解，从而释放光。与自然界中更常见的发光反应（与火）不同，生物发光反应中使用的几乎所有能量都以光的形式释放，几乎没有能量以热量的形式浪费掉，因此生物发光有时被称为冷光。相比之下，白炽灯泡以热量的形式浪费了大约90%的能量。

从亚里士多德和老普林尼的时代到17世纪中期，很少有关于生物发光的书面记录，部分原因是，人们对任何奇怪或无法解释的现象都抱有深深的怀疑和迷信。历史上，意大利人认为萤火虫舞动的光芒是他们逝去亲人的灵魂，因此他们惧怕看到萤火虫的光芒。17世纪末，一种更加深思熟虑且科学的方法席卷了整个欧洲。罗伯特·波意耳（Robert Boyle）是一位著名的哲学家、早期的化学天才，也是一位不屈不挠的观察家，他认为，发光真菌需要空气才能发光。他使用了一个封闭的罐子，确定当空气被抽走形成真空时，真菌的发光就会停止，而只有当空气被重新引入罐子时才会重新开始发光。当时，人们还不知道空气是由混合气体组成的；后来的研究确定，这种化学反应取决于空气中的氧气。在波意耳实验的200年后，法国海洋科学家拉斐尔·迪布瓦（Raphael Dubois）在研究发光蛤蜊和一种甲虫时，确定蛤蜊中有两种成分在混合时会发光。他将这两种成分命名为荧光素（一种热稳定的化学燃料）和荧光素酶（一种热不稳定性的催化剂，当添加到燃料中时，可引发反应）。随着时间的推移，研究表明，每种不同的发光生物体都会制造自己独特的荧光素和荧光素酶组合。这些反应需要氧气的存在，而氧气会转化为二氧化碳。[6]

　　真菌在黑暗中发光的适应性意义是什么？其在世界各地有不同的分类群且存在不同地方，它们在创造光时需要消耗能量，其个体必定存在某种显著的优势。我们很难找到明确的答案，因此，这些问题还在不断推动着生物发光生物体的相关研究，我会介绍一些已发表的观察结果，也会讲述一些有根据的推测。如果发光组织的存在是向潜在的捕食者发出信号，表明食用这种蘑菇或甲虫后会对其健康有害，那么生物发光真菌就是有意义的，就像萤火虫一样。当然，一些发光的蘑菇是不可食用或有毒的，至少对人类来说是这样。奥尔类脐菇含有一种叫作倍半萜（sesquiterpines）的化学物质，有些人以为这是鸡油菌，这种蘑菇会让人产生严重的肠胃不适。在野外，尽管这种蘑菇颜色很鲜艳，而且会生长成巨型蘑菇，非常引人注目，但我很少看到有昆虫或哺乳动物吃这种蘑菇。此外，发光的鳞皮扇菇长得很小且不太引人注意，由于其果肉中含有收敛化合物，所以味道辛辣，且很刺鼻。鳞皮扇菇也是有毒蘑菇，尽管不太可能有人会品尝这种辣味蘑菇。这两种蘑菇都会通过发光来告诫捕食者勿食这种毒蘑菇。若有动物在吃了发光的扇菇后生病，那么这些动物以后就会避开这类蘑菇。

　　这和帝王蝶没有什么不同，帝王蝶有着独特而明亮的颜色，好像在向外界表明它们体内含有从乳草属植物中浓缩出来有毒的强心苷，而这是帝王蝶在幼虫时期食用的几乎所有食物。食肉鸟类会避开这类蝴蝶，而其他无毒种类的蝴蝶也会采用类似的颜色来隐藏自己。当然，乍一看，对于有毒或者难吃的东西而言，花费额外的能量来创造明亮的颜色似乎是一种重复性劳动。如果捕食者咬了一口，发现味道不好或者会引发不舒服的症状，所以为什么要费事昭告天下呢，除非目的是在捕食者攻击之前警告它们？就蘑菇而言，捕食者最初的攻击可能会消耗或破坏很大一部分子实体或菌丝体，从而阻止孢子的释放。脆弱的蝴蝶也是这样，任何损坏都可能使它们无法正常生活。

蘑菇发光的第二个适应性优势可能是吸引无脊椎动物来传播孢子。一些发光蘑菇只从菌褶发出光，而在一些热带物种中，仅孢子发光。研究表明，发光蘑菇比不发光蘑菇更能吸引昆虫的活动。例如，菌蚊在蘑菇上产卵，并产生幼虫，然后吃掉蘑菇。这隐藏着一种潜在的权衡取舍，即一些被吸引来的动物可能会吃掉蘑菇，而另一些则可能会将其孢子传播到世界上。还有一种权衡更为复杂，研究表明，发光的蘑菇也会吸引食肉黄蜂，这些黄蜂会捕食吃蘑菇的菌蚊。[7]这确实隐藏着一种复杂的关系。

蜜环菌发光菌丝体的适应性优势问题仍然是一个谜。蜜环菌含有一种不耐热毒素，生吃或未煮熟会引起肠胃问题。如果在菌丝体中发现了同样的毒素，或者更严重的毒素，也许发光可以作为对昆虫捕食者的警告。然而，一些科学家提出了一种完全不同的解释。高浓度的氧气对大多数生物都是有毒的，尽管事实上，如果没有更低浓度的氧气，我们都会死亡。在菌丝体分解木质素的过程中，过氧化物作为副产物产生，氧气浓度升高。真菌中的耗氧化学反应可以作为细胞抗氧化剂，而光则是一种无意的副产物。[8, 9]如果这一理论是正确的，那么，借用发光来传播孢子或阻止被其他生物食用则可以看作是一种附带作用或者意外作用。

也许发光蘑菇的意外作用只是一种魔法。自然界中还有什么现象会像森林黑暗中突然出现的光一样，能引起这样的惊奇、引发这样的幻想？试想一下，如果仙女环在夜里发出的光就是我们世俗意义上的绿光，我们又会编造出怎样的故事？

16

谁在吃松露

嗜食松露不外乎两种人：

一种人因其昂贵，才认为松露是佳品，

另一种人因其是佳品，才明白松露之昂贵。

——让·路易·沃杜瓦耶 ①

我在缅因州住了七年之久。之后，我第一次看到了飞鼠。尽管如此，当我看见的时候，它们正在睡觉，而不是在飞翔。那时，在梅干提库克湖（Lake Megunticook）的岸边，我在一栋极好的房子里做看门人和杂工。那是1986年2月中旬的深冬，几英尺厚的初雪覆盖着湖边的树林。在老式厨房里，我和房主在做过冬准备。对于原本寒冷通风的旧避暑别墅而言，我们也想在此留出一些舒适区域。在巨大的石头烟囱中，我们已将一个烟道束之高阁，并

---

① 让-路易·沃杜瓦耶（Jean-Louis Vaudoyer，1883年09月10日—1963年05月20日），出生于法国勒普莱西罗班松，逝世于巴黎，评论家、艺术史家、诗人、小说家。

改造成了鲁布·戈德堡（Rube Goldberg）[①] 厨房排气系统。在 8 英寸的烟道开口处，我们不仅为该系统装配了一个旧风扇，而且还装有一个铜盖，只要需要通风，就可以将其取下。最近几天，房主听到烟道里有乱七八糟的声音，当我们打开盖子检查时，确实发现了一窝飞鼠，像是小猪一样堆在一起，它们毛茸茸的，蜷成一团，都在熟睡。虽然那里乱糟糟的、无法计数，但肯定有至少 20 只飞鼠。随着时间的推移，烟囱的金属丝网盖明显松动了。并且，这一巨大的"天然"空腔内部还有少量余热。针对这一特点，这些适应性强的啮齿动物选择搬进空腔过冬。在剩下的几个月里，天气依然寒冷。我们决定将它们留在原地，然后悄悄地更换盖子。到了 4 月，烟道底部空无一物，我们就能拿掉烟道的盖子。对于这些害羞可爱的小松鼠而言，此举既不影响生存，也不影响它们昼伏夜出。

北方飞鼠的生态情况

北方鼯鼠（*Glaucomys sabrinus*）虽然普遍但十分少见。它们栖息在成熟云杉和铁杉林的树梢和空洞中，并分布在美国北部大部分地区和加拿大森林地区。此外，随着最后一个大冰河时代的结

---

① 鲁布·戈德堡机械（Rube Goldberg machine）是一种被设计得过度复杂的机械组合，它们以迂回曲折的方法去完成一些其实是非常简单的工作，美国漫画家鲁布·戈德堡在他的作品中创作出这种机械，故人们就以"鲁布·戈德堡机械"命名这种装置。

束，人们只能前往阿巴拉契亚山脉南部，在更高海拔的山林中穿梭，才能在"避难岛"中找到几个飞鼠亚种。在新英格兰，它们经常光顾混合针叶林和针叶阔叶林。比起其他环境，它们最喜欢云冷杉林。另外，我们却很少能见到它们，其主要原因在于它们昼伏夜出。具体而言，它们白天都在睡觉，只在日落后的两个小时和黎明前的 90 分钟内最为活跃。在此期间，它们会在巢洞中躲起来，并用树枝和树叶在树洞内筑巢。并且，它们偶尔也会在烟道中筑巢。

北方鼯鼠首选的筑巢地点是啄木鸟留下的废弃树洞。正如烟道里的"临时住处"所揭示的那样，飞鼠是社会性动物，全年都与亲属居住在同一个巢洞中。但有一种情况例外，那就是雌性飞鼠正在分娩并抚育幼崽。大多数成年鼠只要想觅食，就会在几个巢洞之间来回穿梭，尤其是雄性鼠，它们会走遍广阔的领地，以便寻找充足的食物。对于群居生活而言，有两点原因最合乎逻辑。一个原因似乎是巢穴数量有限，而另一个原因则更接近真相，即：冬季漫长，食物匮乏，为了保存能量，飞鼠之间需要报团取暖。

50 年前，动物学家认为，北方鼯鼠的饮食主要由各类植物构成，包括坚果和种子植物针叶树，以及其他植物，偶尔也会吃昆虫、鸟蛋或雏鸟。亚瑟·豪威尔（Arthur Howell）在《美国飞鼠校勘》（*Revision of the American Flying Squirrels*）一书中，讲述了人们为了捕获更大的肉食性毛皮动物，会在陷阱中放一些肉，并以此为诱饵捕捉北方飞鼠。这一行为不胜枚举，让人不堪其扰。[1] 这些温顺的食籽动物为了补充饮食，似乎在积极寻找动物蛋白来源，比如鸡蛋和幼鸟。随着时间的推移，动物学家通过仔细分析松鼠的胃容物和粪便颗粒，开始将真菌添加到飞鼠的饮食当中。

通过使用孢子分析来识别真菌，研究人员了解到，松鼠饮食中的真菌包括各种地下真菌（在地下结果的真菌）以及许多不同的表生（地上）真菌，包括红菇、牛肝菌、乳菇和其他常见的林地物种。假如你曾发现，在树的弯曲处藏有蘑菇，并想知道它们如何出现在那里，那么答案可能是：在觅食过程中，这些蘑菇是由这些鼯鼠及其他松鼠疯狂收集而来。除了鼯鼠之外，还有几种松鼠也会储藏蘑菇备用。其中，最佳方法是挂在树上风干。当科学家们更深入地研究鼯鼠的饮食时，他们开始注意到美国一年中的特定时间和地区，例如：华盛顿西部和俄勒冈州的沿海森林。那里温和的气候和充沛的降雨量造就了一个蘑菇天堂。真菌和青苔成为鼯鼠饮食的主要组成部分。事实上，在太平洋西北部的那些沿海雨林中，鼯鼠将其他大多数食物都排除在外，几乎完全以各类松露、菌菇，还有青苔为生。[2] 然而，有一些地区四季天气更为极端，并且通常积雪量较高。即使如此，松鼠也会全年寻找，并食用松露和其他真菌。在加拿大艾伯塔省（Alberta）东北部，鼯鼠的冬季饮食显示，食用最多的为地上真菌，包括牛肝菌属、红菇属和丝膜菌（Cortinarius）属，以及较小比例的地下真菌。[3] 在加拿大新不伦瑞克省（New Brunswick）南部，粪便分析显示，真菌是飞鼠和红松鼠饮食中的一个组成部分，其占比从冬季的40%，到夏季和秋季的近100%。两年间，这两个物种在当地食用的真菌主要是松露菌种。[4] 显然，艾伯塔省的研究表明，飞鼠将蘑菇晒干并储存起来以供冬季使用。据报道，在新不伦瑞克地区，这两种松鼠也会在冬季搜寻埋在雪下或落叶中的蘑菇。

1990 年，北方斑点猫头鹰面临威胁，并被列入《濒危物种法案》。[5] 这份来自联邦政府的清单立刻引发学者进行深入研究，他们不仅要弄清种群数量下降的原因，而且要明确采取必要行动，保护这种小型猫头鹰。在原始森林中，长满了直径巨大的树木，而北方斑点猫头鹰生活在这些树的空腔中，它们的主要猎物是北方飞鼠。在成熟林的范围内，它们短而粗的翅膀非常适合在树干和树枝之间机动。我们突然发现，这类稀有猫头鹰的生存不仅取决于原始森林的保护，似乎还取决于是否有运气找到一只害羞的夜行松鼠。

此外，在森林中，不仅有大量的优势树种，也生活着食菌性小型哺乳动物，如北方飞鼠，还生长着菌根真菌，尤其是各种松露菌种。它们之间的关系既纷繁复杂，又缺一不可。其中，真菌发挥着至关重要的共生作用，能够帮助树木获取营养、矿物质和水分。反过来，树木通过光合作用，产生碳水化合物，最终也为真菌提供养分。真菌的子实体是啮齿动物的重要食物来源。虽然一年中的大部分时间都可以获取，但菌菇生长受季节性变化影响很大。松鼠将菌菇的孢子与其余部分一起吃掉，再通过消化道将它们排出。这样不仅改变了真菌在森林的分布情况，也让真菌的生长环境更加广泛。所以，树木、真菌和松鼠形成了三角关系，它们相互依赖、相辅相成。对于森林和森林物种的健康而言，这一复合体的一举一动都至关重要。因此，人们将其称之为关键复合体（keystone complex）。[6] 对于森林生态学家来说，他们可以根据食用真菌的情况，来区分食草动物和杂食动物。具体而言，有一些动物专门食菌，例如鼯鼠（在沿海森林中）、加州红背田鼠和其他一些小型森林啮齿动物。还有一些动物优先食菌，如北方飞鼠（在大多数森林中）、许多其他种类的松鼠和其他啮齿动物。并且，还有各种各样的食菌动物。其中，有的动物偶尔食用菌菇，还有的动物对食用菌菇不择手段。这些动物种类包罗万象、十分广泛，不仅包括大型哺乳动物，如山羊、鹿、麋鹿和驼鹿、熊，而且还有各种鸟类以及啮齿动物，比如：土拨鼠、鼠兔和许多其他动物。在夏末和秋季，蘑菇结果趋于高峰时，一些食菌动物将不择手段，吃掉地上真菌，而另一些优先食用菌菇的动物，以及专性食菌动物，除了地上蘑菇外，还会吃更多的松露。由于松露生长缓慢，而且比地上真菌更能防止干涸。因此，它们的成熟季节往往更加漫长，因此收成也更加稳定。随着产量的增加，它们在一些小动物的饮食中显得更为突出。[7]

松露：几乎未被注意到的森林健康支柱

无论在森林还是田野，许多种类的真菌都在树木、灌木和草本植物上生根发芽。我在本书介绍了一些著名的物种，并将其分成各个部分，包括：可食用菌、毒蘑菇，以及其他有趣的蘑菇。然而，大多数人在生活中没有意识到森林中长有大量的松露，即使是那些一直注意蘑菇的人也不例外。另外，我们几乎从未见过和欣赏过，菌丝菌落能在地下茁壮成长。它们产生了多彩艳丽的表生蘑菇，能让我们将其带回家做早餐煎蛋卷。但就地下松露而言，由于菌丝体网络和子实体都完全在地下，它们显得更加让人"眼不见、心不烦"。大多数人将松露与十分稀有昂贵的真菌美食联系在一起。在他们的脑海中，这些松露将被切得很薄，每一片都晶莹剔透，然后放在一盘昂贵的意大利面上。或者，他们把松露想象成味道浓郁、美味无比的巧克力。然而，这两种确切描述都只是触及表面。作为已广泛应用的术语，"松露"指的是块菌属植物的地下子实体。块茎上不仅生长着一些最珍贵的可食用物种，也生长着许多其他不可食用或不太美味的物种。而对于许多其他属植物的地下真菌，有时被称为假松露或"类松露真菌"。然而，有一种趋势开始变得越来越普遍，那就是人们将所有地下结实的真菌都称为松露，我在本章中也将遵循这一做法。

乍一看，我们很容易得出假设，即所有地下真菌都有一个共同的祖先。在大多数情况下，松露子实体为不规则球形，呈马铃薯状，其孢子团在坚韧的壳状表皮内成熟。这些真菌成熟后大小不一，从豌豆大小到直径几英寸，形状通常类似于在地下结出果实的马勃菌。松露依靠动物迁居，并通过让动物吃掉孢子团，将孢子传播到土壤腐殖层的狭窄范围之外。相较于地上真菌，许多松露的孢子比它的表亲更大，并且细胞壁也更厚，能够通过动物的消化系统并存活下来。坚韧的孢子也能在环境中长期暴露。此外，大多数松露还有一个特点。虽然松露在生长初期基本上没有气味，但在成熟时会产生强烈的独特气味。这会吸引动物前往它们的位置，并在适当的时间将其吃掉，从而促进孢子传播。尽管所有松露都有一系列共同特征，但我们现在知道，松露的生长习性已经进化了很多次，并且起源于许多各不相同的蘑菇祖系。作为大多数珍贵食用松露的属，块茎是囊真菌或子囊菌的一种，而这两种菌又包括其他受欢迎的食用菌，即羊肚菌。迄今为止，在世界上，人们已能描述200多种子囊菌松露，但还有部分地区尚未对松露进行广泛研究，包括美国大陆的大部分地区。在那些地方，虽然每年都会发现更多物种，但仍有许多物种尚待描述。随着松露完全进化成了地下子实体，松露子囊菌失去了将孢子强行喷射到空气中的能力，因为将孢子喷射到土壤内部这一封闭环境中没有任何用处。因此，无论是昆虫，还是鼯鼠或其他哺乳动物，松露需要它们挖掘并吃掉这些难闻的美味小块，然后再将孢子重新放置在有利于未来生长的地方。

　　一些担子菌的成员也进化出形成地下子实体的真菌。这些"假松露"通常不是对称的球形，内部解剖结构也与大多数子囊菌松露截然不同。担子菌松露起源于许多不同的科，包括牛肝菌、马勃菌和伞菌，如红菇、丝膜菌等。对于子囊菌松露和"假松露"而言，除了解剖学特征之外，这两者还有一个显著区别，那就是它们的持久性。如同大多数附生担子菌蘑菇一样，这些假松露通常寿命很短。它们在几天内形成孢子并成熟，并迅速腐烂。

而真正的松露在形成最初小果实后，可能需要数月才能成熟，并且某些物种在晚秋开始发育，熬过整个冬天，直到春季才能成熟，这一情况也并不少见。在孢子完全成熟之前，松露不会散发出强烈而独特的气味。在欧洲，成熟的可食用松露需要借助狗或猪的帮助，才能通过气味来确定位置。因此，人们在成熟之前从不采收。在美国，有些人将松露从土壤绒毛层中耙出，并在没有充分确定其成熟度的情况下收集它们。由于松露的味道和气味难以预测，美国松露的价值很少能达到欧洲松露的最高水平。尽管缺乏营销炒作和悠久的使用历史，在松露界的眼中，北美食用松露的地位越来越高。

毫无疑问，猪和其他大型哺乳动物能够挖掘并食用优质的欧洲松露。正是借助这一观察，农村人开始以猪为向导来寻找和接触松露。但是，将猪用作松露猎手存在一个问题。那就是，猪十分贪婪，喜欢用鼻拱土，并为自己的用餐乐趣寻找松露，因此，松露猎人必须迅速确保战利品最终落在篮子里，而不是落入猪的嘴中。过去，由于要从一头饥饿的、喜欢蘑菇的猪的下颚中夺取松露，松露猎人手指受伤或缺损十分常见。今天，松露猎犬在很大程度上取代了猪。它们往往是更好的伙伴，可以坐在卡车的前排座位上。并且，最好的地方在于，它们很乐意得到狗零食作为奖励，而不是吃掉它们找到并挖掘出来的宝藏。最重要的是，狗的嗅觉能力可与哼咔作响的猪相匹敌。

毫不夸张地说，可食用松露非常珍贵。人们对最好的意大利和法国松露怀有强烈热情和神秘感，这可与任何其他食物相媲美。2007 年，在拍卖会上，一株产自皮埃蒙特大区阿尔巴镇的意大利白松露创下了新的价格纪录。在香港，一群财力雄厚的爱好者，花了 21 万美元买下一颗 750 克的松露。那大约是每磅 127 000 美元！2009 年 2 月，意大利小镇阿尔巴（Alba）和当地著名的松露再次出现在新闻中。一位不知名的商人和他的五位客人在世界顶级餐厅之一的克拉科（Cracco）坐下来吃晚饭，没有看菜单，就点了白松露。当服务员给这位商人一张 5058 美元的账单时，他拒绝支付并表示抗议，声称服务员没有告知成本或真菌的重量，但最终同意支付一半的价格。据最新报道，此事将提交法院解决。

松露的进化

在世界许多地区，松露都是从地质时期的不同祖先进化而来。凯伦·汉森（Karen Hansen）是哈佛大学法罗植物标本馆（Harvard's Farlow Herbarium of Botany）的助理研究员，她从分子和遗传学的角度，对子囊菌松露进行了广泛检查，并估计，仅在盘菌目（*Pezizales*）下属的六个不同的科中，松露的生长方式至少独立进化了 15 次。[8] 在土壤表面或刚好在其下方，许多盘菌的表生物种长出了深瓮状真菌。而其他物种长出的杯状真菌几乎呈现完全封闭的状态，只在顶部留有一个小口。这一过程包括几个循序渐进的小步骤，最终形成果实和孢子囊。其中，前者仍埋在地下，后者也不再强行将其货物（即孢子）喷射到空中。无论从开口到闭口，还是再到更复杂曲折的结构，物种的例子存在于进化过程的所有阶段。正如块茎属的大多数成员一样，有些物种呈球形，结构紧凑致密，并配有一个浅色的脉络网，穿过带有孢子的产孢组织。另一些物种则更加简单，形状像是折叠杯，中间有空隙但没有开口。

人们认为，真菌若想进化成松露菌，必须经历几个形态学步骤：

· 带有孢子的组织必须包裹着一层皮，以便在成熟时保护孢子。对于非子囊菌类松露而言，许多物种都是从下列真菌属种进化而来。这些菌种具有发达的环状物或部分遮盖层，它们覆盖着菌褶，即使真菌成熟，也可能会一直存在。

· 孢子释放机制失去了爆炸性释放或强制释放的能力。

· 成熟的子实体会散发出独特而强烈的气味，向食菌动物发出晚餐准备就绪的信号。而这些动物成为一种机制，将孢子带到地面，并将其释放到环境中。

· 对我来说，最后一点十分容易推测。众所周知，基本上所有的松露类真菌都会与木本植物形成菌根关系。共生关系的性质通常不仅确保真菌的丝状菌落生长数年之久，而且能与同一宿主树保持多年共生关系。还有一种可能，真菌的营养成分可以保存多年，这一性质让真菌趋于稳定。在向地下状态进化的早期，这一特性不仅让真菌发育具有更大的容错率，而且随着时间的推移，仍然确保个体存活。真菌产生足够的气味来吸引觅食动物。同时，几年之内再无孢子进入土壤表面。若是如此，那么菌丝体的稳定性有助于确保真菌存活。而有些有机体，生命历程不太稳定，那么它们的生存机会就会减小。正如我所言，这一点十分容易猜测。

在生活方式方面，向地下进化这一途径一定是有效的。在几大洲中，这一过程在众多真菌群体中反复发生。如果以占总真菌种群的百分比来衡量，澳大利亚的地下真菌数量最多，可能是松露进化的温床。尽管人们承认，澳大利亚的真菌，尤其是松露，还没有得到很好的研究，但事实就是如此。据报道，在温暖干燥的气候下，由于真菌更难保护脆弱的孢子制造组织免于干燥，真菌的生活习性越发向地下进化。地下生长提供的保护可能是成功的重要推动力。[9]

松露生态学：菌根真菌的关键作用

无论是树木，还是其他木本植物，在其下方几英寸的土壤中，松露最为丰富。土壤的有机层是最具生物活性的。在这里，枯叶、针叶、树枝和其他有机物，不仅都能得到降解和回收，还能释放出束缚在其组织中的营养物质。据估计，一茶匙健康的森林土壤可能含有长达 100 米的真菌菌丝体，而且我们每走一步，双脚就能踏上数缕真菌，它们连起来长达数英里，正忙于为森林注入活力。

我们知道，植物和真菌从原始海洋中出现，并在陆地上定居。此后不久，这种真菌与植物的共生关系可能已经开始，而我们将其称为菌根关系。由于植物组织十分脆弱，化石记录也屈指可数。尽管如此，我们仍有证据表明，早在 4 亿年前，石松就形成了原始的菌根结构。今天，基本上所有裸子植物和 80% 的被子植物都与真菌形成菌根。然而，许多植物可以独立于真菌群落生存，并能在新领地大量繁殖。纵观世界，一些最具侵入性的杂草就属于这一类。[10] 但是，大多数植物仍依赖于菌根，这意味着，它们很容易接受至少一种真菌菌落进入到各类组织中。并且，这样的共生关系一旦形成，就能让这些植物长期生存。而在没有真菌的情况下，这些植物通常在短时间内也可以正常生长，尤其是在营养丰富的土壤中，但它们看起来将变得营养匮乏、发育迟缓，体弱多病。

所有已知能产生松露的真菌，都与木本植物（主要是树木和灌木）形成菌根关系。菌根共生体是健康森林的重要组成部分，它们的持续存在对森林的生存至关重要。有时，林业工作者很难了解到菌根真菌在树木生存中所起的重要作用。比如，20 世纪 60 年代，在俄勒冈州的一个苗圃地里，人们最初在此种植马铃薯，之后转而种植道格拉斯冷杉幼苗。[11] 由于担心真菌疾病持续存在，在种植树木之前，人们用强力杀菌剂对树苗进行了熏蒸。熏蒸杀死了幼苗残留的土壤菌根真菌。因此，尽管人们按时施肥、灌溉充足，但杉木很快就变得发育迟缓、体弱多病，第一年的死亡率居高不下，第二年死亡率不降反增。然而，还有一小片地能够让幼苗茁壮成长。在那里，无论是风传播而来的孢子，还是土壤中残留的孢子，都与新出现的幼苗建立了菌根关系。随着真菌菌丝体的扩张，这一小片地的幼苗发育正常、生长旺盛，很快扩散开来。

　　所有这些真菌的例子告诉我们一个道理："不能只看外表"。而且，最重要的莫过于，松露不仅滋养着树木和动物，也成了三者关系的基石。在与林木构成共生关系的真菌中，很大一部分在地下产生子实体。对于森林的持续健康而言，菌类物种能够永存至关重要。如果动物群体有活力找到、挖掘并食用这些菌种，那么就能保证它们永续不绝。下次你有机会漫步在夜间的森林，在拍打奇怪蚊子的同时，也可以听听飞鼠的声音。在收集和储存坚果或菌菇时，松鼠有一种特有的行为。它们将食物放在浅底的空腔中，或放在两个树枝相交形成的 V 形空间中，然后后退，并用前爪用力敲击，以保证食物塞入到位。这一过程中，飞鼠会发出独特的"喱、喱、喱"响声。别忘记，这种松鼠昼伏夜出、十分少见，它们能够在森林成功觅食，并与罕见的松露构成共生关系，足以让森林变得更加健康。

17

啄木鸟、腐木真菌和森林健康

片片草地上，我们不用来野营，

蘑菇通体雪白，菌褶粉红透光。

我们相聚在黎明，一起来把露水蘑菇迎，

直到装满一竹筐！

——匿名，《童年的回忆》，

节选自《露西拉之歌》，1901年

　　亨利从十几岁起就热衷于猎鸭，鸭肉是他最喜欢的菜肴，他的妻子正好很会制作鸭子和泡菜。几十年后的今天，他静静地走过鸭巢，鸭巢虽用优质木材制作而成，但里面一只鸭也没有。晚春时分，成熟的铁杉树悬在平静的河水上。在寻找猎物时，他把最喜欢的猎枪抱在怀中，枪管里是特制的手工装弹。他只带了很少的弹药，但弹药的填充物有一种特殊成分，这就预示着这场狩猎会与之前的有所不同。他小心翼翼地将一根软木钉子插入空心猎枪弹头中，上面长满了红色带状多孔的发酵菌丝体，这是一种

叫作红缘拟层孔菌（*Fomitopsis pinicola*）的菌类 ①。河对岸是他的
猎物，部分猎物隐藏在浓密的植被中，但在河口处暴露了出来。
他从 75 英尺高的地方仔细瞄准，然后发射。当烟雾散去时，他可
以清楚地看到大铁杉树干上的裂缝，子弹撕碎了树皮，射入到苍
白的软木新生组织中，离水面约有 30 英尺的距离。他希望通过强
行给树接种这种真菌的营养"种子"，计划在未来 5～15 年的某个
时候，他此刻投入的少量时间和这几枚弹药就会得到回报，到时候，
这棵树会变成一株腐烂的成熟铁杉树，树上长出朵朵红缘拟层孔
菌，这棵树也会成为啄木鸟及其他鸟类的栖息之所。因此，在这
个特殊的日子里，他并不是要猎杀鸭子，而是要为未来的啄木鸟、
猫头鹰、鼯鼠、穴居鸭和它们的同类创造栖息地。但这个故事发
生在不同时空，开始于另外一个地方。

森林景观的变化

　　通过人类创造的劳动果实，不断增长的人口，以及我们对住
房、食物和其他很多东西的需求，我们已经改变了这个星球的面貌。
几乎从欧洲人登陆美洲海岸的第一刻起，定居者们就开始从海岸向
内陆行进，开始在看似无边无际的森林中捕猎。树木为我们生火提

---

① 红缘拟层孔菌（*Fomitopsis pinicola*），别名红带菌、红缘树舌、红缘层孔、松
生层孔等。子实体无柄。菌盖扁平，具有祛风除湿之功效。常用于风寒湿痹，
关节疼痛。

供燃料，为船只、住宅和城镇提供木材。在欧洲殖民早期，森林还对农业、放牧和向西扩张构成了几乎不可逾越的障碍。在接下来的300年里，随着定居者对这片土地的探索、征服、殖民，以及其他方式的驯化，森林变得不再像荒野，而更像一种可以被砍伐、种植和再砍伐的可再生资源。显然，美国大部分森林地区都经历了一系列的树木采伐周期。原始森林就像一场梦境，让人难再企及，经过人类的连续砍伐，树木会经历第二次、第三次、第四次生长，因此遗留下的木材更嫩。如今，森林管理已成为一门科学、一门商业，其目的是最大限度地提高适销木材量，并尽量减少新一代树木成熟到适销大小所需的时间。在过去的一个世纪里，基于这种木材管理策略，使树种组合越来越少，相同树龄和相同大小的树木越来越多。我们一直在跟进管理许多生产针叶树种的森林，这些针叶树种对木材或纸浆生产最有价值，但与此同时，需要牺牲橡树、山毛榉和其他坚果树等落叶树为代价。近年来，森林学家和生态学家发现，随着树龄和物种多样性的减少，动物多样性和种群数量也随之减少，而这些动物则依赖于多种树种的混合、大型枯立木和成熟古树。

心腐菌的作用

心腐菌是一种真菌，专门分解构成树干或大树枝的枯木纤维。一些昆虫活动或树皮的一些伤口会暴露出软木形成层或心材本身，真菌因此得以进入活树。当大风吹断树枝，或倒下的树枝树木撞到树干时，树干就有可能遭到腐蚀。此外，一些动物活动，比如昆虫、啄木鸟、豪猪和海狸在觅食时，也会使树干遭到破坏。大多数真菌通过空气传播孢子，当它们降落在裸露的木材并发芽时，就是真菌腐蚀树木的开始。当真菌的菌丝沿着木材纤维生长时，实际上就是通过啃穿木材来侵入宿主。被真菌寄生的木材会变得很粗糙，失去密度和结构的完整性。在直立的树干中，菌丝在垂直方向上的生长比在水平方向上的生长更快，因为当菌丝在与木质纤维同向生长时，其生长顺利，几乎不会碰到任何生存障碍。

在一棵活着的大树上，心腐菌往往能够在树干内生长多年，但对树木并不会产生任何明显的影响，只留下一层坚固的软木形成层。当我们在树干或附近的地面上看到子实体的形态，或者当树木被砍伐或在风暴中倒下，暴露出腐烂或中空的中心时，这种侵害就十分明显了。一棵树通常会持续生长数年，真菌菌丝体慢慢软化并掏空中心，不会明显地损害或减缓树的生长。与心腐菌共存的树木中才会有空心树干，随着时间的推移，软化的心材会倒塌。在大多数情况下，这个过程需要数年时间。

其他木腐菌在树木死亡后开始工作，这些腐菌需要分解木材纤维来提取营养，因此会从树皮向内软化木头。不同于活树，死树没有抗真菌防御能力，因此它的腐烂速度比活树快得多。在一棵大型枯立木上，通常会有几个甚至很多不同种类的真菌协同工作，它们或在树的不同位置随时以树为食。不同的木材腐生物种适合在不同的微生境中生长，这些微生境由阳光照射或阴影的变化形成，一般位于靠近树皮下的地面，或藏在心材深处。一些较为知名的心腐真菌包括红缘拟层孔菌（the red-belted polypore）、树舌（the artist's conk）、云芝（turkey tails）、各种松杉灵芝（varnished conks）、木蹄菌芝（the tinder conk），也包括很多肉质真菌，如贝叶多孔菌（hen-of-the-woods）和硫黄菌。总之，健康的森林会包含许多不同种类的木腐菌。

枯木学，即对枯木生态学的研究，是一个蓬勃发展的研究领域，其中木腐菌堪称充满活力的生态系统工程师，在该领域的研究中发挥着重要作用。木腐菌的作用增加了资源的可用性，包括对植物和其他真菌的养分和腐殖质等资源的利用，也为许多昆虫、鸟类和哺乳动物等生物提供了觅食和筑巢场所。[1]

啄木鸟和真菌

大多数人都知道，啄木鸟和它们的同类会在树干的洞里筑巢，很少有人意识到，这类啄木鸟异常强壮，它们能够在坚硬的原生木材上挖出洞来。大多数初级洞巢鸟会寻找死树，也会寻找已经被寄生真菌软化的活树。这些鸟制造巢穴会锁定的活树，要么这些树的子实体或已经感染了心腐菌，要么这些树虽未长出子实体但已经感染了腐菌。感染了山杨心腐菌（*Phellinus tremulae*）的山杨木就是这种情况，这种真菌通常寄居在较大的成熟杨树上。在一项对怀俄明州两个地点的研究中发现，尽管该地区所有被感染的山杨树不足 10%，但在有啄木鸟洞穴的山杨树中，有 71% 都明显感染了山杨白腐菌。[2]另外一些对其他鸟类的研究结果虽然略低于这些数字，但差不了多少。这些掘穴鸟之所以选择有真菌入侵的树木，是因为这些树更柔软且更易挖掘。

北美黑啄木鸟（the pileated woodpecker）是北美最大的啄木鸟，扮演着生态系统工程师角色，极具活力和影响力。在觅食和筑巢时，它们凿树留下的碎屑散落在树底周围的地面上，它们又很害羞，通过大声凿树发出阵阵噪声，仿佛在向外界宣告他们的存在。这种啄木鸟被称为"关键物种"，它们的行为改变了森林的居住环境，凭借一己之力，它们就增加了其所在地栖息地的物种多样性。大多数大型啄木鸟和金翼啄木鸟都对森林这一栖息地有重要影响作用，相比之下，红顶类啄木鸟亲缘物种体形较小，其对森林的影响则显得微不足道。但北美黑啄木鸟仍是关键物种，其影响主要表现在如下几方面：

- 会加速木材腐烂过程和相关的养分循环，主要通过以下方式：
- 通过采食和造洞活动，使活树的树皮、边材甚至心材开裂，导致木材被腐菌和昆虫感染
- 通过其喙和嘴，将木腐孢子和菌丝体从一棵树转移到另一棵树
- 凿开树皮和木材的表面，方便其他种类的啄木鸟、鸟类和昆虫进行勘探和觅食

- 为其他鸟类和动物创造休息、栖息和筑巢窝点

- 通过捕食幼虫和成虫，帮助缓解昆虫爆发[3]

在一些森林中，北美黑啄木鸟最喜欢在阔叶树上觅食和筑巢。在美国西部，一项对山杨树（*Populus tremuloides*）的研究表明，许多鸟类依赖这种树作为栖息和筑巢的场所，其中，至少有一种鸟，即吸汁啄木鸟，是主要的山杨树筑巢者，或者说，它们必须以山杨树作为筑巢场所。纵观杨树的分布范围，山杨心腐菌（*Phellinus tremulae*）会腐蚀成熟山杨的心材，在老树桩处产生独特的菌类果实。研究表明，几种吸汁类啄木鸟更喜欢把山杨树作为筑巢地点，且会寻找山杨白腐菌正在结果的树木。通常情况下，这种真菌会攻击较老的活杨树，往往会使心材腐烂，而边材仍完好无损。怀俄明州的一项研究表明，有啄木鸟洞巢的山杨树平均年龄为 115 岁。研究人员推测，鸟类主要是通过观察是否有子实体，或观察啄木时中空树干和实心树干的共振差异，来锁定有心腐的树木。[4]

虽然山杨树洞巢是由各种吸汁啄木鸟和金翼啄木鸟制造的，但它们随后会被许多次级洞巢鸟使用，包括山雀、蓝知更鸟和较小的啄木鸟等，也包括需要较大洞巢的鸟类，如仓鸟、横斑鸟、长耳猫头鹰，甚至还有木鸭和红头鹊鸭，哺乳动物则包括松鼠、负鼠、浣熊、貂和食鱼貂。[5]

相比其他树种，大棕色蝙蝠和银耳蝙蝠在白天的栖息地，更喜欢选择山杨树。[6, 7] 在炎热的夏季，活的山杨树有坚实的边材，

比松柏树要冷 5 度，因此更适合栖息。长期以来，其他蝙蝠种群也与树木的洞巢栖息地有关。随着大直径枯立木和老树桩的减少，所有森林栖息蝙蝠都因此受到影响。因此一些研究人员建议，为确保森林栖息地中有足量的食虫蝙蝠种群，应将保护和恢复洞巢栖息地设置成一种管理策略。[8]

为穴居鸟管理森林

清除古老的枯立木、砍伐被风吹倒的木材，这是几十年来的森林管理实践。再加之一些其他人类干预行为，如清除大树、老树等措施，使得洞巢鸟类的最佳栖息地大量减少。同样，栖息地的缺失也减少了初级和次级洞巢鸟的数量。人们认为，这些管理方法是导致很多濒危物种数量减少的原因，这些濒危物种包括得克萨斯州的红顶啄木鸟（red-cockaded woodpecker）、一度被认为已经灭绝的象牙喙啄木鸟（ivory-billed woodpecker）以及西北地区古老森林中熟知的那几种初级和次级穴居鸟（主要是斑林鸮）。随着大直径枯死木和活树的消失，人们正在认真努力确定策略，来增加洞巢鸟的适宜栖息地。

人们已经提出许多策略，进行了许多探索和实践。然而，面临的一个挑战是，由于过去几十年不恰当的管理实践，导致枯死木的数量大量减少，因此，在短期内，很多地区都亟待开发枯死木数量。若没有人类的直接干预，一片成熟林需要花费几十年的时间才能创造出足够多的枯死木供穴居鸟使用。目前，主要有以下短期策略：一是使用锯或炸药为活的成熟树打顶，使树木置于主枝之下，但这耗时较长，且需要花费较多的资源和金钱；二是截断树木或以其他方式破坏树木，为心腐菌的腐蚀创造开口（但这很冒险，需要大量的时间才能产生效果）；三是环割树皮，并用链锯或火杀死成熟的树木；四是用选定的心腐菌人工感染活树或死树。最后是在我祖父——一位猎鸭人虚构的故事中所描述的策略，也就是本故事的开端。

在 2004 年发表在《西部应用林业杂志》（*Western Journal of Applied Forestry*）的一篇论文中，研究人员报告了在俄勒冈州海岸山脉的森林中，用两种心腐菌人工感染针叶树的结果。他们采用了一种迄今为止未经试验的传递机制，该机制具有争议性，但非常经济实惠。首先，在小木钉或木屑上培养松木层孔菌（*Phellinus pini*）和粉肉拟层孔菌（*Fomitopsis cajanderi*）的营养菌丝体。然后，用火器将这种"菌种体"送入树干中。将这些木钉菌种装入特制的 0.45-70 步枪的空心弹头中，木屑菌种则装入 12 号口径的霰弹枪弹头后面。菌种体被射向精心挑选的活树上，或射向近期人工打顶的树上。在为期五年的跟踪调查中，所有被打顶的树木都已经死亡，且几乎所有的树木都已腐烂，也都出现了目标真菌的子实体，且长出了其他物种。几乎有一半的树木显示，鸟类和其他野生动物的初级洞巢物种曾居住在树上。活体接种的树木几乎没有显示出真菌生长的证据，也没有野生动物使用的迹象，但在损伤地点周围收集的木材样本显示，在大多数情况下，真菌正在引发树木病害。研究人员得出的结论是，建立洞巢鸟栖息地的更快速的方法，是给树打顶（也即杀死树木），但要想在更长时间内保持有效性，需要使用活树。[9]使用活树和给树打顶的区别在于成本不同。打顶需要在高处使用链锯，或者在某些情况下，使用炸药来切断高处的树木，这些行为都颇具风险。无论哪种方法，每棵树都要花费数百美元，而火器接种则要便宜得多，而且容易实现。与用大口径弹头爆破树木相比，一种非常现实和更常用的替代方法是，使用较大的木钉定殖目标真菌，并预先在活树树干上钻好孔，然后将菌种插入孔中。在美国东南部，为增加濒危物种红顶啄木鸟的筑巢地点，采用的就是这种技术。[10]而太平洋西北地区所使用红缘拟层孔菌，也已经成为一种通用的栖息地恢复技术。[11]

当然，为了制造枯死木而使用炸药，可能会造成不必要的过度毁伤，而用真菌感染活树，导致其最终衰弱和死亡，这一方法还尚未遭到公众批评。狭隘的森林管理实践带来很多损害，而有目的地使用真菌，并发挥它们自然适合的方法，不失为消除这些损害的有效途径。尽管关于我祖父亨利的开场白是虚构的，但描述的那些行为将会是一种有远见的有效方式，可以让猎人们关注森林的整体健康状况，并可以确保长期为他们喜爱的猎物提供良好的栖息地。

在过去，人类对森林环境的干预和管理，导致了穴巢鸟的栖息地和数量显著减少，而穴巢鸟是健康森林中至关重要的物种群体。近些年，我们了解到了穴巢鸟类存在的可取之处、清楚了成熟的枯死木和木腐菌的作用，如果我们能够将这些经验教训总结成明智的管理策略，那么在未来的几十年里，通过我们对森林的积极管控，洞巢鸟的数量很可能会大幅度增加。

第五部分

. . . .

开拓新世界工具

18

在花园内种植蘑菇：
一个帮你入门的故事

葷之类者，以头覆身。

——提图斯·马克休斯·普劳图斯

（公元前 254—公元前 184）

我第一次在花园里促使蘑菇长成实体，这纯粹是一个意外。20 世纪 80 年代，我和朋友马克·迪吉若拉莫（Mark DiGirolomo）有一个小爱好，那就是种植来自"异国"的蘑菇。起初，我们跟随早期种植潮流，在硬木锯末上栽培木腐菌。这项技术源自中国和日本。对此，宾夕法尼亚大学进行了大量研究，旨在将其用于美国的蘑菇行业中。起初，这项爱好预算不足，我们只能在一个商业温室里，借用试验台下面的闲置空间。此外，在朋友的场地里面，我们使用一个 20 世纪 40 年代破旧的混凝土地窖作为收获室。在缅因州的冬季，由于无法精确控制结果优化所需要的环境条件，导致我们犯下许多"错误"。而且，从种植平菇转向香菇和硫黄菌种，这一栽培过程由简入繁。我们经历了痛苦过后，也学到了许多经验。有一次，我们发现自己有一些橡木屑块，上面长满了香菇菌种，但仍未能结出果实。不幸的是，我们需要将它们从地窖中移除，以便为更有希望的作物腾出空间。当时，我看守着根窖所在的场地，那里还有一层覆盆子需要覆盖。于是，我们就把几车香菇土块转移到覆盆子上，并期待有个好结果。几个月后，春去夏至，我很惊讶地发现，经过长时间的潮湿天气，那一小片覆盆子地上的厚木屑层中结出了香菇（shiitake mushrooms）。木屑覆盖物不仅作为保护层改良了覆盆子地的土壤，而且也让花园里的小片菌菇地发挥作用。菌丝通过分解木材废料，将其变成土壤。1984 年，在媒体的作用下，永续种植一词走进千家万户。在此之前，我们早已亲自践行了这一概念，并乐于从花园里收集和食用香菇。毫无疑问，由于它们的出现实属偶然，其味道会更胜一筹。

在这之后的几年里，我离开了蘑菇种植地。为了能在新英格兰农村地区凑足工资糊口，我转而追求其他更加有利可图的项目。然而，我从未放弃对蘑菇种植的兴趣。在接下来的几年里，我继续阅读有关蘑菇种植趋势的科学文献和通俗读物。有时，我会在市中心的房子里研究种植蘑菇品种。在我对种植蘑菇的早期研究中，我发现匈牙利人在他们的家庭花园中，使用染菌的原木种植平菇（oyster mushrooms）。在我脑海当中，那会是一幅理想的画面。在乡村花园的阴凉角落里，藏着一棵直径 2 英尺的枫木，上面覆盖着几簇平菇，看起来汁多味美。现在，我发现有许多爱好者试图通过在自家花园里种植蘑菇，创造他们自己的蘑菇乌托邦。不同于20世纪80年代，如今有一个行业应运而生，它可以帮助家庭栽培者寻求知识、设备和蘑菇菌种，并选择合适的基质种植环境。正如在欧洲和亚洲的部分地区一样，花园内种植蘑菇在美国已经非常成熟。在后院，人们种植各类外来菌菇，这为那些急于在森林中采集"野生"蘑菇的人提供了机会。他们仍能享受当日采摘各类新鲜菌菇的乐趣，并将其烹制成各种美味佳肴。

现如今，美国的家庭蘑菇种植，起源于祖父辈的努力。他们曾在地下室大量种植口蘑（双孢蘑菇），并利用马粪制成堆肥培育土壤层。从20世纪20年代起，一直持续到30年代的大萧条时期，人们进入农舍地下室，在堆肥托盘上种植蘑菇。这一现象相对普遍，并成了村民的消遣方式。第一次世界大战后，归来的士兵对蘑菇的喜爱与日俱增，并将这一习惯带到美国。受此推动，蘑菇种植在美国站稳了脚跟。无论如何，目前种植蘑菇运动也得益于一些种植者。他们主要致力于让致幻蘑菇的来源变得确切无疑、有迹可循。20世纪70年代，无论是外来蘑菇种植及其设备，还是产品销售领域，几位最重要的创新者通过学习种植神奇蘑菇开启了他们的职业生涯。随后，他们自然就会将这些技能应用到食用蘑菇上，从而满足他们自己日益增长的兴趣，以及其他爱好者的问题和需求。无论是种植可食用或药用蘑菇，还是致幻蘑菇，人们需要的基本技术和技能都如出一辙。在我们诱使蘑菇生长后，这些菌菇不会关心我们将如何使用果实。因此，当你为了栽培食用菌而做功课时，遇到大量有关致幻剂的参考资料和信息时，请不要感到惊讶。作为后继者，我们不仅站在了这些前人的肩膀上，而且要感谢他们开辟的道路。

培养菌株的基本注意事项

　　今天，许多人将蘑菇与家庭和花园景观有机结合，并将其称为永续园艺。并且，在家庭或商业环境中，人们还将其视为创建可持续生态系统的重要组成部分。人们充分运用腐生真菌，有助于植物覆盖物的分解和循环利用，从而为生长中的作物释放养分。菌类生长成形之后，就成了另一种作物，即可以被人食用的蘑菇。人们对自己种植食物越来越感兴趣。那么，继西红柿、南瓜和豆类之后，蘑菇理所应当就成了另一种自种作物。在郊区，某些种类的蘑菇很容易在普通民房上的小片土地上种植。蔬菜种植者学习最优生长技术，有助于确保作物生长成功。同样，在开始户外活动之前，蘑菇种植者不仅需要了解生命周期的基本知识，还要知道目标物种的各类生长需求。如此，你就可以跑去买一口炒锅来烹饪自种蘑菇。但在这之前，有一些基本的栽培技巧需要考虑。包括以下内容：

- 深入了解一般类型蘑菇的生命周期和生长需求，而对你想种植的蘑菇，要知晓它的具体需求；这对这项事业是否成功至关重要。

- 探索你的场地,并着眼于评估你当地的整体环境,以及由斜坡、建筑物的阴影与植被产生的微小气候。学习如何能轻而易举地(且廉价)改变环境,从而让该地点对蘑菇更加友好。
- 针对真菌的养分需求,调查潜在的有机食物来源;什么是容易获得、便宜且需要回收的养料?
- 确保获得水源。
- 培养耐心的态度,并在求知过程中乐于接受失败。

1. 了解腐生菌的生命周期

蘑菇是真菌的子实体,体形足够巨大,仅凭肉眼就能轻松看到。蘑菇有多种形式。在大多数人看来,其经典样式应该是:圆顶菌帽,生长在地面上,中间有一枝茎秆,上面长着一组复杂的辐射状菌褶。类似于苹果、番茄或其他植物上结出的水果,蘑菇存在的原因也是为了制造、展示和传播下一代的孢子。而且,就像果园里挂在树上的苹果一样,蘑菇只是整个真菌体的一小部分。整个苹果的营养体(树)由根、枝干、细枝、果和叶组成。而真菌也有一个营养体,那就是菌丝。由于通常我们看不到它,因此很容易相信可见的蘑菇就是整个有机体。而情况并非如此。在本次讨论中,我将特别关注以分解有机物为生的腐生真菌,而非前一章讨论的菌根物种。让我们以平菇为例。

10月下旬,糖枫老树上结出多株带有肉质菌帽的经典侧耳蘑,也是生命大量工作的最终结果。而人们给这样的生命物种起了一个正式名称——平菇（*Pleurotus ostreatus*）。此代蘑菇的起源是一个孢子（即微观层面上平菇的"种子"）从父母代蘑菇中释放出来之后，然后落在枫树树干上的伤口上，最后找到适量的温度和湿度生根发芽。发芽的孢子再发育成细小的菌丝，菌丝生长并分叉，最终形成真菌的营养体。大多数人都知道，面包在塑料包裹之后，如果放在盒中的时间过长，会出现一层棉花状的绒毛，那就是菌丝。这些单细胞宽的菌丝在基质上生长，最终长满糖枫树的心材。随着它们不断伸长，菌丝会产生酶，从而分解木材。这些酶非常强大，能从细胞中流出，并进入周围环境。接着，它们将复杂的碳水化合物（如纤维素和木质素）分解成单糖。随后，这些碳水化合物将作为养分被菌丝所吸收。可以说，这种真菌实际上是依靠宿主得到养分。那么，树的心材就成了它们的饕餮盛宴。随着菌丝在枫木心材中生长（以平菇为例），它们将在上面大量繁殖。

在这个过程中，人们将形成的菌丝网络称为菌丝体（mycelium）。菌丝体能够储存养分和水分，并运输养分以支持真菌生长，而且在条件合适的情况下，可以形成蘑菇子实体。而在这之前，真菌繁殖必须发生。在同一物种的条件下，当一个孢子的单倍体菌丝与其他相容品系的菌丝相遇并结合时，这一转瞬即逝的时刻就会发生。这使细胞中的遗传物质加倍增加。之后，真菌能够形成有性子实体，即蘑菇。由于菌丝在其食物来源上大量繁殖，结合之后的（二倍体）菌丝体继续生长，并且当真菌获得足够的食物能量（生物数量）以及温度、湿度和光照等有利的环境条件（是的，一些真菌需要特定水平的光照才能长成实体）时，菌丝体将开始形成厚的菌丝结，这实际上就是蘑菇的前身。

正如我和我的蘑菇种植伙伴所发现的那样，平菇确实不需要太多光照就能结出果实。在接近黑暗的情况下，我们成袋的木屑和稻草放得太久。而此时，真菌在基质上大量繁殖，并开始结出果实。在光线不足的情况下，所生出的蘑菇为细长形状，几乎全是茎和非常小的菌盖。这一适应性原因需要考虑在内。如果在原木的封闭空腔深处，在枫木心材繁殖的菌丝体能够长出蘑菇，那么，它就无法接触到外部空气，进而产生的孢子也不会被风吹散到其他地方生长。因此，微弱的光线会向菌丝体发出信号，表明现在外界接近户外环境，但没有阳光直射。而蘑菇膨胀之后，将会在户外破土而出，但不会在直晒的阳光下生长。这一现象为蘑菇蒙上了一层神秘色彩。在我们的生活中，它似乎一夜之间就能在草坪和花园中完全发育。它们的到来怎会如此迅速？

确实，有许多较小的易碎蘑菇，例如非常漂亮的褶纹鬼伞（*Coprinus plicatilis*），墨色菌盖如遮阳伞一样，它们在清晨出现在我们的草坪和小径上，而在下午的阳光下才会变干并枯萎。这种快速增长的部分原因是，在蘑菇没有张开的阶段，成熟蘑菇的所有细胞就已经存在，并呈现出紧密压缩的状态。蘑菇通过快速吸水，填充这些压缩的细胞，从而使自己快速生长。某些物种比如口蘑，已经在暗处静静发育了几天。然后，在很短的几个小时内，它就

能迅速变大成熟，并开始将其孢子释放到空气中。实际上，大多
数肉质蘑菇需要几天才能成熟。如果天气条件能够保持潮湿，它
们会继续成熟，并在几天之内释放孢子。另一些蘑菇可以保持活
性长达数周，还有一些木质多孔菌可以保持数月之久。

　　对于从事永续栽培的蘑菇园丁而言，需要从这种真菌生命周
期的入门书籍中学到什么？在我们的花园中，可种植的蘑菇种类
是腐生菌，并且需要枯死的植物原料作为食物来源。真菌有些不
善于从菌丝周围环境中吸收养分，并且其中一些养分会迅速被附
近生长的植物根系所吸收。接着，随着真菌的死亡，它们会释放
更多的营养物质，重新回到环境中。在健康土壤的有机层中，植
物组织的分解和养分循环不断发生，并构成表土肥力的基础。在
菌植融合的花园中，种植或促进蘑菇生长是一个过程。其中，真
菌生长会释放死有机物中的营养物质，并使它们滋养你的园林植
物。分解有机物增强了土壤的肥力和结构。而在所有培植土地的
活动中，有一类副产品，那就是你买来炒锅烹饪的蘑菇。

2. 评估你是否拥有良好的菌菇培养环境

　　蘑菇由 85% ~ 90% 的水组成，并且菌丝的水分含量同样很高。
如果栖息地环境恒湿，能免受风吹日晒的影响，那么最适合菌菇
生长。大多数郊区和农村庭院都具有多种微小环境，由阳光照射、
土壤质地、现有作物和水分含量的变化构建而成。还有一点十分
重要，你要在自己的场地上选择一处地点，能让你的蘑菇土层或

原木保持潮湿。此外，你还要考虑如下事项：

- 由于采光最少，房子的北面和东面通常最容易感染真菌。

- 一个理想的地点应该有树荫，能够实现全部或部分遮盖，并且要尽量避免风吹。这些条件最好由树木和灌木混合搭配，既可在上面形成树冠遮阳，也可在下面挡风。

- 无论是在木质覆盖物、堆肥中生长的蘑菇，还是直接种在土壤中的蘑菇，保持土壤排水畅通十分重要。虽然水分必不可少，但长时间泡在积水中会抑制真菌生长。如果你下面是沉重、潮湿的黏土，请考虑使用高架床。虽然蘑菇种植会受益于树荫的保护，但在拥挤的树木和灌木丛中，蘑菇菌根十分缺水，可能会夺走土层的水分。这一现象我已见识到了。花园里有两棵树，旁边是茂密盛开的丁香花丛，当我把球盖菇（*Stropharia*）的土层放在花丛边时，拥挤的根茎吸干了水分，这使我的球盖菇由于缺水而无法生长。

上面列出的大部分内容均来源于我自己的反复试验，以及一些常规信息来源所提到的建议。

3. 考虑是否具有可靠食物来源培育菌株

如果你想在花园里种植蘑菇，你需要一种"基质"，即可用的枯死植物原料，并将其作为真菌菌丝生长的食物来源。而且，任何有经验的园丁都知道，在花园里铺上一层厚厚的木质覆盖物，不仅有助于减少土壤表面的水分蒸发，从而保持土壤湿度，还能阻止杂草种子生根发芽。由于真菌和黏菌会利用养分腐食木纤维，新鲜的原木往往会在短时间内夺走土壤中的养分。随着时间的推移，当覆盖物退化成土壤时，养分将水到渠成。花园不仅要避免阳光直射，也要防止完全被水完全淹没。如果能够正确选择和使用，覆盖物可以用作许多真菌的食物来源。 其他可用于户外家庭蘑菇种植的真菌食物来源可能包括：

· 留在原地的硬木或针叶树树桩

· 最近切割的几节木材（原木）

· 稻草、干草或其他农业垃圾

· 碎纸板或纸

· 棉布或旧衣服，以及其他天然纤维制成的纺织品（丝绸除外）

· 由落叶堆制成的堆肥或混合着庭院垃圾的肥料

环顾院子、社区和城镇，你需要寻找任何可能的食物来源，比如：未受污染的植物垃圾，并考虑使其作为蘑菇菌丝养分的可能性。并且，在家庭种植方面，你可能拥有适合的基质。请记住，这是一个机会。在过去，你可能已经雇人将其运往垃圾填埋场，但现在你能够再利用或回收植物垃圾。此外，你需要避免选择一些基质，包括已经死亡数月以上的树枝或原木（如果在一年中的温暖或干燥时间切割，则时间更少），还要避免选择木质覆盖物制成的堆肥，因为它已经长满了真菌，不太可能成为新物种的乐园。而且，你最好不要选择仅由树皮组成的覆盖物、可能被化学品或杀虫剂污染的纸张、纸板或植物材料，并且绝对不要使用任何被杀菌剂污染的材料。

4. 确保你有水源

很多时候，大自然不会按照真菌需要灌溉的时间提供水分。如果询问一位农民或是园丁，他们都会告诉我们一个道理：只有顺应天时，才会风调雨顺。对于蘑菇种植而言，最关键的环境需求在于，要以适当的时间间隔输送足量的水。因此，有一处方便的水源和一根园艺软管几乎是必不可少的。对于你的生长环境而言，如果越是干燥无比、难以预测，那么拥有备用水源就越显重要。通常而言，理想情况是配有洒水器或喷雾器，但对于原木种植，尤其是香菇，能将原木浸泡在水中促进结果更为重要。如果原木数量不多，那么一个30加仑的塑料垃圾桶就足够使用。

5. 培养耐心、积极观察

我们生活的时代倾向于鼓励人们相信一件事，那就是：无须努力和计划，事情就会神奇发生。我们的媒体图像和声音片段都充斥着以下场景：饭菜从微波炉中立即出现；房屋一挥手就能打扫完毕；孩子们洗干净脸，直接就能上床睡觉；家庭作业也是信手拈来。反之，我们只能利用业余时间在线完成研究生课程。而蘑菇既不看电视，也没有有线网路，更不能接入互联网。它们是生活在地球的生物，善于适应环境，具有特定的生存需求和自己的内在生物钟。当我们种植蘑菇时，我们要小心翼翼地营造一种生活环境，让它们足够快乐，繁衍生息，以便给我们的晚饭增光添彩。这一过程需要时间。并且，我们需要时刻了解蘑菇的需求，再根据需要做出回应，这样才能让它们的生活更加轻松。正如在后院花园种植蔬菜，我们也需要学习一些技能和技术，才能使蔬菜植物快乐生长。同样，种植蘑菇也需要我们习得类似的技能。不同之处在于，几个世纪以来，我们已经种植了许多植物，并且可以回顾历代祖先的成果，因为他们的生活依赖于植物栽培的技能。我们今天拥有一个复杂而成熟的文明，部分原因在于他们让植物成功生长。而对于种蘑菇而言，人类只是初学者，很少有人能依靠过去几代亲属的教导来传授技能。

俄罗斯人将采菇称为安静的狩猎。没有枪声，没有血腥场面，没有死亡的阵痛；这是与森林融为一体的时刻。我将种植蘑菇视为安静的耕作。

种植蘑菇需要你了解真菌的生长需求，以及如何创造合适的环境。然后，在作物生长过程中，你不仅要对其进行监控，而且随着时间的推移，你还要持续满足作物各类需求。在理想条件下，第一批蘑菇在气候温和的地方，至少需要三到四个月的时间才能出现。通常，你将等待六个月甚至一整年，才能看到去年春天，你在原木或土层上种植的头茬蘑菇。正如番茄地块一样，蘑菇地块也需要整地、播种、浇水、除草、间伐、拔头、立桩、除草、浇水、施肥和警惕病虫害等一系列步骤。所以，定期饲养照料才能让蘑菇地块受益。真菌菌丝生长在锯末、原木或堆肥中。因此，它既不明显，也不惹人注意，无法像番茄藤一样，长得更大、更茂密，更不能在开花之后，结出绿色果实。真菌生长在看不见的地方，隐藏在原木树皮下，或盖在稻草、土壤或木屑层之下。这一过程几乎没有明显的迹象或动力，并不像电视一样那么神奇。比如，正在发育的蘑菇突然破土而出，接着几乎跳进了你的篮子。安静的耕作意味着漫长的时间间隔。这一现象不仅存在于土层整理和种植之间的间隙，也存在于观察有无结果迹象的空档期。在此期间，最需要人们主动沉下心来，以确保真菌保持水分。如果我们要寻找菌菇干燥的迹象，就需要在蘑菇顶层培土的下方戳开一个小孔，或在原木切割端观察真菌是否生长。

家庭蘑菇种植入门

想自己种蘑菇吗？可以从小处着手，实现轻松入门。对于你6岁的孩子而言，你不会让他开始就骑独轮车，而是选择三轮车或带辅助轮的自行车。同样，在你开始种植时，应该选择十分易种的蘑菇，而且通常会斩获颇丰。许多蘑菇公司提供产品之后，只需要你提供微小气候就能促成结果。他们会寄给你一块锯末，或其他合适的基质混合物。在上面,你选择的蘑菇菌丝体将被整体移植,并准备在适当湿度的环境中结出果实。最受欢迎的种类包括各类香菇和平菇,但也有其他种类可供选择,比如:食用、药用或两者兼有。华盛顿州奥林匹亚的 Fungi Perfecti 公司（www.fungiperfecti.com）多年来一直提供此类工具包,并能对其产品负责到底。

　　一些蘑菇公司,例如威斯康星州佩斯蒂戈的 Field and Forest Products 公司（www.fieldforest.net）提供的工具包,包括在未使用的厕纸或纸巾卷上（纤维素的现成来源）种植蘑菇所需的所有材料。工具包内包括：菌种（在锯末上长出的蘑菇菌丝）、用于营造微小气候的特殊透气袋和一份完整的说明书。无论是家庭,还是商业种植者,上述公司和其他公司都能提供各种蘑菇,以及所需要的栽培产品和技术支持,从而增加成功的可能性。诚然,很少有公司能保证成功。而且,成败本就由你决定。

　　室内种植的一个优点是能够更容易地控制温度、湿度和空气流通。在室内开始种植,不仅有助于掌握学习曲线,也能免受季节影响。只要你精心设置,无论何种季节,你就可以为室内的小片土地创造合适的温度和湿度。

　　如果你决定进行户外种植,那么根据你的位置和气候来规划蘑菇种植是至关重要的,也就是所谓的大生态环境。通常而言,一些蘑菇品种在佐治亚州和南卡罗来纳州生长良好,但在新英格兰北部却苦苦挣扎,无法适应当地寒冷的冬天和凉爽的春天。今天,对于几十年来常见的栽培蘑菇菌株,我们进行了仔细筛选,并从中受益。无论在何种温度下开展种植，你购买的菌株都能适应环境。人们选择了不同公司提供的香菇菌株，并将其用于各类气候。在种植香菇方面，无论你在缅因州和佐治亚州，还是在加利福尼亚州和密歇根州，你都可以根据气候选择菌株。比如，你可以选择在凉爽的晚春让它们生根发芽。如果菌株能在更加温暖的温度下长成，你的收获时间就能延长至夏季温暖的日子。平菇也是如此，但它通常需要不同物种才能达成这一效果。一些物种在热带气候中得到进化，而另一些物种，如几乎无处不在的平菇（*Pleurotus ostreatus*），将在各种条件和气候下长成实体，并在美国北部茁壮成长。大多数信誉良好的公司将提供选择合适品种所需的信息；本文将附带一个小列表，以及其他信息来源（见附录）。

如果你当地气候变化无常，户外种植最好在冬季以外的时间开始。由于美国大部分地区气候温和，对大多数蘑菇而言，由春入夏或夏去秋来是开始户外种植的最佳时间。而在南方腹地、西南部地区和西海岸，气候复杂多变，人们则需要控制种植时间，才能保证这些地区的成功种植。对于原木种植，理想的做法是，人们在冬季结束时砍伐树木，并在暮春之初挑选温暖的日子，将菌种植入到原木中。一棵活树有一些内在的防御机制抵御真菌入侵。不过，切割后稍等片刻，就能让你选择的菌类轻易侵入。但是，这一过程需要达成平衡。如果你切割原木之后，放置时间过长，其他种类的真菌就会侵蚀新鲜木材，并将与你的菌类争夺生存环境。

最容易在家种植的蘑菇

酒帽球盖菇

　　直到最近，酒帽球盖菇（*Stropharia*）或花园巨人皱环球盖菇（*Stropharia rugosoannulata*）才在美国成为著名食品。由于我们使用木覆盖物作为环境元素，这种野生物种变得越来越普遍。在潮湿的木屑和土壤层中，它十分具有侵略性，能够快速腐蚀木材。因此，即使我们不能预见，这种菌类的产量也一定数不胜数。种植它们需要在硬木片和锯末混合的土层上，或者在覆盆子的覆盖物上。如果你使用木屑在花园或树林中开出路径，请在上面接种球盖菇（*Stropharia*），并享受从路径边缘收集你的晚餐食材。这种蘑菇最好在暮春或初秋种植，并从下个季节开始，在春季和夏秋之交收获。我还在马铃薯土层上种植了这些菌类。我先将土壤和木质覆盖物混合，然后堆上马铃薯培土，最后在上面接种酒盖菌。每株蘑菇的基土通常附有一层厚厚的菌丝体。此外，你可以在花园里浅挖一些野生菌的基土，并将其作为一种培养方法，用在该物种的覆盖物土层上。这种蘑菇十分美丽，并带有酒红色伞盖和深灰色菌褶，最好在伞盖完全展开之前采摘和食用。我们可从多种来源获得商用菌丝，以便你在覆盖物土层上开始种植酒盖菌。

平菇

　　平菇（侧耳属）物种繁多、各有不同，各类品种也让人眼花缭乱，并且，还有适合各种生长条件的栽培品种。根据你的迫切需求和个人喜好，无论是波多黎各，还是阿拉斯加，都有平菇生长的身影。你不仅可以找到白色、灰色、蓝色、黄色或粉红色的平菇，而且一些物种能在酷热夏季或初霜冻后结出果实。它们坚定且宽容，能以各种方式生长，养料来源令人眼花缭乱，包括各种有机食物。无论是原木和木片，还是稻草、废纸、咖啡渣、报纸、香蕉叶以及棉花废料，平菇都能照单全收，并长出果实……此页列出了世界范围内成功使用的基质清单，这将超出你的想象。对于美国初学者而言，无论住在城市、郊区还是农村，都要从使用软阔叶木（杨木、桤木、软枫木等）、稻草、木屑或锯末开始。

香菇

在中国和日本，香菇是常见的双胞蘑菇。在过去的一个世纪里，该物种在亚洲是主要的栽培蘑菇。并且，多年来，亚洲地区不仅在蘑菇栽培创新方面占据主导地位，一直以来也是香菇的忠实拥趸。历史上，日本在乳油树（shi tree）原木上种植过该型菌菇。由此可见，对于美国家庭种植者而言，原木种植仍然是最简单的方法。乳油树属橡木科。并且，尽管其他几种树种的成功率很高，但香菇在橡树原木上生长最好。对于一棵最近枯死的树而言，人们在树皮完好的地方切出一部分，就成了一个极好的培养室，不仅可以保护正在生长的菌丝免受风吹日晒，也能抵御细菌、霉菌和昆虫的侵袭。当菌丝长满小木销时，人们就可以出售这些香菇菌种。首先，在新鲜原木上，我们要按照间隔钻出一系列孔洞，再用木销填充，然后用蜡密封，以防止这些新地点过于干燥。如此，这些菌株才算被"种植"到原木中。接种后的原木要在阴凉处堆放，并在至少六个月内需要时刻监测，从而判断是否有足够的水分。如此，菌丝体才有足够的时间在原木上繁殖。家庭种植者可以选择多个香菇品种，从而使其在各种气候条件下生长。一些蘑菇会在低温下触发生长，而另一些会在温暖的天气中结出果实。这使得种植者可以拥有几种不同的蘑菇菌株，不仅可以延长结果时间，也能获得更长的新鲜香菇供应。我们可以将长满菌株的原木浸泡在水中过夜，或用橡胶槌敲击，让原木"震动"，从而促进蘑菇生长。根据季节变化，接种菌株的原木将在几年内持续产出蘑菇作物。直径最大的原木也将带来最长的生产周期。

　　还有许多其他蘑菇可随时用于家庭种植。另外，我建议你用最易种植的蘑菇小试牛刀，然后，随着你的技能水平持续提高，能够应对各类挑战之后，你可以继续学习更具挑战性的蘑菇。蘑菇种植需要学习、时间和对细节的关注。除此之外，任何12岁的孩子均能做好这项工作。然后，你可以尝试让青春期前的孩子学习烹饪技巧，从而在收获第一批作物后，鼓励他们将其当作食材使用。

推荐及补充阅读附录

关于蘑菇鉴别的有用书籍

初学者野外指南

Barron, George. 1999. *Mushrooms of Northeast North America; Midwest to New England.* Edmonton, Alberta, Canada: Lone Pine Publishing.

Kuo, M. 2007. *100 Edible Mushrooms.* Ann Arbor: University of Michigan Press.

Spahr, David. 2009. *Edible and Medicinal Mushrooms of New England and Eastern Canada.* Berkeley, Calif.: North Atlantic Books, Berkeley.

更全面的野外指南

Arora, David. 1986. *Mushrooms Demystified: A Comprehensive Guide to the Fleshy Fungi.* Berkeley, Calif.: Ten Speed Press.

Bessette, Allan E., William C. Roody, and Arlene R. Bessette. 2000. *North American Boletes.* Syracuse, N.Y.: Syracuse University Press.

Lincoff, Gary. 1981. *The Audubon Society Field Guide to North American Mushrooms.* New York: Alfred Knopf.

Phillips, Roger. 2005. *Mushrooms and Other Fungi of North America.* Richmond Hill, Ontario, Canada: Firefly Books.

Trappe, Matt, Frank Evans, and James Trappe. 2007. *Field Guide to North American*

Truffles. Berkeley, Calif.: Ten Speed Press.

地方性野外指南

Bessette, Alan E., Arleen R. Bessette, and David W. Fischer. 1997. *Mushrooms of Northeastern North America.* Syracuse, N.Y.: Syracuse University Press. Covering 600 species with keys leading to photographs of the more common mushrooms.

Evenson, Vera Stucky. 1997. *Mushrooms of Colorado and the Southern Rocky Mountains.* Denver, Colo.: Denver Botanic Gardens.

Horn, Bruce, Richard Kay, and Dean Abel. 1993. *A Guide to Kansas Mushrooms.* Lawrence: University of Kansas Press. 一本较老的指南，但它介绍了中西部的蘑菇，有很好的照片，还有很多页关于蘑菇和大草原各州蘑菇生长的额外信息。

Roody, William C. 2003. *Mushrooms of West Virginia and the Central Appalachians.* Lexington: The University Press of Kentucky. Covers about 400 species in the Appalachian Mountains region. Well written and easy to use.

Russell, Bill. 2006. *Field Guide to the Mushrooms of Pennsylvania and the Mid-Atlantic.* University Park: Keystone Books, Penn State University Press.

Trudell, Steve, and Joe Ammirati. 2009. *Mushrooms of the Pacific Northwest.* Portland, Ore.: Timber Press.

关于蘑菇、真菌和相关知识的好书推荐

Boa, Eric. 2004. *Wild Edible Fungi, A Global Overview of Their Use and Importance to People.* Non-Wood Forest Products Report #17. *Online at* http://www.fao.org/docrep/007/Y5489E/ y5489e00.htm.

Czarnecki, Jack. 1998. *Joe's Book of Mushroom Cookery.* New York: Macmillan.

Kuo, M. 2005. *Morels.* Ann Arbor: University of Michigan Press.

Masser, Chris, A. W. Claridge, and J. M. Trappe. 2008. *Trees, Truffles, and Beasts: How Forests Function.* New Brunswick, N.J.: Rutgers University Press.

Persson, Ollie. 1997. *The Chanterelle Book.* Berkeley, Calif.: Ten Speed Press .

Pieribone, V., and D. Gruber. 2005. *Aglow in the Dark.* Cambridge, Mass.: Harvard University Press. 正如书名所示，本书研究的是各种生物的发光现象，但不仅限于真菌。

Stamets, Paul. 1996. *Psilocybin Mushrooms of the World.* Berkeley, Calif.: Ten Speed Press.

Stamets, Paul. 2005. *Mycelium Running: How Mushrooms Can Save the World.* Berkeley, Calif.: Ten Speed Press.

Wasson, R. G. 1968. *Soma: Divine Mushroom of Immortality.* New York: Harcourt Brace Jovanovich. Not in print, but available through some libraries.

药用蘑菇资源

Hobbs, Christopher. 1995. *Medicinal Mushrooms: An Exploration of Tradition, Healing and Culture.* Botanica Press (through various distributors). 聚焦于中医角度，信息储备丰富。

Marley, Greg A. 2009. *Mushrooms for Health: Medicinal Secrets of Northeast Fungi.* Camden, Me.: Down East Books. 这是一本野外指南，全面介绍了最有研究价值和前景的药用蘑菇，应用研究层面的信息丰富，包含制备技巧。

关于蘑菇中毒的书籍及资源

Benjamin, D. R. 1995. *Mushrooms: Poisons and Panaceas—A Handbook for Naturalists, Mycologists, and Physicians.* New York: W.H. Freeman.

Hallen, H., and G. Adams. 2002. *Don't Pick Poison When Gathering Mushrooms for Food in Michigan.* Mich. State University Extension Service Bulletin E-2777.

Available online at https://www.msu.edu/user/hallenhe/E-2777.pdf. 这是一篇写得优秀的简报，主要对常见的和有问题的蘑菇加以介绍。这本书有 43 页，涉及的内容很全面，可读性很强。

网络资源

www.mushroomexpert.com 专门分享蘑菇识别的成熟网站，运行良好，有一般的菌类信息，注重外部相关网站的链接。有羊肚菌专栏，包括许多蘑菇属和相关种群的关键信息。

www.mykoweb.com 加州网站，曾获奖，菌类相关资源广泛，有鉴别信息及相关文章，与外部网站建立了良好的合作关系。内容广泛全面，首页信息量稍大。也是加州在线真菌的销售网站。

www.rogersmushrooms.com《罗杰斯蘑菇屋》（*Rogers Mushrooms*）是采菇者罗杰·菲利普斯（Roger Phillips）的著作，该网站主要刊载作者在该作中发表的内容。有很好的蘑菇毒素信息板块，也有很好的可视化图片，可以帮助人们很好地鉴别蘑菇。

http://hymfiles.biosci.ohio-state.edu/projects/FFiles/ 马克·布兰汉姆（Marc Branham）于 1998 年出版的《萤火虫档案》（*Firefly Files*），为儿童和成人提供萤火虫世界的绝佳信息来源。

www.tomvolkfungi.net 系汤姆·沃尔克（Tom Volk）的真菌类网站。汤姆是威斯康星大学的真菌学教授，在过去的 15 年里，他深深影响着各类真菌学家的兴趣和成就。他的网站是一个信息宝库，大部分布局简单、有趣且信息丰富。自 1997 年以来，他每月都在不断增长的蘑菇清单上增加新的蘑菇信息，该网站必定会成为真菌学本科学位的学习基础。

业余采菇人的期刊和杂志

《真菌杂志》（*Fungi Magazine*）是在售的新期刊，画面友好、风格多彩，业余和准专业人员都可参看。Fungi Magazine, P.O. Box 8,1925 Hwy.
175, Richfield, Wisconsin 53076-0008. 电话：262-227-1243，电子邮件：
bbunyard@wi.rr.com，在线网站 : http://www.fungimag.com/，5 期 38.00 美元。

《蘑菇 : 野生菌种植杂志》(*Mushroom: The Journal of Wild Mushrooming*)。
20 年来，这一直是业余蘑菇爱好者的基础，也是大量信息、灵感的来源，
也是与其他美国蘑菇爱好者的联系。邮件：Leon Shernoff, 1511 E. 54 St.
Chicago, IL 60615，或电子邮件 : leon@mushroomthejournal.com，4 期 25.00
美元，网址 : http://www. mushroomthejournal.com/index.html.

关于蘑菇种植的学习资源

关于菌类资讯、菌种体和设备的相关网站

www.fieldforest.net 田野和森林产品（Field and Forest Products），公司从事起
　起伏伏的蘑菇栽培的业务已有 25 年了，公司大量提供喜寒冷气候的菌株。

www.fungi.com 系蘑菇栽培和蘑菇生态哲学领域的领军者，保罗·斯塔梅茨
　（Paul Stamets）为蘑菇种植提供了非常全面的产品和支持。

www.themushroompatch.com 蘑菇园(The Mushroom Patch)是一家加拿大公司，
　为家庭种植者提供广泛的信息和产品。该公司专门从事低成本和低技术的
　种植。

关于蘑菇栽培的书籍

《蘑菇栽培器》(*The Mushroom Cultivator*)，作者：保罗·斯塔梅茨（Paul
　Stamets）和 J. S. 克林顿（J. S. Chilton），1983 年，伞菌出版社（Agarikon
　Press）。系第一本关于蘑菇栽培的综合书籍，也是一本介绍基本技术和实验
　室技能的绝佳入门书。介绍了一些常见的可食用菌和一些致幻菌的具体生
　长参数。

《种植美味和药用蘑菇》(*Growing Gourmet and Medicinal Mushrooms*)，作
　者：保罗·斯塔梅茨（Paul Stamets），1993 年，十速出版公司（Ten Speed

Press）。这本书对《蘑菇栽培器》中建立的知识库进行了补充，除了增加食用菌和神奇蘑菇相关信息外，还对一些药用物种的背景信息和生长需求进行了描述。同时，也包含丰富的文化和历史信息。

《花园里的蘑菇》（*Mushrooms in the Garden*），作者：赫尔穆特·斯坦内克（Hellmut Steineck），1981 年，狂河出版社（Mad River Press）。原文由德语撰写，本书系英译文。斯坦内克把蘑菇种植于家庭景观中，经过多年的实践写下了这份指南。与其说它是一本种植指南，不如说它是一本循序渐进的食谱，它将为你打开一个新世界的视野。

尾 注

引言

1. Paul Stamets, *Mycelium Running: How Mushrooms Can Save the World* (Berkeley, Calif.: Ten Speed Press, 2005).

2. R. Gordon Wasson, *Soma: The Divine Mushroom of Immortality* (New York: Harcourt Brace ovanovich, 1968).

3. Ibid.

4. Ibid.

5. William Delisle Hay, *An Elementary Textbook of British Fungi* (London: S. Sonnenschein, Lowrey, 1887).

第 1 章

1. Alexander Viazmensky, "Picking Mushrooms in Russia," *Mushroom: The Journal of Wild Mushrooming*, Winter 1990–91, pp. 5–7.

2. Ibid.

3. Jane from Ohio, "Slovak Christmas Eve Mushroom Soup," *Recipezaar*, November 19, 2006, at http://www.recipezaar.com/196554, accessed April 2, 2008.

4. Ernest Small, *Baba Yaga* (Boston: Houghton Mifflin, 1966).

5. Larissa Vilenskaya, "From Slavic Mysteries to Contemporary PSI Research and

Back, Part 3," at http://www.resonateview.org/places/writings/larissa/myth.htm, accessed April 1, 2008.

6. Valentina Pavlovna and R. Gordon Wasson, *Mushrooms, Russia and History* (New York: Pantheon Books, 1957).

7. Vladimir Nabokov, *Speak, Memory: An Autobiography Revisited* (New York: G. P. Putman's Sons, 1966.

8. Sergei T. Aksakov, *Remarks and Observations of a Mushroom Hunter*, 1856.

9. Steve Rosenberg, "Russian Mushroom Pickers Threaten Aircraft," BBC News, September 25, 2000, at http://news.bbc.co.uk/2/hi/europes/941634.stm, accessed July 4, 2009.

10. Craig Stephen Cravens, *Culture and Customs of the Czech Republic and Slovakia* (London: Greenwood Press, 2006).

11. Snejana Tempest, *Mushroomlore, Mushrooms in Russian Culture*. Web site accessed on November 2, 2008 at https://www.lsa.umich.edu/slavic/ mushroomlore.

12. Milka Parkkonen, "Death Cap Mushroom Claims Hundreds of Victims in Southern Russia," *Helsingin Sanomat*, July 31, 2000.

13. Ibid.

14. "Wild Mushrooms Kill 10 and Poison Hundreds in Russia," *PRAVDA*, July 18, 2005, at http://english.pravda.ru/hotspots/disasters/8585-mushrooms-0, accessed March 28, 2008.

15. V. N. Padalka, I. P. Shlapak, S. M. Nedashkovsky, O. V. Kurashov, A. V. Alexeenko, A. G. Bogomol, and Y. O. Polenstov, "Can Mushroom Poisoning Be Considered as a Disaster?" *Prehospital and Disaster Medicine* 15, no. 3 (2000), s76.

第 2 章

1. Katherine Mansfield, "Love and Mushrooms," 1917 journal entry, More Extracts from a Journal, ed. J. Middleton Murry, in *The Adelphi* (1923), p. 1068.

2. William D. Hay, An Elementary Textbook on *British Fungi* (London: S. Sonnenschein, 1887).

3. Louis C. C. Krieger, *The Mushroom Handbook* (New York: Dover, 1967).

4. Antoin Kiely, advertisement for walk dated October 16, 2005, *The Ballyhoura Country News*, www.ballyhouracountry.com/view.asp?ID-153, accessed October 8, 2008.

5. Michael W. Beug, Marilyn Shaw, Kenneth W. Cochran, "Thirty Plus Years of Mushroom Poisoning: Summary of Approximately 2,000 Reports in the NAMA Case Registry," *McIlvainea* 16, no. 2 (2006), pp. 47–68.

6. C. L. Fergus, *Common Edible and Poisonous Mushrooms of the Northeast* (Mechanicsburg, Pa.: Stackpole Books, 2003).

7. Francis De Sales, *Introduction to the Devout Life*, 1609.

8. Eric Boa, "Wild Edible Fungi, A Global Overview of Their Use and Importance to People," *FAO Non-Wood Forest Products Report* #14, from http://www.fao.org/docrep/007/y5489e/y5489e00.htm#TopOfPage, accessed March 2, 2004.

第二部分引言

1. Eric Boa, "Wild Edible Fungi, A Global Overview of Their Use and Importance to People," *FAO Non-Wood Forest Products Report* #14, from http://www.fao.org/docrep/007/y5489e/y5489e00.htm#TopOfPage, accessed March 2, 2004.

第 3 章

1. Clyde M. Christensen, *Common Edible Mushrooms* (Minneapolis: Univ. of

Minnesota Press, 1943).

2. Gary Alan Fine, *Morel Tales: The Culture of Mushrooming* (Cambridge, Mass.: Harvard University Press, 2003).

3. Michael Kuo, *Morels* (Ann Arbor: University of Michigan Press, 2005).

4. Michael Kuo, mushroomexpert.com Web site: http://www.mushroomexpert. com.html, accessed 2002?

5. D. R. Benjamin, *Mushrooms: Poisons and Panaceas—A Handbook for Naturalists, Mycologists, and Physicians* (New York: W. H. Freeman and Company, 1995).

6. E. Shavit, "Arsenic in Morels Collected in New Jersey Apple Orchards Blamed for Arsenic Poisoning," *Fungi* 1, no. 4 (2008), pp. 2–10.

7. Eleanor Shavit and Efrat Shavit, "Lead and Arsenic in Morchella esculenta Fruitbodies Collected in Lead Arsenate Contaminated Apple Orchards in the Northeast United States: A Preliminary Study," *Fungi* 3, no. 2 (2010), pp. 11–18. Published online at http://www.fungimag.com/winter-2010-articles/shavit-morels.pdf.

8. David Pilz et al., "Ecology and Management of Morels Harvested from the Forests of Western North America," USDA General Technical Report, PNW-GTR-710 (2007).

9. Ibid.

10. David Arora, *Mushrooms Demystified, A Comprehensive Guide to the Fleshy Fungi* (Berkeley, Calif.: Ten Speed Press, 1986).

11. Gary Lincoff, *The Audubon Society Field Guide to North American Mushrooms* (New York: Knopf, 1981).

12. M. Kuo, "Calvatia gigantea," September 2005. Retrieved from the mushroomexpert.com Web site: http://www.mushroomexpert.com/calvatia_gigantea.html.

13. T. J. Volk, "Laetiporus cincinnatus, the White-Pored Chicken of the Woods," 2001. Retrieved from www.tomvolkfungi.net.

14. Harold Burdsall and Mark Bank, "The Genus Laetiporus in North America," *Harvard Papers in Botany* 6, no. 1 (2001), pp. 43–55.

15. Scott Redhead, "Bully for Coprinus—A Story of Manure, Minutiae, and Molecules," *McIlvainea* 14, no. 2 (2001) pp. 5–14.

16. T. J. Volk, "Coprinus comatus, the Shaggy Mane," 2004. Retrieved from http://botit.botany.wisc.edu/toms_fungi/may2004.html.

第 4 章

1. Lorelei Norvell and Judy Roger, "The Oregon Cantharellus Study Project: Pacific Golden Chanterelle Preliminary Observations and Productivity Data (1986–1997)," *Inoculum* 49, no. 2 (1998), p. 40.

2. D. Pilz, L. Norvell, E. Danell, and R. Molina, "Ecology and Management of Commercially Harvested Chanterelle Mushrooms." Gen. Tech. Rep. PNW-GTR-576, U.S. Department of Agriculture, Forest Service, Pacific Northwest Research Station, Portland, Oregon (2003).

3. Ollie Persson, *The Chanterelle Book* (Berkeley, Calif.: Ten Speed Press, 1997).

4. D. Pilz, L. Norvell, E. Danell, and R. Molina, "Ecology and Management of Commercially Harvested Chanterelle Mushrooms." Gen. Tech. Rep. PNW-GTR-576, U.S. Department of Agriculture, Forest Service, Pacific Northwest Research Station, Portland, Oregon (2003).

5. Lorelei Norvell and Judy Roger, "The Oregon Cantharellus Study Project: Pacific Golden Chanterelle Preliminary Observations and Productivity Data (1986–1997)," *Inoculum* 49, no. 2 (1998), p. 40.

6. D. Pilz, L. Norvell, E. Danell, and R. Molina, "Ecology and Management of Commercially Harvested Chanterelle Mushrooms." Gen. Tech. Rep. PNW-

GTR-576, U.S. Department of Agriculture, Forest Service, Pacific Northwest Research Station, Portland, Oregon (2003).

7. Eric Boa, *Wild Edible Fungi: Global Overview of Their Use and Importance to People*, FAO Non-Wood Forest Products Report #17 (2004).

8. Sinclair Tedder and Darcy Mitchel, "The Commercial Harvest of Edible Wild Mushrooms in British Columbia, Canada," text of paper presented to the XII World Forestry Congress (2003), accessed at: www.fao.org/DOCREP/ARTICLE/WFC/XII/0379-B1.HTM.

9. D. Pilz, L. Norvell, E. Danell, and R. Molina, "Ecology and Management of Commercially Harvested Chanterelle Mushrooms," Gen. Tech. Rep. PNW-GTR-576, U.S. Department of Agriculture, Forest Service, Pacific Northwest Research Station, Portland, Oregon (2003).

第 5 章

1. Allan E. Bessette, William C. Roody, and Arlene R. Bessette, *North American Boletes* (Syracuse, N.Y.: Syracuse University Press, 2000).

2. Ernst Both, *Boletes of North America: A Compendium* (Buffalo, N.Y.: Buffalo Society of Natural History, 1993).

3. Michael W. Beug, Marilyn Shaw, and Kenneth Cochran, "Thirty-Plus Years of Mushrooming Poisoning: Summary of the Approximately 2000 Reports in the NAMA Case Registry," *McIlvainea* 16, no. 2 (2006), pp. 47–68.

4. Jack Czarnecki, *Joe's Book of Mushroom Cookery* (New York: Macmillan, 1998).

第 6 章

1. M. Kuo, "The Genus Agaricus," August 2007, retrieved from the mushroomexpert. com Web site: http://www.mushroomexpert.com/agaricus.html.

2. *Agaricus bisporus*. In Wikipedia, The Free Encyclopedia, retrieved June 22, 2009, from http://en.wikipedia.org/w/index.php?title=Agaricus_bisporus&oldid=297932208.

3. L. R. Chariton, "Trial Field Key to the Species of Agaricus in the Pacific Northwest," 1997, retrieved from the Pacific Northwest Key Council Web site on April 1, 2009: http://www.svims.ca/council/Agari2.htm.

4. David Arora, *Mushrooms Demystified, A Comprehensive Guide to the Fleshy Fungi* (Berkeley, Calif.: Ten Speed Press, 1986).

5. Louis Krieger, *The Mushroom Handbook* (New York: Dover, 1936, reprinted 1967).

第三部分引言

1. Denis R. Benjamin, *Mushrooms: Poisons and Panaceas* (New York: W. H. Freeman, 1995).

2. Michael W. Beug, M. Shaw, and K.W. Cochran, "Thirty Plus Years of Mushroom Poisoning: Summary of the Approximately 2,000 Reports in the NAMA Case Registry," *McIlvania* 16, no. 2 (2006), pp. 47–68.

3. Michael W. Beug, "NAMA Toxicology Committee Report for 2009; North American Mushroom Poisonings," *McIlvania* 20 (unpublished manuscript).

4. Michael W. Beug, M. Shaw, and K.W. Cochran, "Thirty Plus Years of Mushroom Poisoning: Summary of the Approximately 2,000 Reports in the NAMA Case Registry," *McIlvania* 16, no. 2 (2006), pp. 47–68.

第 7 章

1. Michael W. Beug, M. Shaw, and K.W. Cochran, "Thirty Plus Years of Mushroom Poisoning: Summary of the Approximately 2,000 Reports in the NAMA Case Registry," *McIlvania* 16, no. 2 (2006), pp. 47–68.

2. Michael W. Beug, "NAMA Toxicology Committee Report for 2006: Recent Mushroom Poisonings in North America," *McIlvainea* 17, no. 1 (2007) pp. 63–72.

3. Eric Boa, "Wild Edible Fungi: A Global Overview of Their Use and Importance to People," FAO Non-Wood Forest Products Report #14, 2004, at http://www. fao.org/docrep/007/y5489e/y5489e00.htm#TopOfPage, accessed March 2, 2008.

4. David Arora, *Mushrooms Demystified*, 2nd edition (Berkeley, Calif.: Ten Speed Press, 1986). Denis R. Benjamin, *Mushrooms: Poisons and Panaceas (New York: W. H. Freeman, 1995). Gary Lincoff, The Audubon Field Guide to North American Mushrooms* (New York: Knopf, 1981). "Mushroom poisoning," Wikipedia, The Free Encyclopedia, accessed February 26, 2008, at http://en.wikipedia.org/w/index.php?title=Mushroom_poisoning&oldid=193723564.

5. Denis R. Benjamin, *Mushrooms: Poisons and Panaceas* (New York: W. H. Freeman, 1995).

6. Louis C. C. Krieger, *The Mushroom Handbook* (New York: Dover, 1967).

7. Charles McIlvaine and Robert K. MacAdam, *One Thousand American Fungi* (New York: Dover, 1973).

8. Denis R. Benjamin, *Mushrooms: Poisons and Panaceas* (New York: W. H. Freeman, 1995), p. 348.

9. Denis R. Benjamin, *Mushrooms: Poisons and Panaceas* (New York: WH Freeman, 1995).

10 R. R. Griffiths, W. A. Richards, and R. Jesse McCann, "Psilocybin Can Occasion Mystical-type Experiences Having Substantial and Sustained Personal Meaning and Spiritual Significance," *Psychopharmacology* 187 (2006), pp. 268–283.

11. Paul Stamets, *Psilocybin Mushrooms of the World* (Berkeley, Calif.: Ten Speed

Press, 1996).

第 8 章

1. Denis R. Benjamin, *Mushrooms: Poisons and Panaceas* (New York: W.H. Freeman, 1995).

V. Grimm-Samuel, "On the Mushroom which Deified the Emperor Claudius," *Classical Quarterly* 41 (1991), pp. 178–182.

2. Denis R. Benjamin, *Mushrooms: Poisons and Panaceas* (New York: W. H. Freeman, 1995), p. 200.

3. Anne Pringle et al., "The Ectomycorrhizal Fungi Amanita phalloides Was Introduced and Is Expanding Its Range on the West Coast of North America," *Molecular Ecology* (2009).

4. Michael Kuo, "Amanita bisporegera" at mushroomexpert.com, http://www.mushroomexpert.com/amanita_bisporigera.html. (October 2003).

5. Denis R. Benjamin, *Mushrooms: Poisons and Panaceas* (New York: W. H. Freeman, 1995).

6. Ibid.

7. H. Faulstich and T. Zilker, "Amatoxins," in *Handbook of Mushroom Poisoning, Diagnosis and Treatment*, D. G. Spoerke and B. A. Rumack, eds. (Boca Raton, Fla.: CRC Press, 1994).

8. Denis R. Benjamin, *Mushrooms: Poisons and Panaceas* (New York: W. H. Freeman, 1995).

9. Michael W. Beug, "Toxicology: Reflections on Mushroom Poisoning in North America," *Fungi* 1, no. 2 (2008), pp. 42–44.

10. P. Hydzik et al., "Liver Albumin Dialysis (MARS) Treatment of Choice in Amanita phalloides Poisoning," *Przegl Lek.* 62, no. 6 (2005), pp. 475–479.

11. Michael W. Beug, "Toxicology: Reflections on Mushroom Poisoning in North

America," *Fungi* 1, no. 2 (2008), pp. 42–44.

12. C. Lionte, L. Sorodoc, and V. Simionescu, "Successful Treatment of an Adult with Amanita phalloides-Induced Fulminant Liver Failure with Molecular Adsorbent Recirculating System (MARS)," *Romanian Journal of Gastroenterology* 14, no. 3 (1995), pp. 267–271.

13. Michael W. Beug, "Toxicology: Reflections on Mushroom Poisoning in North America," *Fungi* 1, no. 2 (2008), pp. 42–44.

14. Ibid.

15. Michael Kuo, *100 Edible Mushrooms* (Ann Arbor: University of Michigan Press, 2007).

第9章

1. Michael Kuo, "Gyromitra: The False Morels," at mushroomexpert.com, http://www.mushroomexpert.com/gyromitra.ht, accessed December 2006.

2. Ibid.

3. Denis R. Benjamin, *Mushrooms: Poisons and Panaceas* (New York: W. H. Freeman, 1995).

4. John H. Trestrail, III, "Monomethlyhydrazine-Containing Mushrooms—A Form of Gastronomic Roulette," *McIlvainea* 11 (1993), pp. 45–50.

5. Denis R. Benjamin, *Mushrooms: Poisons and Panaceas* (New York: W. H. Freeman, 1995).

6. John H. Trestrail, III, "Monomethlyhydrazine-Containing Mushrooms," in *Handbook of Mushroom Poisoning, Diagnosis and Treatment*, D. G. Spoerke and B. A. Rumack, eds. (Boca Raton, Fla.: CRC Press, 1994).

7. Denis R. Benjamin, *Mushrooms: Poisons and Panaceas* (New York: W. H. Freeman, 1995).

8. John H. Trestrail, III, "Monomethlyhydrazine-Containing Mushrooms," in

Handbook of Mushroom Poisoning, Diagnosis and Treatment, D. G. Spoerke and B. A. Rumack, eds. (Boca Raton, Fla.: CRC Press, 1994).

9. Michael W. Beug, M. Shaw, and K.W. Cochran, "Thirty Plus Years of Mushroom Poisoning: Summary of the Approximately 2,000 Reports in the NAMA Case Registry," *McIlvania* 16, no. 2 (2006), pp. 47–68.

10. John H. Trestrail, III, "Monomethlyhydrazine-Containing Mushrooms," in *Handbook of Mushroom Poisoning, Diagnosis and Treatment*, D. G. Spoerke and B. A. Rumack, eds. (Boca Raton, Fla.: CRC Press, 1994).

11. Charles McIlvaine and Robert K. MacAdam, *One Thousand American Fungi* (New York: Dover, 1973).

12. Louis C. C. Krieger, *The Mushroom Handbook* (New York: Dover, 1967).

13. Clyde M. Christensen, Common Edible Mushrooms (Minneapolis: University of Minnesota Press, 1943).

14. Rene Pomerleau, *Mushrooms of Eastern Canada and the United States* (Montreal: Chantecler, 1951).

15. Orson K. Miller, *Mushrooms of North America* (New York: E. P. Dutton, 1977).

16. Gary Lincoff, *The Audubon Field Guide to North American Mushrooms* (New York: Knopf, 1981). David Arora, *Mushrooms Demystified*, 2nd edition (Berkeley, Calif.: Ten Speed Press, 1986).

17. John H. Trestrail, III, "Monomethlyhydrazine-Containing Mushrooms," in *Handbook of Mushroom Poisoning, Diagnosis and Treatment*, D. G. Spoerke and B. A. Rumack, eds. (Boca Raton, Fla.: CRC Press, 1994).

18. Denis R. Benjamin, *Mushrooms: Poisons and Panaceas* (New York: W. H. Freeman, 1995).

19. Marianna Paavankallio, "False Morels" at Marianna's Nordic Territory, http://www.dlc.fi/~marian1/gourmet/morel.htm , accessed on March 19, 2010.

20. Finnish Food Safety Authority, Evira, "False Morel Fungi" (2003).

第 10 章

1. T. Kato, "An Outbreak of Encephalopathy after Eating Autumn Mushroom (Sugihiratake; Pleurocybella porrigens) in Patients with Renal Failure: A Clinical Analysis of Ten Cases in Yamagata, Japan," *No To Shinkei* 56, no. 12 (2004), pp. 999–1007.

2. David Arora, *Mushrooms Demystified*, 2nd edition (Berkeley, Calif.: Ten Speed Press, 1986).

3. Hiroshi Akiyama et al., "Determination of Cyanide and Thiocyanate in Sugihiratake Mushroom Using HPLC Method with Fluorometric Detection," *Journal of Health Science* 52, no. 1 (2006), pp. 73–77.

4. H. Sasaki, H. Akiyama, Y. Yoshida, K. Kondo, Y. Amakura, Y. Kasahara, and T. Maitani, "Sugihiratake Mushroom (Angel's Wing Mushroom)-Induced Cryptogenic Encephalopathy May Involve Vitamin D Analogues," *Biological and Pharmaceutical Bulletin* 29, no. 12 (December 2006), pp. 2514–2518.

5. Tatsuya Nomoto et al., "A Case of Reversible Encephalopathy Accompanied by Demyelination Occurring after Ingestion of Sugihiratake Mushrooms," *Journal of Nippon Medical School* 74 (2007), pp. 261–274.

第 11 章

1. Larry Beuchat, *Food and Beverage Mycology* (New York: Springer, 1987), pp. 393–396.

2. M. Winklemenn, W. Stangel, I. Schedl, and B. Grabensee, "Severe Hemolysis Caused by Antibodies against Mushroom Paxillus involutus and Its Therapy by Plasma Exchange," *Klin Wochenschr* 64 (1986), pp. 935–938.

3. Denis R. Benjamin, *Mushrooms, Poisons and Panaceas* (New York: W. H.

Freeman, 1995).

4. R. Flammer, "Paxillus Syndrome: Immunohemolysis Following Repeated Mushroom Ingestion," *Schweiz. Rundsch. Med. Prax.* 74, no. 37 (1985), pp. 997–999.

5. M. Winklemenn, W. Stangel, I. Schedl, and B. Grabensee, "Severe Hemolysis Caused by Antibodies against Mushroom Paxillus involutus and Its Therapy by Plasma Exchange," *Klin Wochenschr* 64 (1986), pp. 935–938. Denis R. Benjamin, *Mushrooms, Poisons and Panaceas* (New York: W. H. Freeman, 1995).

6. Ibid.

7. Michael W. Beug, M. Shaw, and K.W. Cochran, "Thirty Plus Years of Mushroom Poisoning: Summary of the Approximately 2,000 Reports in the NAMA Case Registry," *McIlvania* 16, no. 2 (2006), pp. 47–68.

8. Charles McIlvaine and Robert K. MacAdam, *One Thousand American Fungi* (New York: Dover, 1973).

9. Morten Lange and F. B. Hora, *Mushrooms and Toadstools* (New York: E. P. Dutton, 1963).

10. Orson Miller, *Mushrooms of North America* (New York: E. P. Dutton, 1972).

11. A. Marchand, *Champignons du Nord et du Midi*, vol. 2 (Perpignan: Hachette, 1973).

12. A. H. Smith, *The Mushroom Hunter's Field Guide Revised and Enlarged* (Ann Arbor, University of Michigan Press, 1974).

13. R. Haard and K. Haard, *Poisonous and Hallucinogenic Mushrooms*, 2nd edition (Seattle: Homestead Book, 1977).

14. Gary Lincoff, *The Audubon Society Field Guide to North American Mushrooms* (New York: Knopf, 1981).

15. A. M. Young, *Common Australian Fungi* (Sydney: UNSW University Press,

1982).

16. D. Arora, *Mushrooms Demystified* (Berkeley, Calif.: Ten Speed Press, 1986).

17. A. Bessette and W. J. Sundberg, *Mushrooms: A Quick Reference Guide to Mushrooms of North America* (New York: Collier Macmillan, 1987).

18. Luigi Fenaroli, *Funghi* (Firenze: Giunti, 1998).

第 12 章

1. U. Hoffman and M. Hoffman, "Der Fliegenpilz: An Oral History and Intergenerational Dialog," *Entheo* 1 (2001), accessed online www.entheomedia. org on May 15, 2009.

2. Rangifer.net, "Human Role in Reindeer/Caribou Systems," accessed at http:// www.rangifer.net/rangifer/resresources/biblio.cfm on February 18, 2010.

3. Sveta Yamin-Pasternak, "From Disgust to Desire: Changing Attitudes toward Beringian Mushrooms," *Economic Botany* 62, no. 3 (2008), pp. 214–222.

4. Brian Inglis, *The Forbidden Game: A Social History of Drugs* (New York: Charles Scribner, 1975).

5. Robert C. Hoffman, *Postcards from Santa Claus: Sights and Sentiments from the Last Century* (Garden City, N.Y.: Square One, 2002).

6. Gordon Wasson, *Soma: Divine Mushroom of Immortality* (New York: Harcourt Brace Jovanovich, 1968).

7. Sveta Yamin-Pasternak, "From Disgust to Desire: Changing Attitudes toward Beringian Mushrooms," *Economic Botany* 62, no. 3 (2008), pp. 214–222.

8. Sveta Yamin-Pasternak, *How the Devils Went Deaf: Ethnomycology, Cuisine, and Perception of Landscape in the Russian North*, doctoral thesis, University of Alaska, May 2007.

9. Gary Lincoff, "Is the Fly-Agaric (Amanita muscaria) an Effective Medicinal Mushroom?" Talk given at the 3rd International Medicinal Mushroom

Conference (2005). Accessed online at: http://www.nemf.org/files/various/ muscaria/fly_agaric_text.html.

10. Gordon Wasson, *Soma: Divine Mushroom of Immortality* (New York: Harcourt Brace Jovanovich, 1968).

11. Dead Sea scrolls. In Wikipedia, The Free Encyclopedia. Retrieved May 9, 2009, from http://en.wikipedia.org/w/index.php?title=Dead_Sea_ scrolls&oldid=288603346.

12. Fritz Staal, "How a Psychoactive Substance Becomes Ritual: The Case of SOMA," *Social Research* (Fall 2001).

13. Dennis R. Benjamin, *Mushrooms, Poisons and Panaceas* (New York: W. H. Freeman, 1995).

14. Alexander H. Smith, *The Mushroom Hunter's Field Guide* (Ann Arbor, University of Michigan Press, 1963).

15. William Rubel and David Arora, "A Study of Cultural Bias in Field Guide Determinations of Mushroom Edibility Using the Iconic Mushroom, Amanita muscaria as an Example," *Journal of Economic Botany* 62, no. 3 (2008), pp. 223–243.

16. David W. Rose, "The Poisoning of Count Achilles de Vecchj and the Origins of American Amateur Mycology," *McIlvainea* 16, no. 1 (2006), pp. 37–55.

17. Dennis R. Benjamin, *Mushrooms, Poisons and Panaceas* (New York: W. H. Freeman, 1995).

18. Michael W. Beug, M. Shaw, and K.W. Cochran, "Thirty Plus Years of Mushroom Poisoning: Summary of the Approximately 2,000 Reports in the NAMA Case Registry," *McIlvania* 16, no. 2 (2006), pp. 47–68.

19. G. Geml, A. Laursen, K. O'Neill, H. Nusbaum, and D. L. Taylor, "Beringian Origins and Cryptib Speciation Events in the Fly Agaric (Amanita muscaria)," *Molecular Ecology* 15 (2006), pp. 225–239.

20. I. A. Dickie and P. Johnston, "Invasive Fungi Research Priorities with a Focus on Amanita muscaria," Landcare Research Contract Report LC0809/027 (2008).

21. Rodham Tulloss and Zhu-Liang Yang, "Studies in the Genus Amanita Pers. (Agaricales, Fungi)" (2009). Accessed at: www.pluto.njcc.com/~ret/amanita/mainaman.html.

22. Dennis R. Benjamin, *Mushrooms, Poisons and Panaceas* (New York: W. H. Freeman, 1995).

23. D. Michelot and L. M. Melendez-Howell, "Amanita muscaria: Chemistry, Biology, Toxicology, and Ethnomycology," *Mycological Research* 107, no. 2 (2003), pp. 131–146.

24. Dennis R. Benjamin, *Mushrooms, Poisons and Panaceas* (New York: W. H. Freeman, 1995).

第 13 章

1. Natalie Angier, "Twin Crowns for 30-Acre Fungus: World's Biggest, Oldest Organism," *New York Times*, April 2, 1992.

2. Myron L. Smith, Johann N. Bruhn, and James B. Anderson, "The fungus Armillaria bulbosa Is among the Largest and Oldest Living Organisms," *Nature* 356 (April 2, 1992), pp. 428–431.

3. Tom Volk, "The Humongous Fungus—Ten Years Later," *Inoculum* 53, no. 2 (2002), pp. 4–8.

4. Ibid.

5. C. L. Schmidt and M. L. Tatum, "The Malheur National Forest; Location of the World's Largest Living Organism," *MAL* 08-04.

6. Tom Volk, "Key to North American Armillaria Species Using Macroscopic, Microscopic and Distributional Characteristics" (2008). Accessed at http://tomvolkfungi.net/ on April 3, 2008.

7. Susan Hagle, "Armillaria Root Disease: Ecology and Management." Forest Health Protection and State Forestry Organizations 11-1, February 2006.

第 14 章

1. F. M. Dugan, "Fungi, Folkways, and Fairy Tales: Mushrooms and Mildews in Stories, Remedies and Rituals, from Oberon to the Internet." *North American Fungi* 3, no. 27 (2008), pp. 23–72.

2. J. Ramsbottom, "Mushrooms and Toadstools," *New Naturalist* 7 (London: Collins, 1953).

3. W. P. K. Findlay, *Fungi: Fiction, Folklore and Fact* (Surrey, England: Richmond, 1982).

4. R. T. Rolfe and F. W. Rolfe, *The Romance of the Fungus World* (London: Chapman & Hall, 1925).

5. Erasmus Darwin, *The Botanic Garden, Part I, The Economy of Vegetation* (London: J. Johnson, 1791).

6. Stephen G. Saupe, "The Biology of Ressurection; Life after Death in Fungi" (2004). Accessed at: www.employees.csbsju.edu/SSAUPE/essays/anhydriobiosis.htm.

第 15 章

1. D. E. Desjardin, M. Capelari, and C. Stevani, "Bioluminescent Mycena Species from São Paulo, Brazil," *Mycologia* 99, no. 2 (2007), pp. 317–331.

2. David Rose, "Bioluminescence and Fungi," *Spores Illustrated*, Connecticut-Westchester Mycological Association, Summer 1999.

3. J. R. Potts, "Bushnell Turtle (1775)." Accessed February 18, 2010 online at http://www.militaryfactory.com/ships/detail.asp?ship_id=Bushnell-Turtle-1775.

4. Central Intelligence Agency. "Intelligence Techniques" (2007). Accessed

February 18, 2010 online at https://www.cia.gov/library/center-for-the-study-of-intelligence/csi-publications/books-and-monographs/intelligence/intelltech. html.

5. V. Pieribone and D. Gruber, *Aglow in the Dark: The Revolutionary Science of Biofluorescence* (Cambridge, Mass.: Harvard University Press, 2005).

6. Ibid.

7. J. Sivinski, "Arthropods Attracted to Luminous Fungi," *Psyche* 88, nos. 3-4 (1981), pp. 383–390.

8. O. Shimomura, "The Role of Superoxide Dismutase in Regulating the Light Emission of Luminescent Fungi," *Journal of Experimental Botany* 43 (1992), pp. 1519–1525.

9. D. E. Desjardin, M. Capelari, and C. Stevani, "Bioluminescent Mycena species from São Paulo, Brazil," *Mycologia* 99, no. 2 (2007), pp. 317–331.

第 16 章

1. Arthur H. Howell, *U.S. Biological Survey: North American Fauna*, no. 44, Revision of the American Flying Squirrels, June 13, 1918.

2. Daniel K. Rosenberg and Robert G. Anthony, "Characteristics of Northern Flying Squirrel Populations in Young Second- and Old Growth Forests in Western Oregon," *Canadian Journal of Botany* 70 (1991), pp. 161–166.

3. R. S. Currah, E. A. Smreciu, T. Lehesvirta, M. Neimi, and K. W. Larsen, "Fungi in the Winter Diets of Northern Flying Squirrels and Red Squirrels in the Boreal Forest of Northeastern Alberta," *Canadian Journal of Botany* 78 (2000), pp. 1514–1520.

4. K. Vernes, S. Blois, and F. Barlocher, "Seasonal and Yearly Changes in Consumption of Hypogeous Fungi by Northern Flying Squirrels and Red Squirrels in Old-Growth Forest, New Brunswick," *Canadian Journal of*

Zoology 82 (2004), pp. 110–117.

5. Daniel K. Rosenberg and Robert G. Anthony, "Characteristics of Northern Flying Squirrel Populations in Young Second- and Old Growth Forests in Western Oregon," *Canadian Journal of Botany* 70 (1991), pp. 161–166.

6. Andrew Carey, W. Colgan, J. M. Trappe, and R. Molina, "Effects of Forest Management on Truffle Abundance and Squirrel Diet," *Northwest Science* 76, no. 2 (2002), pp. 148–157.

7. Chris Masser, A. W. Claridge, and J. M. Trappe, *Trees, Truffles, and Beasts: How Forests Function* (New Brunswick, N.J.: Rutgers University Press, 2008).

8. Karen Hansen, "Ascomycota Truffles: Cup Fungi Go Underground," *Newsletter of the Friends of the Farlow*, no. 47 (2006).

9. Chris Masser, A. W. Claridge, and J. M. Trappe, *Trees, Truffles, and Beasts: How Forests Function* (New Brunswick, N.J.: Rutgers University Press, 2008).

10. J. M. Trappe and D. L. Luomo, "The Ties that Bind: Fungi in the Ecosystem," in *The Fungal Community: Its Organization and Role in the Ecosystem*, G. C. Carrol and D. T. Wicklow, eds. (New York: Marcel Decker, 1992).

11. Chris Masser, A. W. Claridge, and J. M. Trappe, *Trees, Truffles, and Beasts: How Forests Function* (New Brunswick, N.J.: Rutgers University Press, 2008).

第 17 章

1. David Lonsdale, M. Pautasso, and O. Holdenrieder, "Wood-Decaying Fungi in the Forest: Conservation Needs and Management Options," *European Journal of Forest Research* 127 (2008), pp. 1–22.

2. J. H. Hart and D. L. Hart, "Heartrot Fungi's Role in Creating Picid Nesting Sites in Living Aspen," USDA Forest Service Proceedings, RMRS-P-18 (2001).

3. K. B. Aubry and C. M. Raley, "The Pileated Woodpecker as a Keystone Habitat Modifier in the Pacific Northwest," USDA Forest Service Gen. Tech. Rep.

PSW-GTR-181 (2002).

4. J. H. Hart and D. L. Hart, "Heartrot Fungi's Role in Creating Picid Nesting Sites in Living Aspen," USDA Forest Service Proceedings, RMRS-P-18 (2001).

5. David Lonsdale, M. Pautasso, and O. Holdenrieder, "Wood-Decaying Fungi in the Forest: Conservation Needs and Management Options," *European Journal of Forest Research* 127 (2008), pp. 1–22.

6. M. C. Kalcounis and R. M. Brigham, "Secondary Use of Aspen Cavities by Tree-Roosting Big Brown Bats," *The Journal of Wildlife Management* (1998).

7. M. J. Vonhof and J. C. Gwilliam, "A Summary of Bat Research in the Pend D'Oreille Valley in Southern British Colombia" (2000), Columbia Basin Fish and Wildlife Compensation Program. Accessed online at www.cbfishwildlife. org.

8. Ibid.

9. G. M. Filip, C. G. Parks, F. A. Baker, and S. E. Daniels, "Artificial Inoculation of Decay Fungi into Douglas-Fir with Rifle or Shotgun to Produce Wildlife Trees in Western Oregon," *Western Journal of Applied Forestry* 19 (2004), pp. 211–115.

10. S. B. Jack, C. G. Parks, J. M. Stober, and R. T. Engstrom, "Inoculating Red Heart Fungus (Phellinus pini) to Create Nesting Habitat for the Red-Cockaded Woodpecker," in Proceedings of the Red-Cockaded Woodpecker Symposium (2003), pp. 1–18.

11. J. Huss, J. Martin, J. C. Bednarz, D. M. Juliano, and D. E. Varland 2002. "The Efficacy of Inoculating Fungi into Conifer Trees to Promote Cavity Excavation by Woodpeckers in Managed Forests in Western Washington," USDA Forest Service Gen. Tech. Rep. PSW-GTR-181 (2002).